中级注册安全工程师职业资格考试辅导教材

安全生产专业实务

化工安全技术

全国安全工程师考试研究组　编

黄河水利出版社

图书在版编目(CIP)数据

安全生产专业实务. 化工安全技术 / 全国安全工程师考试研究组编. — 郑州 : 黄河水利出版社, 2019.3 (2023.1 修订重印)

中级注册安全工程师职业资格考试辅导教材

ISBN 978 - 7 - 5509 - 2305 - 8

Ⅰ. ①安… Ⅱ. ①全… Ⅲ. ①化工安全 - 安全技术 - 资格考试 - 教材 Ⅳ. ①X93

中国版本图书馆 CIP 数据核字(2019)第 048253 号

出 版 社:黄河水利出版社
地　　址:郑州市金水区顺河路黄委会综合楼 14 层
邮　　编:450003
发行单位:黄河水利出版社
发行电话:0371 - 56623217　66026940
承印单位:河南承创印务有限公司
开　　本:16K
印　　张:15
字　　数:364 千字
版　　次:2019 年 3 月第 1 版
印　　次:2023 年 1 月第 5 次印刷

定　　价:68.00 元

前 言

为贯彻落实习近平新时代中国特色社会主义思想，适应我国经济社会安全发展需要，提高安全生产专业技术人员素质，客观评价中级安全生产专业技术人员的知识水平和业务能力，同时根据《注册安全工程师分类管理办法》规定，要求相关企业必须配备相应数量和级别的安全工程师。为满足国家对安全工程师的需求，国务院人力资源社会保障和应急管理部门共同组织实施中级注册安全工程师职业资格考试，考试合格者，可取得中华人民共和国注册安全工程师职业资格证书（中级）。由此可知，注册安全工程师的地位进一步得到提升，重视安全生产已成为政府和社会各领域的基本共识。

全国注册安全工程师职业资格考试实行全国统一大纲、统一命题的考试制度，原则上每年举行一次。

为了帮助考生顺利通过全国注册安全工程师职业资格考试，安全工程师考试研究组在深入研究考试大纲的基础上，剖析大纲要求，紧抓考试重点、难点，精心编写了本套教材。教材包括三门公共课《安全生产法律法规》《安全生产管理》《安全生产技术基础》和七门专业课《煤矿安全技术》《金属非金属矿山安全技术》《化工安全技术》《金属冶炼安全技术》《建筑施工安全技术》《道路运输安全技术》《其他安全技术（不包括消防安全）》。

本书具有以下特点：

一、紧贴大纲，内容全面，有利于考生掌握考点

本书包含了考试大纲要求的重难知识点和考点，内容翔实，层次分明。本书分为两部分，第一部分共八章，每章由知识框架、考点精讲、案例分析和参考答案及解析四部分组成；第二部分共七章，第一至第六章由知识框架、考点精讲两部分组成，第七章由案例分析题组成。有利于考生掌握考试内容，把握重点，全面

复习。

二、考点明确，语言简洁，具有很强的实用性

本书对大纲要求的重要知识点进行精简汇编，考点以表格形式呈现，有利于考生理清学习重点，高效掌握知识的重难点，从而提高学习效率，备考更得力，达到最佳的学习效果。

三、添加知识框架，章节思维脉络清晰，方便考生理清思路

本书每一章前面都添加有知识框架。知识框架是对章节考试要点的提炼，能帮助考生快速掌握考试要点，理清自己的学习思路，从而达到快速备考、科学备考的目的。

四、添加案例分析，方便考生检验学习成果

本书添加了案例分析练习题，并且题后有详细的参考答案及解析，方便考生快速检验对知识点的掌握程度和学习效果。

由于时间和编者水平有限，本书难臻完善，不足之处，敬请广大考生予以指正。同时希望本书能够帮助各位考生顺利通过考试！

编　者

目 录

第一部分　专业安全技术

第二部分　安全生产案例分析

第一部分

专业安全技术

第一章　化工安全技术基础

知识框架

- 化工安全技术基础
  - 化工安全生产的特点和管理
    - 化工安全生产的特点
    - 化工过程安全管理的任务
    - 化工安全生产管理的要求
  - 危险化学品的分类及危险性、特性
    - 危险化学品的分类及危险性
    - 危险化学品的特性
    - 危险化学品事故的概述
    - 危险化学品事故的预防控制措施
  - 编写化学品的安全标签及说明书
    - 基于 GHS 的化学品标签的相关概念
    - 化学品安全技术说明书的内容和填写要求
  - 重大危险源的相关内容
    - 重大危险源的基础知识
    - 重大危险源的辨识
    - 重大危险源的评价
  - 化工工艺及相关设备基础知识
    - 化工工艺的概念
    - 化工设备的概念
    - 化工设备的类别
    - 化工设备的布置要求

考点精讲

第一节 化工安全生产的特点和管理

考点1 化工安全生产的特点

项目	具体内容
涉及危险品多	化工生产的原料、半成品和成品种类繁多,且绝大部分是易燃、易爆、有毒有害、有腐蚀性的化学危险品。这对生产中原材料、燃料、中间产品和成品的贮存和运输都提出了特殊的要求
工艺复杂,条件苛刻	化工产品的生产是通过若干个化学反应和若干个物理操作实现的。化工过程主要有传质、传热、流体流动、机械和热力五大过程,各过程要通过单元操作来实现。不同的化工过程,工艺条件差别很大,介质的温度和压力各不相同。介质温度从低温到高温,压力从真空到高压,有的设备要承受高温或高压,有的设备要承受低温或低压。同一设备在不同的反应阶段,温度或压力也会发生变化,所以工艺要求决定设备的工作条件和材料选择
生产方式日趋先进	现代化企业的生产方式已经从过去的手工操作、间歇生产转变为高度自动化、连续化生产;生产设备由敞开式变为密闭式;生产装置由室内走向露天;生产操作由分散控制变为集中控制,同时也由人工手动操作和现场观测发展到由计算机遥测遥控
生产技术含量高,管理难度大	现代化工生产既包含了先进的生产工艺,又需要先进的生产设备,还离不开先进的控制与检测手段。因此,生产技术含量要求高,并呈现出学科综合,专业复合化,机、电一体化的发展势态,这就要求有专业基础复合型的工艺、设备技术人员和生产管理人员
生产过程连续性强,工艺流程专一化	化工生产所处理的大多是气体、液体和粉状介质,属于流程性材料。为了便于输送和控制,处理过程如传质、传热、化学反应可连续进行。为了提高生产效率、节约成本,化工生产过程一般采用连续的工艺流程。不同产品工艺流程不同,工艺的复杂程度和成熟程度也不尽相同。在连续性的过程中,每一生产环节都非常重要,若出现事故,将破坏连续性生产
正常生产与施工并存	化工企业新建(改建、扩建)项目、装置改造以及故障检修等,导致企业生产运行与施工作业并存,不仅存在施工作业风险,也有参与施工作业的生产运行人员的不安全行为,这些都会对生产装置(设施)的安全运行带来一定威胁,同时,正常生产与施工并存时,还存在物的不安全状态、环境的不安全因素和管理风险等。
事故紧急救援难度大	化工生产中多种类危险化学品的存在、日益扩大的装置规模以及复杂的管路交叉布置,大大增加了事故应急救援的难度。如果未能在事故发生前做好充分的应急准备,很难在事故救援过程中采取正确的应急救援策略,不能有效地控制事故扩大进程,甚至会引发灾难性的事故后果

考点2　化工过程安全管理的任务

项目	具体内容
化工安全生产的任务	化工安全生产要求消除生产过程中的不安全因素，创造良好、安全、舒适的劳动环境和工作秩序。变危险为安全、变有害为无害、变笨重劳动为轻便劳动，防止事故和职业病的发生，确保职工的安全与健康
化工过程安全管理的任务	化工过程安全管理的主要任务包括：收集和利用化工过程安全生产信息；风险辨识和控制；不断完善并严格执行操作规程；通过规范管理，确保装置安全运行；开展安全教育和操作技能培训；严格新装置试车和试生产的安全管理；保持设备设施完好性；作业安全管理；承包商安全管理；变更管理；应急管理；事故和事件管理；化工过程安全管理的持续改进等

考点3　化工安全生产管理的要求

项目	具体内容
化工安全生产管理的要求	(1)认真贯彻国家安全生产法律法规，落实“安全第一、预防为主、综合治理”的安全生产方针。 (2)按国家的法律法规制定符合本企业安全生产的各种规章制度，并认真执行确立安全生产职责；按“安全生产、人人有责”的原则，将安全责任落实到人，不发生“三违”，做到“四不伤害”。 (3)采取各种安全技术措施，进行综合治理，使生产设备、设施达到本质安全要求，使职工拥有安全可靠的作业环境和条件，杜绝或减少人身伤亡事故的发生。 (4)采取各种劳动卫生保护措施，做好文明生产，改善劳动条件和环境，定期检测，防止和消除职业病和职业危害，做好女职工和未成年工的特殊保护，保障劳动者的身心健康。 (5)加强各种培训，学习相关法律法规、安全和业务知识，自觉贯彻执行各项安全、卫生法规，遵章守纪，努力提高职工安全素质，提升企业安全文化。 (6)加强各种事故的安全管理，严格按照“四不放过”原则处理。坚持落实安全生产目标管理，推广和应用现代化安全管理技术与方法(应用电脑、监控等)，深化安全管理

第二节　危险化学品的分类及危险性、特性

考点1　危险化学品的分类及危险性

(一)按物理危险分类

项目	具体内容
爆炸物	爆炸物质(或混合物)是一种固态或液态物质(或物质的混合物)，其本身能够通过化学反应产生气体，而产生气体的温度、压力和速度能对周围环境造成破坏。其中也包括

续表

项目	具体内容
爆炸物	发火物质,即便它们不放出气体。 发火物质(或发火混合物)是一种物质或物质的混合物,它旨在通过非爆炸自主放热化学反应产生的热、光、声、气体、烟或所有这些的组合来产生效应。 爆炸性物品是含有一种或多种爆炸性物质或混合物的物品。 烟火物品是包含一种或多种发火物质或混合物的物品。 爆炸物种类包括: (1)爆炸性物质和混合物; (2)爆炸性物品,但不包括下述装置:其中所含爆炸性物质或混合物由于其数量或特性,在意外或偶然点燃或引爆后,不会由于迸射、发火、冒烟或巨响而在装置之处产生任何效应。 (3)在(1)和(2)中未提及的为产生实际爆炸或烟火效应而制造的物质、混合物和物品
易燃气体	易燃气体是指在 20 ℃和 101.3 kPa 标准压力下,与空气有易燃范围的气体
气溶胶	气溶胶是指气溶胶喷雾器,系任何不可重新灌装的容器,该容器由金属、玻璃或塑料制成,内装强制压缩、液化或加压溶解的气体(包含或不包含液体、膏剂或粉末),配有释放装置,可使所装物质喷射出来,形成在气体中悬浮的固态或液态微粒或形成泡沫、膏剂或粉末或处于液态或气态
氧化性气体	氧化性气体是一般通过提供氧气,比空气更能导致或促使其他物质燃烧的任何气体
加压气体	加压气体是指 20 ℃下,压力等于或大于 200 kPa(表压)下装入贮器的气体,或是液化气体或冷冻液化气体。 加压气体包括压缩气体、液化气体、溶解液体、冷冻液化气体
易燃液体	易燃液体是指闪点不高于 93 ℃(闭杯)的液体
易燃固体	易燃固体是指容易燃烧或通过摩擦可能引燃或助燃的固体。 易于燃烧的固体为粉状、颗粒状或糊状物质,它们在与燃烧着的火柴等火源短暂接触即可点燃和火焰迅速蔓延的情况下,都非常危险。 易燃固体的危险类别分为两类:第 1 类和第 2 类
自反应物质和混合物	自反应物质和混合物是指即便没有氧(空气)也容易发生激烈放热分解的热不稳定液态或固态物质或混合物。本定义不包括根据统一分类制度分类为爆炸物、有机过氧化物或氧化物质的物质和混合物。 自反应物质和混合物的危险类别分为 7 个类型,即 A 型 ~ G 型
自燃液体	自燃液体是指即使数量小也能在与空气接触后 5 min 之内着火的液体
自燃固体	自燃固体是指即使数量小也能在与空气接触后 5 min 之内着火的固体

续表

项目	具体内容
自热物质和混合物	自热物质是指发火液体或固体以外，与空气反应不需要能量供应就能够自己发热的固体或液体物质或混合物；这类物质或混合物与发火液体或固体不同，因为这类物质只有数量很大（千克级）并经过长时间（数小时或数天）才会发生自燃。 注意：物质或混合物的自热导致自发燃烧是由于物质或混合物与氧气（空气中的氧气）发生反应并且所产生的热没有足够迅速地传导到外界而引起的。当热产生的速度超过热损耗的速度而达到自燃温度时，自燃便会发生
遇水放出易燃气体的物质或混合物	遇水放出易燃气体的物质或混合物是指通过与水作用，容易具有自燃性或放出危险数量的易燃气体的固态或液态物质或混合物
氧化性液体	氧化性液体是指本身未必燃烧，但通常因放出氧气可能引起或促使其他物质燃烧的液体
氧化性固体	氧化性固体是指本身未必燃烧，但通常因放出氧气可能引起或促使其他物质燃烧的固体
有机过氧化物	有机过氧化物是指含有二价—O—O—结构的液态或固态有机物质，可以看作是一个或两个氢原子被有机基替代的过氧化氢衍生物。该术语也包括有机过氧化物配方（混合物）。有机过氧化物是热不稳定物质或混合物，容易放热自加速分解。另外，它们可能具有下列一种或几种性质： （1）易于爆炸分解； （2）迅速燃烧； （3）对撞击或摩擦敏感； （4）与其他物质发生危险反应。 如果有机过氧化物在实验室试验中，在封闭条件下加热时组分容易爆炸、迅速爆燃或表现出剧烈效应，则可认为它具有爆炸性质
金属腐蚀物	金属腐蚀物是指通过化学作用显著损坏或毁坏金属的物质或混合物

（二）按健康危害分类

项目	具体内容
急性毒性	急性毒性是指在单剂量或在 24 h 内多剂量口服或皮肤接触一种物质，或吸入接触 4 h 之后出现的有害效应
皮肤腐蚀	皮肤腐蚀是对皮肤造成不可逆损伤；即施用试验物质达到 4 h 后，可观察到表皮和真皮坏死。 腐蚀反应的特征是溃疡、出血、有血的结痂，而且在观察期 14 d 结束时，皮肤、完全脱发区域和结痂处由于漂白而褪色。应考虑通过组织病理学来评估可疑的病变

续表

项目	具体内容
皮肤腐蚀	皮肤刺激是施用试验物质达到4 h后对皮肤造成可逆损伤
严重眼损伤	严重眼损伤是将受试物施用于眼睛前部表面进行暴露接触,引起了眼部组织损伤,或出现严重的视频衰退,且在暴露后的21 d内尚不能完全恢复。 眼刺激是将受试物施用于眼睛前部表面进行暴露接触,眼睛发生的改变,且在暴露后的21 d内出现的改变可完全消失,恢复正常
呼吸道或皮肤致敏	呼吸过敏物是吸入后会导致气管超过敏反应的物质。皮肤过敏物是皮肤接触后会导致过敏反应的物质。 过敏包括两个阶段:第一个阶段是某人因接触某种变应原而引起特定免疫记忆。第二阶段是引发,即某一致敏个人因接触某种变应原而产生细胞介导或抗体介导的过敏反应。 就呼吸过敏而言,随后为引发阶段的诱发,其形态与皮肤过敏相同。对于皮肤过敏,需有一个让免疫系统能学会作出反应的诱发阶段;此后,可出现临床症状,这里的接触就足以引发可见的皮肤反应(引发阶段)。因此,预测性的试验通常取这种形态,其中有一个诱发阶段,对该阶段的反应则通过标准的引发阶段加以计量,典型做法是使用斑贴试验。直接计量诱发反应的局部淋巴结试验则是例外做法。人体皮肤过敏的证据通常通过诊断性斑贴试验加以评估。 就皮肤过敏和呼吸过敏而言,对于诱发所需的数值一般低于引发所需数值
生殖细胞致突变性	生殖细胞致突变性主要指可引起人类的生殖细胞突变并能遗传给后代的化学品。然而,物质和混合物进行分类在这一危险种类中时还要考虑活体外致突变性/生殖毒性试验和哺乳动物或体内细胞中的致突变性/生毒性试验。突变定义为细胞中遗传物质的数量或结构发生永久性改变
致癌性	致癌性是指会诱发癌症或增加癌症发生率的化学物质或化学物质混合物。在实施良好的科学动物实验性研究中,诱发良性和恶性肿瘤的物质也被认为是假定的或可疑的人类致癌物,除非有确凿证据显示该肿瘤形成机制与人类无关
生殖毒性	生殖毒性包括对成年雄性和雌性性功能和生育能力的有害影响,以及在后代中的发育毒性。 化学品干扰生殖能力的任何效应。这可能包括(但不限于)对雌性和雄性生殖系统的改变,对青春期的开始、配子产生和输送、生殖周期正常状态、性行为、生育能力、分娩怀孕结果的有害影响,过早生殖衰老,或者对依赖生殖系统完整性的其他功能的改变。 对哺乳期的有害影响或通过哺乳期产生的有害影响也属于生殖毒性的范围,但为了分类目的,对这样的效应进行了单独处理。这是因为对于化学品对哺乳期的有害影响最好进行专门分类,这样就可以为处于哺乳期的母亲提供有关这种效应的具体危险警告

续表

项目	具体内容
特异性靶器官系统毒性——一次接触	一次接触物质和混合物引起的特异性、非致死性的靶器官毒性作用，包括所有明显的健康效应，可逆的和不可逆的，即时的和迟发的功能损害
特异性靶器官系统毒性——反复接触	反复接触物质和混合物引起的特异性、非致死性的靶器官毒性作用，包括所有明显的健康效应，可逆的和不可逆的，即时的和迟发的功能损害
吸入危险	“吸入”指液态或固态化学品通过口腔或鼻腔直接进入或者因呕吐间接进入气管和下呼吸系统。 吸入毒性包括化学性肺炎、不同程度的肺损伤或吸入后死亡等严重急性效应。 吸入开始是在吸收的瞬间，在吸一口气所需的时间内，引起效应的物质停留在咽喉部位的上呼吸道和上消化道交界处时

（三）按环境危险分类

项目	具体内容
急性水生毒性	急性水生毒性是指物质对短期接触它的生物体造成伤害的固有性质
慢性水生毒性	慢性水生毒性是指物质对水生有机体暴露过程中引起的相对于该有机体生命周期测定的有害影响的潜力或实际性质

考点 2　危险化学品的特性

项目	具体内容
易燃易爆性	易燃易爆的化学品在常温常压下，经撞击、摩擦、热源、火花等火源的作用，能发生燃烧与爆炸。 燃烧爆炸能力的大小取决于这类物质的化学组成。化学组成决定着化学物质的燃点、闪点的高低、燃烧范围、爆炸极限、燃速、发热量等。 一般来说，气体比液体、固体易燃易爆，燃速更快。这是因为气体的分子间力小，化学键容易断裂，无须溶解、溶化和分解。分子越小，分子量越低，其物质化学性质越活泼，越容易引起燃烧爆炸。由简单成分组成的气体比复杂成分组成的气体易燃、爆，含有不饱和键的化合物比含有饱和键的易燃、易爆，如火灾爆炸危险性 $H_2 > CO > CH_4$。 可燃性气体燃烧前必须与助燃气体先混合，当可燃气体从容器内外逸时，与空气混合，就会形成爆炸性混合物，两者互为条件，缺一不可。而分解爆炸性气体，如乙烯、乙炔、环氧乙烷等，不需与助燃气体混合，其本身就会发生爆炸。 有些化学物质相互间不能接触，否则将发生爆炸，如硝酸与苯，高锰酸钾与甘油等。 由于任何物体的摩擦都会产生静电，所以当易燃易爆的化学危险物品从破损的容器

续表

项目	具体内容
易燃易爆性	或管道口处高速喷出时能够产生静电，这些气体或液体中的杂质越多，流速越快，产生的静电荷越多，这是极危险的点火源。 燃点较低的危险品易燃性强，如黄磷在常温下遇空气即发生燃烧。某些遇湿易燃的化学物质在受潮或遇水后会放出氧气引燃，如电石、五氧化二磷等
扩散性	化学事故中化学物质溢出，可以向周围扩散，比空气轻的可燃气体可在空气中迅速扩散，与空气形成混合物，随风飘荡，致使燃烧爆炸与毒害蔓延扩大。比空气重的物质多漂流于地表、沟、角落等处，若长时间聚集不散会造成迟发性燃烧、爆炸和引起人员中毒
突发性	化学物质引发的事故，多是突然爆发，在很短的时间内或瞬间即产生危害。一般的火灾要经过起火、蔓延扩大到猛烈燃烧几个阶段，需经历几分钟到几十分钟，而化学危险物品一旦引发事故往往是轰然而起，迅速蔓延，燃烧、爆炸交替发生，加之有毒物质的弥漫，迅速产生危害。许多化学事故是高压气体从容器、管道、塔、槽等设备泄漏，由于高气压气体的性质，短时间内喷出大量气体，使大片地区迅速变成污染区
毒害性	有毒的化学物质，无论是脂溶性的还是水溶性的，都有进入机体与损坏机体正常功能的能力。这些化学物质通过一种或多种途径进入有机体达到一定量时，便会引起机体结构的损伤，破坏正常的生理功能，引起中毒

考点3　危险化学品事故的概述

项目	具体内容
危险化学品事故的概念	危险化学品事故指由一种或数种危险化学品或其能量意外释放造成的人身伤亡、财产损失和环境污染事故。危险化学品事故后果通常表现为人员伤亡、财产损失和环境污染以及它们的组合
危险化学品事故的特征	（1）事故中产生危害的危险化学品是事故发生前已经存在的，而不是在事故发生时产生的。 （2）危险化学品的能量是事故中的主要能量。 （3）危险化学品发生了意外的、人们不希望的物理或化学变化
危险化学品事故的界定	危险化学品事故的界定条件如下： （1）界定危险化学品最关键的因素是判断事故中产生危害的物质是否是危险化学品。如果是危险化学品，则可以界定为危险化学品事故。 （2）危险化学品事故的类型主要是泄漏、火灾、爆炸、中毒、窒息和灼伤等。 （3）某些特殊的事故类型，如矿山爆破事故，不列入危险化学品事故类型
危险化学品事故的分类	危险化学品事故大体上可以划分为8类：火灾、爆炸、泄漏、中毒、窒息、灼伤、辐射和其他危险化学品事故

续表

项目	具体内容
危险化学品事故的分类	1. 火灾 危险化学品火灾事故指燃烧物质主要是危险化学品的火灾事故。具体又分若干小类,包括:易燃液体火灾、易燃固体火灾、自燃物品火灾、遇湿易燃物品火灾、其他危险化学品火灾。由于大多数危险化学品在燃烧时会放出有毒有害气体或烟雾,因此危险化学品火灾事故,往往会伴随发生人员中毒和窒息事故。 2. 爆炸 危险化学品爆炸事故指危险化学品发生化学反应的爆炸事故或液体汽化和压缩气体的物理爆炸事故。具体包括:爆炸品的爆炸(又可分为烟花爆竹爆炸、民用爆炸装备爆炸、军工爆炸品爆炸等);易燃固体、自燃物品、遇湿易燃物品的火灾爆炸;易燃液体的火灾爆炸;易燃气体爆炸;危险化学品产生的粉尘、气体、挥发物爆炸;液化气体和压缩气体的物理爆炸;其他化学反应爆炸。 3. 泄漏 危险化学品泄漏事故主要是指气体或液体危险化学品发生了一定规模的泄漏,虽然没有发展成为火灾、爆炸或中毒事故,但造成了严重的财产损失或环境污染等后果的危险化学品事故。危险化学品泄漏事故一旦失控,往往造成重大火灾、爆炸或中毒事故。 4. 中毒 危险化学品中毒事故主要指人体吸入、食入或接触有毒有害化学品或者化学品反应的产物,而导致的中毒事故。具体包括:吸入中毒事故(中毒途径为呼吸道);接触中毒事故(中毒途径为皮肤、眼睛等);误食中毒事故(中毒途径为消化道);其他中毒。 5. 窒息 危险化学品窒息事故主要指危险化学品对人体氧化作用的干扰,主要是人体吸入有毒有害化学品或者化学品反应的产物,而导致的窒息事故,分为简单窒息(周围氧气被惰性气体替代)和化学窒息(化学物质直接影响机体传送氧以及和氧结合的能力)。 6. 灼伤 危险化学品灼伤事故主要指腐蚀性危险化学品意外地与人体接触,在短时间内即在人体被接触表面发生化学反应,造成明显破坏的事故。腐蚀品包括酸性腐蚀品、碱性腐蚀品和其他不显酸碱性的腐蚀品。 7. 辐射 危险化学品辐射事故主要指具有放射性的危险化学品发射出一定能量的射线对人体伤害。放射性污染物主要指各种放射性核素,其放射性与化学状态无关。其放射性强度越大,危险性就越大。人体组织在受到射线照射时,能发生电离,如果人体受到过量射线的照射,就会产生不同程度的损伤。 8. 其他危险化学品 其他危险化学品事故指不能归入上述七类危险化学品事故的其他危险化学品事故,如危险化学品罐体倾倒、车辆倾覆等,但没有发生火灾、爆炸、泄漏、中毒、窒息和灼伤等事故

考点4 危险化学品事故的预防控制措施

项目	具体内容
技术控制	1. 替代 预防、控制化学品危害最理想的方法是不使用有毒、有害和易燃易爆的化学品，但这一点有时做不到，通常的做法是选用无毒或低毒的化学品替代有毒有害的化学品，选用可燃化学品替代易燃化学品。例如，甲苯替代喷漆和除漆用的苯；用高闪点化学品取代低闪点化学品；用脂肪族烃替代胶水或黏合剂中的芳烃等。 2. 变更工艺 虽然替代是控制化学品危害的首选方案，但是目前可供选择的替代品很有限，特别是因技术和经济方面的原因，不可避免地要生产、使用危险化学品。这时可通过变更工艺消除或降低化学品危害。如以往用乙炔制乙醛，采用汞做催化剂，现在发展为用乙烯为原料，通过氧化或氯化制乙醛，不需用汞做催化剂。通过变更工艺，彻底消除了汞的危害。 3. 隔离 隔离就是通过封闭、设置屏障等措施，避免作业人员直接暴露于有害环境中，是控制化学品危害最彻底、最有效的措施。最常用的隔离方法是将生产或使用的设备完全封闭起来，使工人在操作中不接触化学品。这类方法在已经形成一定规模的化工企业里早已采用，较为普遍。 4. 通风 通风是控制作业场所中有害气体、蒸气或粉尘最有效的控制措施。借助于有效的通风，使作业场所空气中有害气体、蒸气或粉尘的浓度低于安全浓度，以确保工人的身体健康，防止火灾、爆炸事故的发生。 (1)通风分局部通风和全面通风两种。 局部通风是把污染源罩起来，抽出污染空气，所需风量小，经济有效，并便于净化回收。 全面通风亦称稀释通风，其原理是向作业场所提供新鲜空气，抽出污染空气，降低有害气体、蒸气或粉尘在作业场所中的浓度。全面通风所需风量大，不能净化回收。 (2)对于点式扩散源，可使用局部通风。 使用局部通风时，应使污染源处于通风罩控制范围内。为了确保通风系统的高效率，通风系统设计的合理性十分重要。对于已安装的通风系统，要经常加以维护和保养，使其有效地发挥作用。 (3)对于面式扩散源，要使用全面通风。 采用全面通风时，在厂房设计阶段就要考虑空气流向等因素。因为全面通风的目的不是消除污染物，而是将污染物分散稀释，所以全面通风仅适合于低毒性、无腐蚀性污染物存在的作业场所，不适合于腐蚀性、污染物量大的作业场所。 像实验室中的通风橱、焊接室或喷漆室可移动的通风管和导管都是局部排风设备。在冶金厂，熔化的物质从一端流向另一端时散发出有毒的烟和气，两种通风系统都要使用。 5. 个体防护 当作业场所中有害化学品的浓度超标时，工人就必须使用合适的个体防护用品。个

续表

项目	具体内容
技术控制	体防护用品既不能降低作业场所中有害化学品的浓度,也不能消除作业场所的有害化学品,但它是一道较为有效地阻止有害物进入人体的屏障。防护用品本身的失效就意味着保护屏障的消失,因此个体防护不能被视为控制危害的主要手段,而只能作为一种辅助性措施。 防护用品主要有头部防护器具、呼吸防护器具、眼部防护器具、身体防护用品、手足防护用品等。在选择呼吸防护用品时应考虑有害化学品的性质、作业场所污染物可能达到的最高浓度、作业场所的氧含量、使用者的面型和环境条件等因素。 6. 卫生 (1)卫生包括保持作业场所清洁和作业人员的个人卫生两个方面。经常清洗作业场所,对废物、溢出物加以适当处置,保持作业场所清洁,也能有效地预防和控制化学品危害。 (2)作业人员应养成良好的卫生习惯,防止有害物附着在皮肤上,通过皮肤渗入体内。使用危险化学品过程中保持个人卫生的基本原则是: ①遵守安全操作规程并使用适当的防护用品。 ②工作结束后、饭前、饮水前、吸烟前以及便后要充分洗净身体的暴露部分。 ③定期检查身体。 ④皮肤受伤时,要完好地包扎。 ⑤时刻注意防止自我污染,尤其在清洗或更换工作服时更要注意。 ⑥不在衣服口袋里装被污染的东西,如抹布、工具等。 ⑦防护用品要分放、分洗。 ⑧勤剪指甲并保持指甲洁净。 ⑨不直接接触能引起过敏的化学品
管理控制	管理控制是指通过各种管理手段,按照国家法律、法规和各类标准而建立起来的管理程序和措施,是预防危险化学品事故的一个非常重要的方面。 管理控制措施包括以下几方面: (1)推进重点地区制定化工行业安全发展规划。 (2)推进新工艺安全风险分析和评估。 (3)开展危险化学品专项整治和综合治理。 (4)完善危险化学品分类分级监管机制。 (5)建立危险化学品发货和装载查验、登记、核准制度。 (6)强化高风险工艺、高危物质、重大危险源管控。 (7)加快实施人口密集区域危险化学品和化工企业生产、仓储场所安全搬迁工程。 (8)加强危险化学品建设项目立项、规划选址、设计、建设、试生产和运行监管。 (9)健全危险化学品生产、储存、使用、经营、运输和废弃处置等环节的信息共享机制。 (10)推进化工园区和涉及危险化学品的重大风险功能区区域定量风险评估,科学确定风险容量,推动实现区域安全管理一体化

续表

项目	具体内容
管理控制	(11)建立化工安全仪表系统安全标志认证制度。 (12)推行全球化学品统一分类和标签制度

第三节　编写化学品的安全标签及说明书

考点1　基于GHS的化学品标签的相关概念

项目	具体内容
GHS标签	GHS是指关于化学品的分类及其标准的国际协调组织。 GHS标签所需的信息包括:信号词;危险性说明;防范说明和象形图;化学品标识;供应商标识;应急咨询电话等
GHS分类	GHS分类是指按照基于GHS的化学物质及其混合物的物理化学危险性,健康有害性、环境有害性而加以调整后的判断标准的分类
危害性类别	危害性类别可分成如易燃性固体类的物理化学危险性,致癌性物质、经口剧毒这样的健康有害性,以及对水生环境有害的环境有害性
危害性级别	危害性级别是指根据各种危害性类别内的判断基准的分级。例如,经口急性毒性分为五个级别,易燃性液体分成四个危险级别。这些分级是在危害性类别内,根据危害性的程度而加以相对性地划分,不应当看作是一般危害性分级的比较
标签的概念	标签是有关危险有害产品的书面、印刷或者图形构成的主要信息的归纳,对目的部门选择相关内容,直接在危害性物质的容器上或者在其外包装上,贴上、印上或者添附的东西
标签的要素	标签要素是指标签上为使用者提供国际上公认的信息。例如,符号、警示语、危害性说明及注意事项
危险化学品安全标签	危险化学品安全标签是用文字、图形符号和编码的组合形式表示化学品所具有的危险性和安全注意事项

考点2　化学品安全技术说明书的内容和填写要求

项目	具体内容
化学品安全技术说明书的概述	化学品安全技术说明书,国际上称作化学品安全信息卡,简称SDS,是一份关于化学品燃爆、毒性和环境危害以及安全使用、泄漏应急处置、主要理化参数、法律法规等方面信息的综合性文件。 作为最基础的技术文件,化学品安全技术说明书的主要用途是传递安全信息,其主要

续表

项目	具体内容
化学品安全技术说明书的概述	作用体现在： (1)是化学品安全生产、安全流通、安全使用的指导性文件。 (2)是应急作业人员进行应急作业时的技术指南。 (3)为危险化学品生产、处置、储存和使用各环节制定安全操作规程提供技术信息。 (4)为危害控制和预防措施的设计提供技术依据。 (5)是企业安全教育的主要内容
化学品安全技术说明书的内容	化学品安全技术说明书(SDS)将按照下面16部分提供化学品的信息，每部分的标题、编号和前后顺序不应随意变更： (1)化学品及企业标识。 (2)危险性概述。 (3)成分/组成信息。 (4)急救措施。 (5)消防措施。 (6)泄漏应急处理。 (7)操作处置与储存。 (8)接触控制/个体防护。 (9)理化特性。 (10)稳定性和反应性。 (11)毒理学资料。 (12)生态学资料。 (13)废弃处置。 (14)运输信息。 (15)法规信息。 (16)其他信息。 化学品安全技术说明书的内容，从制作之日算起，每5年更新一次，要不断补充信息资料，若发现新的危害性，在有关信息发布后的半年内，生产企业必须对安全技术说明书的内容进行修订
化学品安全技术说明书的填写要求	(1)为方便SDS编制者识别不同化学品的SDS，SDS应该设定SDS编号。 (2)在16部分下面填写相关的信息，该项如果无数据，应写明无数据原因。16部分中，除第16部分“其他信息”外，其余部分不能留下空项。SDS中信息的来源一般不用详细说明。 (3)SDS的每一页都要注明该种化学品的名称，名称应与标签上的名称一致，同时注明日期和SDS编号。日期是指最后修订的日期。页码中应包括总的页数，或者显示总页数的最后一页。 (4)SDS正文的书写应该简明扼要、通俗易懂。推荐采用常用词语，SDS应该使用用户可接受的语言书写。数字资料要准确可靠，系统全面，选用的参考资料要有权威性

第四节　重大危险源的相关内容

考点1　重大危险源的基础知识

项目	具体内容
概念	1.《安全生产法》中的概念 (1)危险物品:指易燃易爆物品、危险化学品、放射性物品等能够危及人身安全和财产安全的物品。 (2)重大危险源:指长期地或者临时地生产、搬运、使用或者储存危险物品,且危险物品的数量等于或者超过临界量的单元(包括场所和设施)。 2. 国家标准《危险化学品重大危险源辨识》中的概念 (1)危险化学品:具有毒害、腐蚀、爆炸、助燃等性质,对人体、设施、环境具有危害的剧毒化学品和其他化学品。 (2)单元:涉及危险化学品的生产、储存装置、设施或场所,分为生产单元和储存单元。 (3)临界量:某种或某类危险化学品构成重大危险源所规定的最小数量。 (4)危险化学品重大危险源:长期地或临时地生产、储存、使用或经营危险化学品,且危险化学品的数量等于或超过临界量的单元
法律法规要求	《危险化学品安全管理条例》规定,危险化学品生产装置或者储存数量构成重大危险源的危险化学品储存设施(运输工具加油站、加气站除外),与下列场所、设施、区域的距离应当符合国家有关规定: (1)居住区以及商业中心、公园等人员密集场所。 (2)学校、医院、影剧院、体育场(馆)等公共设施。 (3)饮用水源、水厂以及水源保护区。 (4)车站、码头(依法经许可从事危险化学品装卸作业的除外)、机场以及通信干线、通信枢纽、铁路线路、道路交通干线、水路交通干线、地铁风亭以及地铁站出入口。 (5)基本农田保护区、基本草原、畜禽遗传资源保护区、畜禽规模化养殖场(养殖小区)、渔业水域以及种子、种畜禽、水产苗种生产基地。 (6)河流、湖泊、风景名胜区、自然保护区。 (7)军事禁区、军事管理区。 (8)法律、行政法规规定的其他场所、设施、区域。 已建的危险化学品生产装置或者储存数量构成重大危险源的危险化学品储存设施不符合前款规定的,由所在地设区的市级人民政府安全生产监督管理部门会同有关部门监督其所属单位在规定期限内进行整改;需要转产、停产、搬迁、关闭的,由本级人民政府决定并组织实施。 《危险化学品安全管理条例》规定,对剧毒化学品以及储存数量构成重大危险源的其他危险化学品,储存单位应当将其储存数量、储存地点以及管理人员的情况,报所在地

续表

项目	具体内容
法律法规要求	县级人民政府安全生产监督管理部门(在港区内储存的,报港口行政管理部门)和公安机关备案。 《危险化学品安全管理条例》规定,危险化学品生产企业、进口企业,应当向国务院安全生产监督管理部门负责危险化学品登记的机构办理危险化学品登记。危险化学品登记的具体办法由国务院安全生产监督管理部门制定。 《安全生产法》要求,生产经营单位对重大危险源应当登记建档,进行定期检测、评估、监控,并制定应急预案,告知从业人员和相关人员在紧急情况下应当采取的应急措施。生产经营单位应当按照国家有关规定将本单位重大危险源及有关安全措施、应急措施报有关地方人民政府应急管理部门和有关部门备案。 有关地方人民政府应急管理部门和有关部门应当通过相关信息系统实现信息共享。 《国务院关于进一步加强安全生产工作的决定》要求,搞好重大危险源的普查登记,加强国家、省(区、市)、市(地)、县(市)四级重大危险源监控工作,建立应急救援预案和生产安全预警机制
危险化学品登记的内容	危险化学品登记包括下列内容: (1)分类和标签信息。 (2)物理、化学性质。 (3)主要用途。 (4)危险特性。 (5)储存、使用、运输的安全要求。 (6)出现危险情况的应急处置措施。 对同一企业生产、进口的同一品种的危险化学品,不进行重复登记。危险化学品生产企业、进口企业发现其生产、进口的危险化学品有新的危险特性的,应当及时向危险化学品登记机构办理登记内容变更手续

考点 2　重大危险源的辨识

项目	具体内容
辨识标准范围	重大危险源辨识标准是一种规定了辨识重大危险源的依据和方法,以及计算重大危险源辨识临界量和最大量的方法。 本标准适用于生产、使用、储存和经营危险化学品的生产经营单位。本标准不适用于: (1)核设施和加工放射性物质的工厂,但这些设施和工厂中处理非放射性物质的部门除外。 (2)军事设施。 (3)采矿业,但涉及危险化学品的加工工艺及储存活动除外。 (4)危险化学品的厂外运输(包括铁路、道路、水路、航空、管道等运输方式)。 (5)海上石油天然气开采活动

续表

项目	具体内容
辨识依据	危险化学品重大危险源的辨识依据:危险化学品的危险特性及其数量
辨识方法	《危险化学品重大危险源辨识》规定,生产单元、储存单元内存在危险化学品的数量等于或超过临界量,即被定为重大危险源。单元内存在的危险化学品的数量根据处理危险化学品种类的多少区分为以下两种情况: (1)生产单元、储存单元内存在的危险化学品为单一品种时,该危险化学品的数量即为单元内危险化学品的总量,若等于或超过相应的临界量,则定为重大危险源。 (2)生产单元、储存单元内存在的危险化学品为多品种时,则按下式计算,若满足该式,则定为重大危险源。 $S=q_1/Q_1+q_2/Q_2+\cdots+q_n/Q_n\geqslant 1$ 式中:S——辨识指标。 $q_1,q_2,\cdots,q_n$——每种危险化学品的实际存在量(t)。 $Q_1,Q_2,\cdots,Q_n$——与每种危险化学品相对应的临界量(t)
分级和安全评估的情形	重大危险源根据其危险程度,分为一级、二级、三级和四级,一级为最高级别。重大危险源分级方法由《危险化学品重大危险源监督管理暂行规定》附件1列示。 重大危险源有下列情形之一的,应当委托具有相应资质的安全评价机构,按照有关标准的规定采用定量风险评价方法进行安全评估,确定个人和社会风险值: (1)构成一级或者二级重大危险源,且毒性气体实际存在(在线)量与其在《危险化学品重大危险源辨识》中规定的临界量比值之和大于或等于1的。 (2)构成一级重大危险源,且爆炸品或液化易燃气体实际存在(在线)量与其在《危险化学品重大危险源辨识》中规定的临界量比值之和大于或等于1的
重新辨识、安全评估及分级的情形	有下列情形之一的,危险化学品单位应当对重大危险源重新进行辨识、安全评估及分级: (1)重大危险源安全评估已满三年的。 (2)构成重大危险源的装置、设施或者场所进行新建、改建、扩建的。 (3)危险化学品种类、数量、生产、使用工艺或者储存方式及重要设备、设施等发生变化,影响重大危险源级别或者风险程度的。 (4)外界生产安全环境因素发生变化,影响重大危险源级别和风险程度的。 (5)发生危险化学品事故造成人员死亡,或者10人以上受伤,或者影响到公共安全的。 (6)有关重大危险源辨识和安全评估的国家标准、行业标准发生变化的
安全评估报告的内容	重大危险源安全评估报告应当客观公正、数据准确、内容完整、结论明确、措施可行,并包括下列内容: (1)评估的主要依据。 (2)重大危险源的基本情况

续表

项目	具体内容
安全评估报告的内容	(3)事故发生的可能性及危害程度。 (4)个人风险和社会风险值(仅适用定量风险评价方法)。 (5)可能受事故影响的周边场所、人员情况。 (6)重大危险源辨识、分级的符合性分析。 (7)安全管理措施、安全技术和监控措施。 (8)事故应急措施。 (9)评估结论与建议

考点3　重大危险源的评价

项目	具体内容
评价单元的划分	(1)重大危险源评价以危险单元作为评价对象。 (2)一般把装置的一个独立部分称为单元,并以此来划分单元。每个单元都有一定的功能特点,例如原料供应区、反应区、产品蒸馏区、吸收或洗涤区、成品或半成品贮存区、运输装卸区、催化剂处理区、副产品处理区、废液处理区、配管桥区等。 (3)在一个共同厂房内的装置可以划分为一个单元;在一个共同堤坝内的全部储罐也可划分为一个单元;散设地上的管道不作为独立的单元处理,但配管桥区例外
评价模型的层次结构	生产单元的固有危险性 = 事故的易发性 × 事故严重度 事故的易发性与物质危险性和工艺危险性同时相关。 现实的危险性 = 固有危险性 × 危险性抵消因子 危险性抵消因子包括物(工艺、设备、容器、建筑结构)的状态、人员素质、安全管理三个方面
事故严重程度评价	事故严重度用事故后果的经济损失(万元)表示。事故后果是指事故中人员伤亡以及房屋、设备、物资等的财产损失,不考虑停工损失。在危险性评估中,为了简化方法,用一个统一的财产损失区来描述,假定财产损失区内财产全部破坏,损失区外全不受损,即认为财产损失区内未受损失部分的财产与损失区外受损的财产相互抵消。死亡、重伤、轻伤、财产损失各自都用一常量圆半径描述。 为了对各种不同类别的危险物质可能出现的事故严重度进行评价,根据下面两个原则建立了物质子类别同事故形态之间的对应关系,每种事故形态用一种伤害模型来描述。 (1)最大危险原则:如果一种危险物具有多种事故形态,且它们的事故后果相差大,则按后果最严重的事故形态考虑。 (2)概率求和原则:如果一种危险物具有多种事故形态,且它们的事故后果相差不大,则按统计平均原理估计事故后果

续表

项目	具体内容
危险性分级与危险控制程度分级	1. 危险性分级 危险源分级标准:以 10 万元为缩尺的固有危险性值的对数 A^*。 (1)一级重大危险源:$A^* \geqslant 3.5$。 (2)二级重大危险源:$2.5 \leqslant A^* < 3.5$。 (3)三级重大危险源:$1.5 \leqslant A^* < 2.5$。 (4)四级重大危险源:$A^* < 1.5$。 2. 危险控制程度分级 危险控制程度的分级依据:综合抵消因子的值 B_2。 (1)A 级:$B_2 \leqslant 0.001$。 (2)B 级:$0.001 < B_2 \leqslant 0.01$。 (3)C 级:$0.01 < B_2 \leqslant 0.1$。 (4)D 级:$B_2 > 0.1$。 3. 各级重大危险源应达到的受控标准 (1)一级重大危险源在 A 级以上。 (2)二级重大危险源在 B 级以上。 (3)三级和四级重大危险源在 C 级以上

第五节　化工工艺及相关设备基础知识

考点 1　化工工艺的概念

项目	具体内容
化工工艺的概念	化工工艺即化工技术或化学生产技术,指将原料物主要经过化学反应转变为产品的方法和过程,包括实现这一转变的全部措施

考点 2　化工设备的概念

项目	具体内容
化工设备的概念	化工设备是化工工艺的基础,是实现化工生产的重要工具。化工生产中为了将原料加工成一定规格的成品,往往需要经过原料预处理、化学反应以及反应产物的分离和精制等一系列化工过程,而这些过程要通过各种单元操作来实现,实现这些过程所用的机械,常常都被划归为化工设备

考点3 化工设备的类别

项目	具体内容
化工设备的类别	化工设备可以分为动设备和静设备。 (1)动设备是指有驱动机带动的转动设备(亦指有能源消耗的设备),如泵、压缩机、风机等,其能源可以是电动力、气动力、蒸汽动力等。 (2)静设备是指在化工生产中静止的或配有少量传动机构组成的装置,主要用于完成传热、传质和化学反应等过程或用于储存物料

考点4 化工设备的布置要求

项目	具体内容
化工设备的布置要求	化工设备的布置必须满足生产工艺,要充分考虑安装和检修方便,符合安全设计规范,符合人体工程学原理和员工习惯,尽量做到美观大方

案例分析

A储运公司仓储区占地面积为90 000 m^2,共有8个库房,原用于存放一般货物。3年前,该储运公司未经任何技术改造和审批,擅自将1号、4号和6号库房改存危险化学品。2016年3月14日12时18分,仓储区4号库房内首先发生爆炸,12分钟后,6号库房也发生了爆炸,爆炸引发了火灾,火势越来越大,之后相继发生了几次小规模爆炸。消防队到达现场后,发现消火栓不出水,消防蓄水池没有水,随后在1 km外找到取水点,并立即展开灭火抢险救援行动。事故发生前,1号库房存放过氧化氢5 t;4号库房存放硫化钠10 t、过硫酸铵40 t、高锰酸钾10 t、硝酸铵130 t、洗衣粉50 t;6号库房存放硫黄15 t、甲苯4 t、甲酸乙酯10 t。事故导致15人死亡、36人重伤、近万人疏散,烧损、炸毁建筑物39 000 m^2和大量化学物品等,直接经济损失1.2亿元。

根据以上场景,回答下列问题(1 ~3题为单选题,4 ~7题为多选题):

1. 依据《危险货物品名表》的规定,下列物质中,属于氧化性物质的是(　　)。

A. 硫化钠　　B. 高锰酸钾　　C. 甲酸乙酯　　D. 硫黄

E. 甲苯

2. 依据《危险化学品重大危险源辨识》的规定,关于该仓储区重大危险源的辨识结果,下列说法中,正确的是(　　)。

A. 1号库房构成重大危险源　　B. 4号库房构成重大危险源

C. 6号库房构成重大危险源　　D. 仓储区构成重大危险源

E. 仓储区不构成重大危险源

3. 本案例中,第一次爆炸最可能的直接原因是(　　)。

A. 氧化剂与还原剂混存发生反应　　B. 库房之间安全距离不够

C. 硝酸铵存储量达 130 t　　D. 高锰酸钾存储量达 10 t

E. 库房管理混乱

4. 甲苯挥发蒸气爆炸的基本要素包括(　　)。

A. 甲苯蒸气与空气混合浓度达到爆炸极限　　B. 环境相对湿度超过 50%

C. 开放空间　　D. 点火源

E. 室温偏高

5. 根据相关法律、法规和规定,下列物质中,目前在我国属于危险化学品的有(　　)。

A. 高锰酸钾　　B. 硝酸铵　　C. 甲苯　　D. 洗衣粉

E. 甲酸乙酯

6. 该仓储区应采取的安全技术措施包括(　　)。

A. 安装可燃气体监测报警装置　　B. 仓库内使用防爆电器

C. 安全巡检措施　　D. 防爆、隔爆、泄爆措施

E. 违章处理措施

7. 根据相关法律、法规,下列应计入该起事故直接经济损失的包括(　　)。

A. 火灾爆炸中毁损的财产　　B. 消防抢险费用

C. 伤员救治费用　　D. 周边河流因事故污染治理费用

E. 库房员工因工伤歇工工资

参考答案及解析

1. B　**【解析】**依据《危险货物品名表》的规定,属于氧化性物质的是高锰酸钾。

2. D　**【解析】**1 号、4 号、6 号库房在同一个仓储区,可以划分为一个单元。所以仓储区构成重大危险源。

3. A　**【解析】**4 号库房放有氧化性物质和还原性物质,氧化性物质和还原性物质混存引起爆炸。

4. AD　**【解析】**爆炸必须具备的五个条件:(1)提供能量的可燃性物质,即爆炸性物质:能与氧气(空气)反应的物质,包括气体、液体和固体。气体:氢气,乙炔,甲烷等;液体:酒精,汽油;固体:粉尘,纤维粉尘等;(2)辅助燃烧的助燃剂(氧化剂),如氧气、空气;(3)可燃物质与助燃剂的均匀混合;(4)混合物放在相对封闭的空间(包围体);(5)有足够能量的点燃源。

5. ABCE　**【解析】**危险化学品是指具有毒害、腐蚀、爆炸、燃烧、助燃等性质,对人体、设施、环境具有危害的剧毒化学品和其他化学品。D 选项不属于危险化学品。

6. ABD　**【解析】**C、E 选项不属于技术方面措施。

7. ABCE　**【解析】**直接经济损失的统计范围:(1)人身伤亡后所支出的费用,包括医疗费用(含护理费)、丧葬及抚恤费用、补助及救济费用和误工费等。(2)善后处理费用,包括处理事故的事务性费用、现场抢救费用、清理现场费用、事故罚款和赔偿费用。(3)财产损失费用,包括固定资产损失和流动资产损失。

第二章　化工过程安全生产技术

知识框架

- 化工过程安全生产技术
  - 化工企业设备的维护与检修
    - 化工设备巡回检查维护的必要性
    - 化工设备安全检修的要求
    - 同步检修与协同检修
    - 化工压力容器、管道的维护检修
  - 化工企业设备运行的危害及安全技术
    - 化工企业设备运行的危害
    - 化工企业设备运行的安全技术措施
  - 化工企业装置开停车的危险及安全技术
    - 装置开停车的目的和范围
    - 装置开停车的方案
    - 装置开停车的危险因素分析及其安全技术措施
  - 化工生产危害及安全技术
    - 化工事故主要类型
    - 典型化工生产安全技术

考点精讲

第一节　化工企业设备的维护与检修

考点1　化工设备巡回检查维护的必要性

项目	具体内容
巡回检查的概述	1. 巡回检查的概念 岗位的布局方式决定了要采用巡回检查。专业管理人员每天对车间设备管理人员及维修人员的日检和设备保养进行督导检查，指导员工严格执行操作规范流程并循规守纪。 2. 巡回检查的分类 巡回检查主要分为三种，包括片区维护检修人员的巡回检查、现场技术管理人员的巡回检查和操作人员的巡回检查。 3. 巡回检查的过程 在进行巡回检查的过程中，要遵循现场五字巡检法，即通过“听、闻、摸、比、看”来检查

续表

项目	具体内容
巡回检查的概述	化工设备是否做到四不漏(不漏水、不漏电、不漏气、不漏液)。做好记录及时向上汇报,判断分析设备使用中所存在的隐患,把设备故障消灭在萌芽之中
化工设备巡回检查维护的必要性	1. 化工设备与岗位布局方式决定了必须进行巡回检查 化工设备往往是设备连着设备,一个岗位集中管理和控制相邻的十几台甚至几十台设备,除开停车中需要操作人员到设备现场对设备进行操作外,正常生产中,操作人员的大部分工作时间是通过岗位控制台对设备运行情况进行监测与调节。控制室的监控参数不能完全反映设备状况(如设备局部的泄漏、振动等),这就需要工作人员通过巡回检查来及时发现设备故障,并及时修复,防止设备过早磨损,弥补监控上的不足。 2. 化工介质的高危害性、生产的连续性对设备的可靠性提出了更高要求 要保证设备运行可靠,必须随时了解设备状态,对设备异常及时发现并做出调节或修理,防止设备状况的进一步恶化,要实现这一点也必须进行巡回检查。化工设备的管道相互连接,介质具有流动性、带温带压、易燃易爆、有毒有害的特点。一些设备较大、较高,检修时需进入设备内部或登高作业。这些特点决定了进行化工设备检修必须有更高的安全检修要求

考点2 化工设备安全检修的要求

项目	具体内容
化工设备安全检修的要求	1. 检修前的准备 检修前的准备工作主要包括: (1)设置检修指挥部。 (2)制定检修方案。 (3)检修前的安全教育。 (4)检修前检查。 2. 停车操作及注意事项 停车方案一经确定,应严格按停车方案确定的停车时间、停车程序、工艺变化幅度以及各项安全措施有秩序地进行。停车操作期间,装置周围应杜绝一切点火源。 主要安全技术处理如下: (1)严格按照预定的停车方案停车。按照检修计划、并与上下工序及有关工段(如锅炉房、配电间等)保持密切联系,严格按照停车方案规定的程序停止设备的运转。 (2)泄压要缓慢适中。泄压操作应缓慢进行,在压力未泄尽之前,不得拆动设备。 (3)装置内物料务必排空处理。在排放残留物料前,必须查看排放口情况,不能使易燃、易爆、有毒、有腐蚀性的物料任意排入下水道或排到地面上;而应向指定的安全地点或贮罐中排放设备或管道中的残留物料,以免发生事故或造成污染。同时,设备、管道内的物料应尽可能倒空、抽净,排出的可燃、有毒气体如无法收集利用应排至火炬烧掉或进行其他处理

续表

项目	具体内容
化工设备安全检修的要求	(4)控制适宜的降温、降量速度。降温、降量速度应按工艺的要求进行，以防高温设备发生变形、损坏等事故。 (5)开启阀门的速度不宜过快。开启阀门时，打开阀门头两扣后要停片刻，使物料少量通过，观察物料畅通情况，然后再逐渐开大阀门，直至达到要求为止。开启蒸汽阀门时，要注重管线的预热、排凝和防水击等。 (6)严格遵循高温真空设备停车步骤。高温真空设备的停车，必须先消除真空状态，待设备内介质的温度降到自燃点以下时，才可与大气相通，以防空气进入引发燃烧、燃爆事故。 (7)停炉作业严格依照工艺规程规定。停炉操作应严格依照工艺规程规定的降温曲线进行，注意各部位火嘴熄火对炉膛降温均匀性的影响。火嘴未全部熄灭或炉膛温度较高时，不得进行排空和低点排凝以免可燃气体进入炉膛引发事故。同时，装置停车时，操作人员要在较短的时间内开关很多阀门和仪表，为了避免出现差错，必须密切注意各部位温度、压力、流量、液位等参数的变化。 停车过程中，对发生的异常情况和处理方法，要随时作好记录；对关键装置和要害部位的关键性操作，要采取监护制度。 3. 检修阶段安全要求 设备检修一般在停车的情况下进行，应将介质排尽。对易燃易爆、有毒有害介质需进行吹除置换，清洗消毒。人员进入设备内部检修需从设备内部有代表性的部位取样分析，办理相关进塔入罐作业证方可进行检修。登高作业需戴安全带，办理登高作业证。在一些有易燃易爆介质的生产现场或设备内部检修时，需对环境空气取样分析。动火作业需办理动火作业证。生产中对系统的某台设备检修时，必须将其与系统断开，防止相连设备管道中的介质喷出伤人或造成燃爆、中毒事件。 4. 检修完工后处理 检修完工后应认真进行检查，确认无误后对设备等进行试压、试漏，调校安全阀、仪表和联锁装置等，对检修的设备进行单体和联动试车，验收交接

考点3　同步检修与协同检修

项目	具体内容
同步检修与协同检修的概述	化工生产的一个操作单元的各个设备之间、多个操作单元形成的子系统的各个设备之间，多个子系统形成的总系统的各个设备之间，一般都通过管道相连。生产原料一端设备投入，产品从另一端产出，中间没有间断、停留与机械运输。这与化工产品的生产介质大多为流体有关，这样可以实现连续性大生产。这种特殊的生产工艺对设备的维护检修提出了同步、协同检修的特殊要求。一台设备出现问题，往往造成一个操作单元、一个子系统或者总系统停车，这时就需实施该单元、子系统或总系统设备的同步、协同检修。同步指检修时间、周期、类别上的同步。协同指在处理某一设备问题时，充分利用该停车机会，协同处理同一单元、同一子系统或总系统中其他设备问题

续表

项目	具体内容
同步检修与协同检修的实现	化工设备检修按检修时机分:临时的停车检修和停产大修;按检修工作量分:大修、中修和小修。 (1)当总系统运行一定时间(如一年)后,系统全面停车,主要是为了系统内设备集中大修,称为停产大修。停产大修停车时间长,可以安排较多设备的大修,但并不能安排所有设备的大修,一方面受停车时间、维修力量限制,另一方面设备种类、设备质量状况、运行环境条件的不同,设备的大修周期不可能统一。同一系统内种类相同、检修周期相近的设备可以分批实施大修,错开每批设备之间的大修时间。某次停产大修中不进行大修,而中小修周期到了的设备可协同进行中小修。以上这些大修和协同的中小修就形成了停产大修计划。 尽管如此可以使设备大修的集中度降低,但停产大修往往时间紧、任务重,施工组织难度大。因此必须有效利用临时的停车机会,尽可能多地实施中小修和可能实施的大修,例如一些可能与总系统隔断或短时断开的子系统或操作单元的设备。但子系统内或操作单元内设备也应实施同步的和协同的检修,以便减少停车次数。 (2)中小修工作量相对较少、检修时间短,除在停产大修期中协同实施外,主排在临时停车时进行。化工生产要求实现连续不间断生产,但实际运行中短时的局部子系统或操作单元停车或者总系统的临时停车不可避免。如某关键设备的异常故障、巡检中发现某种危及安全的隐患急需处理、某岗位人员的操作失误、水电气原料供应不足等都可能产生临时停车。此时是安排该系统或操作单元设备中小修同步检修和协同检修的最佳机会

考点4　化工压力容器、管道的维护检修

项目	具体内容
化工压力容器、管道的维护检修	化工生产的管道完成各设备之间介质的传递输送,中间产品和最终产品由不同的储罐完成介质平衡与储存。压力容器和压力管道是化工生产中的主要设备,属于特种设备,对其设计、制造、安装、使用、检验、检修与改造实施安全监察,其维护检修除重视日常维护中的巡回检查外,重点是开展定期检验。 定期检验是国家安全管理法规规定的强制性检验,主要分为每年至少1次的在线检验和相隔一定运行周期必须进行的检验、停止运行的全面检验。 压力容器和压力管道的修理必须按安全技术规范的要求进行。一般将检验与修理(修理决策的主要依据是定期检验的结论)结合进行,与压力容器和压力管道相关的安全附件的定期校验、定期检修也应同步进行

第二节　化工企业设备运行的危害及安全技术

考点1　化工企业设备运行的危害

<table>
<tr><th>项目</th><th>具体内容</th></tr>
<tr><td>化工企业设备运行的危害</td><td>1. 电击伤
电击伤指采用电气设备作为动力的机械以及机械本身在加工过程中产生的静电所引起的危险。
(1)静电危险,如在机械加工过程中产生的有害静电,将引起爆炸电击伤害事故。
(2)触电危险,如机械电气设备绝缘不良,错误接线或误操作等原因造成的触电事故。
2. 灼烫和冷危害
如在热加工作业中被高温金属体和加工件灼烫的危险,或与设备的高温表面接触时被灼烫的危险,在深冷处理或与低温金属表面接触时被冻伤的危险。
3. 振动危害
振动危害指在机械加工过程中使用振动工具或机械本身产生的振动所引起的危害,按振动作用于人体的方式,可分为局部振动和全身振动。
(1)全身振动,由振动源通过身体的支持部分将振动传布全身而引起的振动危害。
(2)局部振动,如在以手接触振动工具的方式进行机械加工时,振动通过振动工具、振动机械或振动工件传向操作者的手和臂,从而给操作者造成振动危害。
4. 噪声危害
噪声危害指机械加工过程或机械运转过程所产生的噪声而引起的危害,机械引起的噪声包括:
(1)机械性噪声。由于机械的撞击、摩擦、转动而产生的噪声,如球磨机、电锯、切削机床在加工过程中发出的噪声。
(2)电磁性噪声。由于电机中交变力相互作用而发生的噪声,如电动机、变压器等在运转过程中发出的噪声。
(3)流体动力性噪声。由于气体压力突变或流体流动而产生的噪声,如液压机械、气压机械设备等在运转过程中发出的噪声。
5. 电离辐射危害
电离辐射危害指设备内放射性物质、x 射线装置、γ 射线装置等超出国家标准允许剂量所引起的危害。
6. 非电离辐射危害
非电离辐射危害是指紫外线、可见光、红外线、激光和射频辐射等超出卫生标准规定剂量时引起的危害,如从高频加热装置中产生的高频电磁波或激光加工设备中产生的强激光等非电磁辐射危害。
7. 化学物危害
化学物危害指机械设备在加工过程中使用或产生的各种化学物所引起的危害,包括:
(1)易燃易爆物质的灼伤、火灾和爆炸危险</td></tr>
</table>

续表

项目	具体内容
化工企业设备运行的危害	(2)工业毒物的危害是指机械加工设备在加工过程中使用或产生的各种有毒物质引起的危害。工业毒物可能是原料、辅助材料、半成品、成品、也可能是副产品、废弃物、夹杂物,或其中含有毒成分的其他物质。 (3)酸、碱等化学物质的腐蚀性危害,如在金属的清洗和表面处理时产生的腐蚀性危害。 8. 粉尘危害 粉尘危害指机械设备在生产过程中产生的各种粉尘引起的危害,粉尘来源包括: (1)某些物质加热时产生的蒸汽在空气中凝结或被氧化所形成的粉尘,如熔炼黄铜时,锌蒸汽在空气中冷凝、氧化形成氧化锌烟尘。 (2)固体物质的机械加工或粉碎,如金属的抛光、石墨电极的加工。 (3)铸造加工中,清砂时或在生产中使用的粉末状物质,在混合、过筛、包装、搬运等操作时产生的以及沉积的粉尘,由于振动或气流的影响再次浮游于空气中的粉尘(二次扬尘)。 (4)有机物的不完全燃烧,如木材、焦油、煤炭等燃烧时所产生的烟。 (5)焊接作业中,由于焊药分解,金属蒸发所形成的烟尘

考点2　化工企业设备运行的安全技术措施

项目	具体内容
化工企业设备运行的安全技术措施	(1)对操作人员要做到培训上岗,持证上岗,掌握正确使用设备的方法,要完善设备安全操作规程,严禁违章操作或超负荷运行(电器设备、压力设备更要严格)。 (2)要正确加油,做到"三定一过虑",要按不同的季节、不同的环境(高温、低温、高湿、高腐蚀、高压等)选择好润滑剂,要按照定时、定位、定量加注润滑油(润滑脂),对润滑油要做好严格的过滤工作。 (3)要建立设备完好技术条件,认真做好设备点检,完善点检维修记录,将设备故障隐患消灭在萌芽之中。 (4)要认真做好设备日常维护、保养和检修工作,防止设备带病运行。 (5)要正确按照设备点检情况和按设备使用寿命周期做好大修工作。 (6)要做好设备易损件备件的管理。 (7)要建立设备运行记录和设备台账管理、要有健全设备图纸资料和管理办法

第三节　化工企业装置开停车的危险及安全技术

考点1　装置开停车的目的和范围

项目	具体内容
目的	规范公司生产装置的开、停车安全操作,预防和减少安全事故发生

续表

项目	具体内容
范围	生产装置的开、停车包括正常生产中开、停车，特殊情况（事故）下突然停车，大、中修之后的开车等

考点2　装置开停车的方案

项目	具体内容
装置开车的方案	1. 开车前的准备工作 开车前必须对下列项目进行确认： （1）车间管理员确认工程安装完毕后的验收工作。 （2）车间管理员开车所需原料、辅助原料、公用工程（水、电、汽等），以及生产所需物资的准备工作。 （3）生产技术部确认技术文件、设备图纸及使用说明书和各专业的施工图，岗位操作法和试车文件的准备。 （4）生产管理员与安全科检查车间人员组织的健全及培训工作。 （5）生产技术部核对配管、机械设备、仪表电气、安全设施及盲板和过滤网的最终检查工作。 2. 单机试车 （1）单机试车是在不带物料和无载荷情况下进行的。 （2）单独开动电动机，运转30分钟，观察电动机是否发热、振动，有无杂音，转动方向是否正确等。 （3）当电动机试验合格后，再和设备连接在一起进行试验，一般也运转30分钟。在运转过程中，经过细心观察和仪表检测，均达到设计要求时（如温度、压力、转速等）。如在试车过程中发现问题，应会同施工单位有关人员及时检修，修好后重新试车，直到合格为止，试车时间不准累计。 3. 联动试车 （1）联动试车是用水、空气或和生产物料相类似的其他介质，代替生产物料所进行的一种模拟生产状态的试车。目的是检验生产装置连续通过物料的性能（当不能用水试车时，可改用类似不燃介质）。 （2）联动试车时给水进行加热或降温，观察仪表是否能准确地指示出通过的流量、温度和压力等数据，以及设备的运转是否正常等情况。 （3）联动试车能暴露出设计和安装中的一些问题，在这些问题解决以后，再进行联动试车，直至认为流程畅通为止。 （4）联动试车后要把水放空，并清洗干净
装置停车方案	1. 正常停车 生产进行到一定时间后，设备需要检查或检修而有计划的停车，为正常停车。这种停车是逐步减少物料的加入，直到完全停止加入，待所有物料反应完毕后，开始处理设备内

续表

项目	具体内容
装置停车方案	剩余物料，处理完毕后，停止供汽、供水，降温降压，最后停止转动设备的运转，使生产完全停止。 停车后，对某些需要进行检修的设备，要用盲板切断该设备上物料管线以免可燃气体、液体物料漏过而造成事故。检修设备动火或进行设备内检查要把其中的物料彻底清洗干净，并经过安全分析合格后方可进行。 2. 局部紧急停车 生产过程中，在一些想象不到的特殊情况下的停车，为局部紧急停车。如某设备损坏，某部分电气的电源发生故障，某一个或多个仪表失灵等，都会造成生产装置的局部紧急停车。 当这种情况发生时，应立即通知前步工序采取紧急处理措施。把物料暂时贮存或向事故排放部分（如火炬、放空等）排放，并停止入料，转入停车待生产的状态（绝对不允许再向局部停车部分输送物料，以免造成重大事故）。同时通知下步工序，停止生产或处于待开车状态。此时应积极抢修，排除故障。待停车原因消除后，应按开车的程序恢复生产。 3. 全面紧急停车 当生产过程中突然发生停电、停水、停气或发生重大事故时，则要全面紧急停车。这种停车事前是不知道的，操作人员要尽力保护好设备，防止事故的发生和事故的扩大。对有危险的设备，如高压设备应进行手动操作，以排出物料，对凝固危险的物料要进行人工搅拌（如聚合釜的搅拌器可以人工推动，并使本岗位的阀门处于正常停车状态）。 对于自动化程度较高的生产装置，在车间内备有紧急停车按钮，并和关键阀门联锁在一起。当发生紧急停车时，操作人员一定要以最快的速度去按这个按钮。 为了防止全面紧急停车的发生，要配备应急电源。当第一电源断电时，第二电源应立即供电

考点3　装置开停车的危险因素分析及其安全技术措施

项目	具体内容
开车时危险因素分析及其安全技术措施	1. 设备（管线）吹扫、置换、送气（液）操作 （1）设备（管线）进行吹扫、置换、送气操作是开车中前期操作。在这一阶段中，如设备（管线）未吹扫干净就投入运行，在运行中杂质会堵塞管道或损坏阀门的密封面。如果，蒸汽、润滑油系统存在杂质，将是十分危险的，杂质随蒸汽进入透平会造成叶片损坏；杂质进入轴瓦会造成轴瓦磨损。 （2）设备（管线）在开车中必须用工艺介质置换合格，上一工序工艺介质未合格前不能进入下一工序，否则会影响下一工序的正常运行，甚至造成事故。特别要禁止用可燃气直接置换空气。送气（液）前要检查阀门（盲板）的状态。 安全技术措施：吹扫、置换必须按操作规程操作，并经检验分析后，才能确认合格；操作

续表

项目	具体内容
开车时危险因素分析及其安全技术措施	前要检查有关的阀门(盲板)开关是否符合要求;吹扫、置换排放口要有安全设施(或标记),防止发生意外事故;定期清洗各种过滤器。 2. 设备(管道)升温、升压 设备(管道)从常温、常压升到操作温度、操作压力必须保持一定速率,升温、升压过快产生的热应力、压力降会损坏设备,可造成重大事故。升温过程中,工艺气体(特别是水蒸气)产生的冷凝液,应及时排除(送液时要注意排气)。如排液不及时,气体带液,可造成"水击"损坏设备。开车中都不同程度遇到过"水击"现象,有的甚至造成事故。开车过程中,还要认真检查有关的阀门(盲板),防止发生窜气、倒液,造成事故。特别是气(液)窜入装有催化剂的设备时,还会损坏催化剂。 安全技术措施:严格控制升温、升压速率;操作中,注意温度、压力的变化;作业前,认真检查有关阀门(盲板)开关状况;操作中,注意排液(或排气) 3. 催化剂的升温 催化剂的升温在开车操作中是十分关键性的操作。其操作的好坏,将影响催化剂的活性和使用寿命。由于催化剂升温过程需要大量的热量,造成温度上升,控制不当,易发生超温。超温不但降低催化剂活性,减少催化剂使用寿命,严重时,可烧毁催化剂,并损坏设备。开车前还应检查阀门、盲板、仪表状态及升温、还原的条件是否具备,否则也易发生事故。 安全技术措施:制定正确的升温还原方案;确保仪表指示、检验分析数据正确;阀门(盲板)开关无误、不窜气;按规程操作
停车时危险因素分析及其安全技术措施	1. 降量、断料操作 停车中,设备(管线)按停车步骤都要减负荷,并切断工艺介质的进料。各种工艺物料的减量及切断都有严格的先后程序切断后还要防止发生泄漏。如操作不当,有可能造成事故。此项操作中存在的危险有: (1)空气与可燃气在设备内混合(如煤气进入空气缓冲罐;可燃气进入停工排空的设备、管道),可发生爆炸。 (2)某种物料进入催化剂床层(如停车后空气气进入变换炉),可造成催化剂结碳或烧毁。 (3)高压气体进入低压设备(如变换停蒸汽后水煤气进入蒸汽管道、变脱气窜入再生槽),可造成设备爆炸、着火。 安全技术措施:按操作规程进行停工操作;认真监测操作参数的变化;及时关闭手动截止阀或加盲板,以防泄漏。 2. 设备(管线)降压、降温 与开车操作一样,设备的降压、降温也应严格控制速率。降温速度过快,会产生热应力而损坏设备。降压速度过快,可因压差大或气体(液体)倒流,而造成事故。 安全技术措施:停车中,保持正常降温、降压速率;操作中注意前后各工序温度、压力、液位的变化;检查阀门开关状况,防止内漏

续表

项目	具体内容
停车时危险因素分析及其安全技术措施	3. 催化剂降温、钝化和保护 由于生产中催化剂处于“活化态”，停车操作中一般视停车时间的长短及检修需要，对催化剂进行保温保压；降温降压；氮气保护或进行钝化操作。停车中，还原态的催化剂遇到空气（氧气）会发生剧烈的氧化反应，控制不当可损坏催化剂。催化剂与水接触还会造成强度下降或粉碎，停车期间应特别注意保护催化剂。停车中应严格按操作规程对催化剂进行降温，保护。 安全技术措施：与催化剂床层相连接管道、阀门应关闭或加盲板，防止物料窜入催化剂床层。停车期间，催化剂一般都应充入氮气保持正压，并检测催化剂床层温度变化情况。防止空气入内，造成催化剂氧化、烧毁。变换炉停车期间，塔内气体中一氧化碳、二氧化碳、氢气含量要尽量降低。如长期停车，应用氮气将一氧化碳、二氧化碳、氢气置换干净，以保护催化剂的活性

第四节　化工生产危害及安全技术

考点1　化工事故主要类型

项目	具体内容	
典型化学反应危险性	氧化反应	1. 氧化反应的主要危险性 （1）氧化反应需要加热，同时绝大多数反应过程又是放热反应，因此反应热如不及时移去，将会造成反应失控，甚至发生爆炸。 （2）氧化反应中被氧化的物质大部分是易燃、易爆物质，如乙烯氧化制取环氧乙烷、甲醇氧化制取甲醛、甲苯氧化制取苯甲酸中，乙烯是易燃气体，甲苯和甲醇是易燃液体。 （3）氧化反应中的有些氧化剂本身是强氧化剂，如高锰酸钾、氯酸钾、过氧化氢、过氧化苯甲酰等，具有很大的火灾危险性，如受高温、撞击、摩擦或与有机物、酸类接触，易引起燃烧或爆炸。 （4）许多氧化反应是易燃、易爆物质与空气或氧气反应，反应投料比接近爆炸极限，如果物料配比接近于爆炸下限，配比失调，反应温度控制不当，极易发生燃烧爆炸。 （5）氧化反应的产品也具有火灾、爆炸危险性。如环氧乙烷、36.7%的甲醛水溶液等。 （6）某些氧化反应能生成危险性较大的过氧化物，它们的稳定性差，遇高温或受撞击、摩擦易分解，造成燃烧或爆炸。如乙醛氧化制取醋酸过程中生成过氧乙酸

续表

项目	具体内容	
典型化学反应危险性	氧化反应	2. 氧化过程的安全措施 (1)在氧化反应中,一定要严格控制氧化剂的投料比,当以空气或氧气为氧化剂时,反应投料比应严格控制在爆炸范围以外。空气进入反应器之前,应经过气体净化装置,消除空气中的灰尘、水汽、油污以及可使催化剂活性降低或中毒的杂质,以保持催化剂的活性,减少着火和爆炸的危险。 (2)氧化剂的加料速度不宜过快,防止多加、错加。固体氧化剂应粉碎后使用,最好呈溶液状态使用。反应过程应有良好的搅拌和冷却装置,严格控制反应温度、流量,防止超温、超压。 (3)使用氧化剂氧化无机物时,如使用氯酸钾氧化生成铁蓝颜料,应控制产品烘干温度不超过其着火点,在烘干之前应用清水洗涤产品,将氧化剂彻底除净,以防止未完全反应的氯酸钾引起已烘干的物料起火。有些有机化合物的氧化,特别是在高温下的氧化,在设备及管道内可能产生焦状物,应及时清除,以防自燃。 (4)为了防止接触器在万一发生爆炸或着火时危及人身和设备安全,反应器和管道上应安装阻火器,以阻止火焰蔓延,防止回火。为了防止接触器发生爆炸,接触器应有泄压装置,并尽可能采用自动控制、报警联锁装置。 (5)在设备系统中宜设置氮气、水蒸气灭火装置,以便及时扑灭火灾
	还原反应	1. 还原反应的主要危险性 (1)许多还原反应都是在氢气存在条件下,并在高温、高压下进行,如果因操作失误或设备缺陷发生氢气泄漏,极易与空气形成爆炸性混合物,如遇着火源即会发生爆炸。 (2)还原反应中使用的催化剂,如雷内镍、钯碳等,在空气中吸湿后有自燃危险,在没有点火源存在的条件下,也能把氢气和空气的混合物引燃形成着火爆炸。 (3)还原反应中使用的固体还原剂,如保险粉、氢化铝锂、硼氢化钾等,都是遇湿易燃危险品。其中,保险粉遇水发热,在潮湿空气中能分解析出硫,硫蒸气受热具有自燃的危险,且保险粉本身受热到 190℃ 也有分解爆炸的危险;硼氢化钾(钠)在潮湿空气中能自燃,遇水或酸即分解放出大量氢气,同时产生高热,可使氢气着火而引起爆炸事故;氢化锂铝是遇湿危险的还原剂,务必要妥善保管,防止受潮。 (4)还原反应的中间体,特别是硝基化合物还原反应的中间体,也有一定的火灾危险,例如,邻硝基苯甲醚还原为邻氨基苯甲醚过程中,产生 150 ℃下可自燃的氧化偶氮苯甲醚。苯胺在生产过程中如果反应条件控制不好,可生成爆炸危险性很大的环己胺

续表

项目	具体内容	
典型化学反应危险性	还原反应	2. 还原反应过程的安全措施 (1)操作过程中一定要严格控制温度、压力、流量等各种反应参数和反应条件。 (2)注意催化剂的正确使用和处置。雷内镍、钯碳等催化剂平时不能暴露在空气中,要浸在酒精中。反应前必须用氮气置换反应器内的全部空气,经测定确认氧含量符合要求后,方可通入氢气。反应结束后,应先用氮气把氢气置换掉,才可出料,以免空气与反应器内的氢气混合,在催化剂自燃的情况下发生爆炸。 (3)注意还原剂的正确使用和处置。例如,氢化铝锂应浸没在煤油中储存,使用时应先用氮气置换干净,在氮气保护下投料和反应;保险粉用于溶解使用时,要严格控制温度,可以在开动搅拌的情况下,将保险粉分批加入水中,待溶解后再与有机物接触反应;当使用硼氢化钠(钾)作还原剂时,在工艺过程中调解酸、碱度时要特别注意,防止加酸过快、过多。 (4)车间内的电气设备必须符合防爆要求。厂房通风要好,且应采用轻质屋顶,设置天窗或风帽,使氢气易于逸出;氢气排放管要高出屋脊 2 m 以上并设阻火器;电线及电线接线盒不宜在车间顶部敷设安装;加压反应的设备应配备安全阀,反应中产生压力的设备要装设爆破片;安装氢气检测和报警装置
	硝化反应	1. 硝化反应的概述 有机化合物分子中引入硝基取代氢原子而生成硝基化合物的反应,称为硝化。如甲苯硝化生产梯恩梯(TNT)、苯硝化制取硝基苯、甘油硝化制取硝化甘油等。硝化反应是生产染料、药物及某些炸药的重要反应。 硝化过程常用的硝化剂是浓硝酸或浓硝酸和浓硫酸配制的混合酸。此外,硝酸盐和氧化氮也可做硝化剂。一般的硝化反应是先把硝酸和硫酸配制成混酸,然后在严格控制温度的条件下将混酸滴入反应器,进行硝化反应。 2. 硝化反应的主要危险性 (1)硝化反应是放热反应,极易造成温度失控而爆炸。 (2)被硝化的物质大多为易燃物质,易造成火灾。 (3)常用硝化剂具有强烈的氧化性、吸水性和腐蚀性。 (4)硝化产品大都具有火灾、爆炸危险性,极易爆炸或着火
	聚合反应	1. 聚合反应的概述 由低分子单体合成聚合物的反应称为聚合反应。聚合反应的类型很多,按聚合物单体元素组成和结构的不同,分为加成聚合和缩合聚合两大类

续表

<table>
<tr><th>项目</th><th colspan="2">具体内容</th></tr>
<tr><td rowspan="2">典型化学反应危险性</td><td>聚合反应</td><td>2. 聚合反应的主要危险性
(1)聚合反应中使用的单体、溶剂、引发剂、催化剂等大多是易燃、易爆物质,使用或储存不当时,易造成火灾、爆炸。
(2)许多聚合反应在高压条件下进行,单体在压缩过程中或在高压系统中易泄漏,发生火灾、爆炸。
(3)聚合反应中加入的引发剂都是化学活性很强的过氧化物,易引起爆炸。
(4)聚合物分子量高,黏度大,聚合反应热不易导出,容易挂壁和堵塞,造成局部过热或反应釜升温,发生爆炸</td></tr>
<tr><td>裂化反应</td><td>裂化有时又称为裂解,是指有机化合物在高温下分子发生分解的反应过程。裂化可分为热裂化、催化裂化、加氢裂化3种类型。
1. 热裂化
热裂化在加热和加压下进行,根据所用压力的不同分为高压热裂化和低压热裂化。产品有裂化气体、汽油、煤油、残油和石油焦。热裂化装置的主要设备有管式加热炉、分馏塔、反应塔等。
热裂化的主要危险性:热裂化在高温、高压下进行,装置内的油品温度一般超过其自燃点,漏出会立即着火。热裂化过程产生大量的裂化气,如泄漏会形成爆炸性气体混合物,遇加热炉等明火,会发生爆炸。
2. 催化裂化
催化裂化在高温和催化剂的作用下进行,用于由重油生产轻油的工艺。催化裂化装置主要由反应再生系统、分馏系统、吸收稳定系统组成。
催化裂化的主要危险性:催化裂化在460～520 ℃的高温和0.1～0.2 MPa的压力下进行,火灾、爆炸的危险性也较大。操作不当时,再生器内的空气和火焰可进入反应器,引起恶性爆炸事故。U形管上的小设备和阀门较多,易漏油着火。裂化过程中,会产生易燃的裂化气。活化催化剂不正常时,可能出现可燃的一氧化碳气体。
3. 加氢裂化
加氢裂化是在催化剂及氢存在条件下,使重质油发生催化裂化反应,同时伴有烃类加氢、异构化等反应,从而转化为质量较好的汽油、煤油和柴油等轻质油的过程。加氢裂化装置类型很多,按反应器中催化剂放置方式的不同,可分为固定床、沸腾床等。
加氢裂化的主要危险性:加氢裂化在高温、高压下进行,且需要大量氢气,一旦油品和氢气泄漏,极易发生火灾或爆炸。加氢是强烈的放热反应,反应器必须通冷氢以控制温度。氢气在高压下与钢接触,钢材内的碳分子易与氢气发生反应生成碳氢化合物,使钢的强度降低,产生氢脆,如设备或管道检查或更换不及时,就会在高压下发生设备爆炸</td></tr>
</table>

续表

项目	具体内容
爆炸危险环境分类	1. 气体、蒸气爆炸危险环境 0区指连续出现或长时间出现爆炸性气体的场所。 1区指正常运行时可能出现爆炸性气体的场所。 2区指正常运行时不可能出现爆炸性气体的环境，如果出现也是偶然发生并且是短时间存在爆炸性气体的场所。 2. 粉尘爆炸危险环境 20区指在正常运行过程中，可燃性粉尘连续出现或经常出现，其数量足以形成可燃性粉尘与空气混合物或可能形成无法控制和极厚的粉尘层的场所及容器内部。 21区指在正常运行过程中，可能出现粉尘数量足以形成可燃性粉尘与空气混合物但未划入20区的场所。包括与充入或排放粉尘点直接相邻的场所、出现粉尘层和正常操作情况下可能产生可燃浓度的可燃性粉尘与空气混合物的场所。 22区指在异常情况下，可燃性粉尘偶尔出现并且只是短时间存在、可燃性粉尘偶尔出现堆积或可能存在粉尘层并且发生可燃性粉尘空气混合物的场所。如果不能保证排除可燃性粉尘堆积或粉尘层时，则应划分为21区。 3. 火灾危险环境 由可燃物能构成火灾但不致引起爆炸的区域，火灾危险环境分为3种区域。 (1)21区——有液体可燃物。 (2)22区——有粉尘、纤维可燃物。 (3)23区——有固体可燃物
雷击	1. 雷击的分类 (1)直击雷。每次雷击有三四个至数几十个冲击。第一个冲击的先导放电是跳跃式先驱放电，第二个以后的先导放电是箭形先驱放电。 (2)感应雷。又分为电磁感应雷和静电感应雷。静电感应雷是由于带电积云接近地面，在架空线路导线或其他导电凸出物顶部感应出大量电荷引起的。电磁感应雷是由于雷电放电时巨大的冲击电流在周围空间产生迅速变化的强磁场引起的。 (3)球形雷。球形雷是雷电放电时形成的发红光、橙光、白光或其他颜色光的火球。 2. 雷电的特点 雷电流幅值很大；冲击过电压很高；冲击性强；雷电流陡度大，有高频特征。 3. 雷电的危害 爆炸和火灾；电击；毁坏设备和设施；大规模停电
触电	生产过程中产生的静电除可能给人以电击和妨碍生产外，在化工行业也是引起爆炸的重要原因
中毒	化工生产中常见H_2S中毒，炼油化工装置内H_2S中毒事故的危险源(点)在于： (1)瓦斯、液态烃脱硫装置的富液闪蒸塔及其塔顶冷凝冷却器、酸性气分液罐等部位

续表

项目	具体内容
中毒	及其相应的人工采样点。 (2)硫黄回收装置的酸性气分液罐、焚烧炉、尾气排放口及相应的人工采样点。 (3)酸性水汽提装置的原料水罐，H_2S 汽提塔及其塔顶冷却器、酸性气分液罐等部位及其相应的人工采样点。 (4)催化裂化、催化重整、加氢裂化、热裂化、延迟焦化、汽、煤、柴油加氢精制等二次加工装置产生的未脱硫瓦斯的冷却器、分液罐、循环氢等部位及其相应的人工采样点。 (5)系统酸性气管线的沿途切水罐、切水排空点。 (6)系统高、中、低压瓦斯管线的沿途切水罐、切水排空点。 (7)瓦斯回收系统、天然气制氢装置的压缩机进出口分液罐、气柜及相应的人工采样点、切水排空点。 (8)瓦斯火炬或烟囱底分液罐、火炬头或烟囱排空口。 (9)粗汽油罐、轻污油罐、高硫原油罐等储罐的罐顶采样、测温、检尺及脱水。 (10)生产厂区含油污水、工业废水、含酸污水、含碱污水等下水道及其系统。 H_2S 为无色气体，分子量为 34.08，相对密度为 1.19，易溶于水、醇类、石油溶剂和原油。接触 H_2S 的主要途径是吸入，H_2S 经黏膜吸收快，经皮肤吸收甚少。误服含硫盐类与胃酸作用后产生 H_2S 可经肠道吸收而引起中毒。 H_2S 是一种神经毒剂，亦为窒息性和刺激性气体。其毒作用的主要靶器是中枢神经系统和呼吸系统，亦可伴有心脏等多个器官损害，对毒作用最敏感的组织是脑和黏膜接触部位。 H_2S 的急性毒作用器官和中毒机制可因其不同的浓度和接触时间而异。浓度越高则中枢神经抑制作用越明显，浓度相对较低时黏膜刺激作用明显。 短时间接触浓度超过 750 mg/m^3 的 H_2S 会在没有任何危险征兆的情况下迅速失去知觉，在随后的几秒钟内会由于呼吸中断而死亡，接触浓度为 300 mg/m^3 或 300 mg/m^3 以上的 H_2S 超过 30 min 会引起肺水肿。浓度超过 150 mg/m^3 的 H_2S 会刺激眼睛、鼻腔黏膜、喉咙或肺。在低浓度下，H_2S 有臭鸡蛋味。必须强调的是 H_2S 的臭鸡蛋味在浓度为 0.03 mg/m^3 时也可以嗅到，但在浓度超过 150 mg/m^3 时由于嗅觉迅速消失而无法闻到。 H_2S 中毒的特点： (1)意外接触 H_2S 能导致电击式快速死亡。 (2)不能根据臭味来判断危险场所 H_2S 的浓度

考点 2　典型化工生产安全技术

项目	具体内容
非均相分离	1. 概述 混合物可分为均相(混合)物系和非均相(混合)物系。非均相物系中，有一相处于分

续表

项目	具体内容
非均相分离	散状态,称为分散相,如雾中的小水滴、烟尘中的尘粒、悬浮液中的固体颗粒、乳浊液中分散成小液滴的液相;另一相处于连续状态,称为连续相(或分散介质),如雾和烟尘中的气相、悬浮液中的液相、乳浊液中处于连续状态的液相。从有毒有害物质处理的角度,非均相分离过程就是这些物质的净化过程、吸收过程或浓缩分离过程。工业生产中多采用机械方法对两相进行分离,常见的有沉降分离、过滤分离、静电分离和湿洗分离等,此外,还有音波除尘和热除尘等方法。 2. 过滤过程安全措施 (1)若加压过滤时能散发易燃、易爆、有害气体,则应采用密闭过滤机,并应用压缩空气或惰性气体保持压力。取滤渣时,应先释放压力。 (2)存在火灾、爆炸危险的工艺中,不宜采用离心过滤机,宜采用转鼓式或带式等真空过滤机。如必须采用离心过滤机时,应严格控制电机安装质量,安装限速装置。注意不要选择临界速度操作。 (3)离心过滤机应注意选材和焊接质量,转鼓、外壳、盖子及底座等应选用韧性金属制造
加热及传热	传热在化工生产过程中的应用主要有创造并维持化学反应需要的温度条件、创造并维持单元操作过程需要的温度条件、热能综合和回收、隔热与限热等。 加热过程危险性较大。装置加热方法一般为蒸气或热水加热、载热体加热以及电加热等
蒸馏及精馏	化工生产中常常要将混合物进行分离,以实现产品的提纯和回收或原料的精制。对于均相液体混合物,最常用的分离方法是蒸馏。要实现混合液的高纯度分离,需采用精馏操作。 真空蒸馏(减压蒸馏)是一种比较安全的蒸馏方法。对于沸点较高、在高温下蒸馏时能引起分解、爆炸和聚合的物质,采用真空蒸馏较为合适
气体吸收与解吸	1. 气体吸收 按溶质与溶剂是否发生显著的化学反应可分为物理吸收和化学吸收;按被吸收组分的不同,可分为单组分吸收和多组分吸收;按吸收体系(主要是液相)的温度是否显著变化,可分为等温吸收和非等温吸收。在选择吸收剂时,应注意溶解度、选择性、挥发度、黏度等。工业生产中使用的吸收塔的主要类型有板式塔、填料塔、湍球塔、喷洒塔和喷射式吸收器等。 2. 解吸 又称脱吸,是脱除吸收剂中已被吸收的溶质,而使溶质从液相逸出到气相的过程。在生产中解吸过程用来获得所需较纯的气体溶质,使溶剂得以再生,返回吸收塔循环使用。工业上常采用的解吸方法有加热解吸、减压解吸、在惰性气体中解吸等

续表

项目	具体内容
干燥	1. 干燥的概念 干燥是指在化学工业中,常指借热能使物料中水分(或溶剂)气化,并由惰性气体带走所生成的蒸气的过程。例如干燥固体时,水分(或溶剂)从固体内部扩散到表面再从固体表面气化。 2. 干燥的分类 干燥按其热量供给湿物料的方式,可分为传导干燥、对流干燥、辐射干燥和介电加热干燥。干燥按操作压强可分为常压干燥和减压干燥;按操作方式可分为间歇式干燥与连续式干燥。 3. 常用的干燥设备 常用的干燥设备有厢式干燥器、转筒干燥器、气流干燥器、沸腾床干燥器、喷雾干燥器
蒸发	1. 蒸发的概述 蒸发是在液体表面发生的汽化过程,溶液的蒸发通常是指通过加热使溶液中一部分溶剂汽化,以提高溶液中非挥发性组分的浓度(浓缩)或使溶质从溶液中析出结晶的过程。通常,温度越高、液面暴露面积越大,蒸发速率越快;溶液表面的压强越低,蒸发速率越快。 2. 蒸发的分类 蒸发按其采用的压力可分为常压蒸发、加压蒸发和减压蒸发(真空蒸发)。按其蒸发所需热量的利用次数可分为单效蒸发和多效蒸发
结晶	1. 结晶的概述 结晶是固体物质以晶体状态从蒸气、溶液或熔融物中析出的过程。结晶是一个重要的化工单元操作,主要用于制备产品与中间产品,以获得高纯度的纯净固体物料。 2. 结晶的过程 结晶过程常采用搅拌装置。搅动液体使之发生某种方式的循环流动,从而使物料混合均匀或促使物理、化学过程加速操作
萃取	1. 萃取剂的选择与萃取流程 萃取时溶剂的选择是萃取操作的关键,萃取剂的性质决定了萃取过程的危险性大小和特点。萃取剂的选择性、物理性质(密度、界面张力、黏度)、化学性质(稳定性、热稳定性和抗氧化稳定性)、萃取剂回收的难易和萃取的安全问题(毒性、易燃性、易爆性)是选择萃取剂时需要特别考虑的问题。工业生产中所采用的萃取流程有多种,主要有单级和多级之分。 2. 萃取设备 萃取设备的主要性能是能为两液相提供充分混合与充分分离的条件,使两液相之间具有很大的接触面积,这种界面通常是将一种液相分散在另一种液相中所形成,两相流体在萃取设备内以逆流流动方式进行操作。萃取的设备有填料萃取塔、筛板萃取塔、转盘萃取塔、往复振动筛板塔和脉冲萃取塔

续表

项目	具体内容
制冷	在工业生产过程中，蒸气、气体的液化，某些组分的低温分离，以及某些物品的输送、储藏等，常需将物料降到比水或周围空气更低的温度，这种操作称为冷冻或制冷。 冷冻操作的实质是利用冷冻剂自身通过压缩—冷却—蒸发（或节流、膨胀）的循环过程，不断地由被冷冻物体取出热量（一般通过冷载体盐水溶液传递热量），并传给高温物质（水或空气），以使被冷冻物体温度降低。一般说来，冷冻程度与冷冻操作技术有关，凡冷冻范围在 -100 ℃以内的称冷冻；而在 -200 ~ -100 ℃或更低的，则称为深度冷冻或简称深冷
筛分与过滤	1. 筛分 在工业生产中，为满足生产工艺的要求，常常需将固体原料、产品进行筛选，以选取符合工艺要求的粒度，这一操作过程称为筛分。筛分分为人工筛分和机械筛分。筛分所用的设备称为筛子，通过筛网孔眼控制物料的粒度。按筛网的形状可分为转动式和平板式两类。 2. 过滤 过滤是使悬浮液在重力、真空、加压及离心的作用下，通过细孔物体，将固体悬浮微粒截留进行分离的操作。按操作方法，过滤分为间歇过滤和连续过滤两种；按推动力分为重力过滤、加压过滤、真空过滤和离心过滤。过滤采用的设备为过滤机
物料输送	1. 液态物料输送 液态物料可借其位能沿管道向低处输送。而将其由低处输往高处或由一地输往另一地（水平输送），或由低压处输往高压处，以及为保证一定流量克服阻力所需要的压头，则需要依靠泵来完成。泵的种类较多，通常有往复泵、离心泵、旋转泵、流体作用泵等四类。 2. 气态物料输送 气态物料输送气体物料的输送采用压缩机。按气体的运动方式，压缩机可分为往复压缩机和旋转压缩机两类

案例分析

H 市 I 化工厂，占地面积为 12.9 公顷，企业有员工 140 人，主要为周边村庄百姓。2016 年 8 月 14 日 9 时，磺化车间一班次操作工王某和李某按照投料比例加入氯磺酸至反应釜中，加入催化剂和滴加硝基苯后，由于蒸汽压力不够，当班没有进行升温操作；下一班次同样没有进行升温操作。其中，王某于 5 月 14 日刚来到工厂工作，且未取得特种作业操作证。15 日 8 时另一班次操作人员接班，10 时开始对反应釜进行升温，持续 2 h。15 日 20 时，该车间一班次操作工王某和李某接班后检查反应釜温度为 120 ℃，继续采取保温措施，16 日 5 时送样化验，发现反应釜中硝基苯含量大于 6%（正常值为小于 0.1%），并未采取任何措施。在此作业期间，生产车间主任曾于 15 日 21 时对工人到岗情况进行了简单巡视，随后先行离开。16 日 7 时 45 分左右，磺化釜回流片式冷凝器搪瓷破裂，钢板被盐酸腐蚀穿孔后，造成片式冷凝器循环冷却水进入磺化釜，与氯磺酸发生剧烈反应，产生大量氯化氢和三氧化硫，温度和压力急剧上升,从而引起冲料和爆炸。该事故造成王某当场死亡,2 人失踪,2 人受伤。

根据以上场景,回答下列问题:

1. 根据《生产安全事故报告和调查处理条例》(国务院令第 493 号)规定,该起事故属于什么事故?应如何成立事故调查组?

2. 分析该化工厂存在的安全管理问题。

3. 生产经营单位的从业人员在安全生产方面有什么义务?

4. 压力容器安全生产技术的要求有哪些?

参考答案及解析

1. 根据《生产安全事故报告和调查处理条例》(国务院令第 493 号)规定,该起事故属于一般事故。该起事故由事故发生地县级人民政府直接组织事故调查组进行调查,也可以授权或者委托有关部门组织事故调查组进行调查。事故调查组的组成应当遵循精简、效能的原则。根据事故的具体情况,该起事故调查组由县级人民政府、安全生产监督管理部门、负有安全生产监督管理职责的有关部门、监察机关、公安机关以及工会派人组成,并应当邀请人民检察院派人参加,也可以聘请有关专家参与调查。

2. 该化工厂存在的安全管理问题有:

(1)只有一名生产车间主任值班,仅在 21 时巡视工人到岗情况,无副厂长以上领导带班。说明领导带班制度未严格执行。

(2)操作工王某为新到岗工人,未进行培训,没有特种作业操作证。说明该企业安全教育与培训不到位。

(3)该企业工人主要为周边村庄百姓,对化工生产的特点认识不足,处理异常情况能力偏低,对生产异常情况处置不当。

3. 生产经营单位的从业人员在安全生产方面的义务有:

(1)从业人员应当接受安全生产教育和培训,掌握本职工作所需的安全生产知识,提高安全生产技能,增强事故预防和应急处理能力。

(2)从业人员发现事故隐患或者其他不安全因素,应当立即向现场安全生产管理人员或者本单位负责人报告;接到报告的人员应当及时予以处理。

(3)从业人员在从业过程中,应当严格遵守本单位的安全生产规章制度和操作规程,服从管理。

(4)正确佩戴和使用劳动防护用品。

4. 压力容器安全生产技术的要求:

(1)压力容器安全操作:①平稳操作,加载和卸载应缓慢,并保持运行期间载荷的相对稳定;②防止压力容器过载主要是防止超压。

(2)对运行中的容器进行检查,包括工艺条件、设备状况以及安全装置等方面。

(3)压力容器的维护保养:①保持完好的防腐层;②消除产生腐蚀的因素;③消灭容器的“跑、冒、滴、漏”问题;④加强容器在停用期间的维护;⑤经常保持容器的完好状态。

第三章　化工建设项目安全技术

知识框架

- 化工建设项目安全技术
  - 化工建设项目安全设计
    - 化工建设项目安全设计原则
    - 化工建设项目安全设计程序
    - 化工厂布局安全
  - 过程危险源分析
    - 过程危险源分析的基本要求
    - 过程危险源分析的基本方法
    - 过程危险源分析方法选择的因素
    - 前期工作过程危险源分析
    - 基础工程设计过程危险源分析
    - 详细工程设计过程危险源分析
  - 保护层分析法（LOPA 法）和危险与可操作性分析法（HAZOP 法）
    - 保护层分析法（LOPA 法）
    - 危险与可操作性分析法（HAZOP 法）
  - 化工建设项目安全设计审查
    - 化工建设项目安全设计审查目的
    - 化工建设项目安全设计审查的形式
    - 前期工作安全审查
    - 基础工程设计安全审查
    - 详细工程设计安全审查

考点精讲

第一节　化工建设项目安全设计

考点 1　化工建设项目安全设计原则

项目	具体内容
化工建设项目安全设计原则	(1)化工建设项目安全设计应遵循本质安全设计原则，采用削减缓解、替代、简化等手段，通过局部改用没有危险或危险性较小的物料或过程，从设计源头上消除或削减危险源

续表

项目	具体内容
化工建设项目安全设计原则	(2)化工建设项目安全设计应遵循合理降低风险原则,在技术可行、经济合理的前提下,采用适宜、可靠的安全对策措施,将化工建设项目预期寿命周期内的风险尽可能降到合理、可行的最低程度

考点2　化工建设项目安全设计程序

项目	具体内容
化工建设项目安全设计程序	项目安全设计程序可以根据各单位的实际情况与本单位的质量管理体系或职业健康、安全与环境管理体系的相关程序进行整合,也可以建立独立的管理程序。 项目安全设计程序一般应包含下列要素: (1)项目安全设计基础资料的收集、评审和确认。 (2)项目安全设计应遵守的法规和其他要求。 (3)项目安全设计的方针和目标。 (4)项目安全设计的策划。 (5)过程危险源分析。 (6)项目安全对策措施设计。 (7)项目安全设计审查。 (8)项目安全设计确认。 (9)项目安全设计变更

考点3　化工厂布局安全

项目	具体内容
厂址的选择	(1)厂址用地宜选用荒地、劣地,不得占用基本农田;位于沿海地区的厂址用地可充分利用已规划的填海区域。 (2)厂址应远离大中型城市城区、社会公共福利设施和居民区等环境敏感地区,并宜位于相邻环境敏感地区的常年最小频率风向的上风侧。 (3)厂址应优先选择具有良好生产协作条件和生活依托条件的地区。 (4)厂址应优先选择具有良好地形、地质、水文、气象等条件的地区,宜避开自然地形条件复杂、场地自然坡度大的地区或地段。 (5)厂址不应选择在受洪水、潮水或内涝威胁的地带,当不可避免时应采取可靠的防洪、排涝措施。 (6)厂址应选择废气扩散、废水排放和废渣堆放对周边环境影响较小的地区。 (7)厂址选择应避免造成大量居民区拆迁,确有需要时应进行充分论证。 (8)厂址所在地区应具有可靠的水源和电源。 (9)厂址宜选择原料输送便捷、市场需求量大、消费能力强的地区,并宜符合下列规定:当以原油为原料时,宜依托有原油储备库、大型油品码头或输油管网的地区;当以煤

续表

项目	具体内容
厂址的选择	炭为原料、燃料时,宜靠近原煤开采或运输方便的地区。 (10)厂址宜选择有利于与周边环境的协调发展,宜选择性质相近或有协作关系的企业作为相邻企业。 (11)厂址选择应符合工厂远期发展规划的要求。 (12)改扩建工程应优先在现有厂区内挖潜改造,充分利用闲置的场地和设施,整合土地资源。当需要另外选址征地时,应妥善处理新、老厂区之间的关系,充分利用和依托原有设施,避免重复建设。 (13)厂址选择应同时落实水源地、排污口、废渣填埋场、道路、铁路、码头及其他厂外相关配套设施的用地

第二节　过程危险源分析

考点1　过程危险源分析的基本要求

项目	具体内容
过程危险源分析的基本要求	(1)过程危险源分析是辨识过程危险源并对其产生的原因及其后果进行分析的一种有组织的、系统的安全设计审查。审查结果将为设计人员纠正或完善项目安全设计、提高建设项目安全设计水平提供决策的依据。 (2)过程危险源分析应根据具体项目的规模、性质以及合同规定的要求在项目安全设计计划中规定。 (3)过程危险源分析开始前应进行准备和策划。设计单位应根据化工建设项目的设计范围、风险大小、设计阶段、安全信息收集的完备性以及合同规定的要求,确定分析对象、目标和内容,选择适宜的方法,组建审查小组,制订审查进度计划。 (4)过程危险源分析应由一个具有不同专业背景的人员(必要时还应聘请有操作经验的人员)组成的小组来执行,至少小组主持人应全面掌握所采用的审查方法。设计单位应有计划地对审查组长和审查人员进行培训
过程危险源分析时应注意的问题	过程危险源分析时应注意以下问题: (1)辨识导致火灾、爆炸、毒气释放或易燃化学品和危险化学品重大泄漏的潜在危险源。 (2)辨识在同类装置中曾经发生过的可能导致工作场所潜在灾难性后果的事件。 (3)辨识设备、仪表、公用工程、人员活动(常规的和非常规的)以及来自过程以外的各种危险因素。 (4)辨识和评价设计已经采取的安全对策措施的充分性和可靠性。 (5)辨识和评价控制事故后果的技术和管理措施

续表

项目	具体内容
过程危险源分析时应注意的问题	(6)评价事故控制措施失效以后对现场操作人员安全和健康的影响。 此外，过程危险源分析应形成记录，审查输出应建立跟踪程序，确保审查提出的问题和建议都能按要求执行并记录存档

考点 2　过程危险源分析的基本方法

项目	具体内容
预先危险源分析	预先危险源分析主要用于项目开发初期(如概念设计阶段)的物料、装置、工艺过程的主要危险源的辨识和评价，为方案比选、项目决策提供依据
故障假设分析	故障假设分析是针对过程和操作的每一步骤系统地提出故障假设，并组织专家针对故障假设的集思广益的回答和讨论，辨识和评价物料组分量或质的异常、设备功能故障或程序错误对过程的影响。 它主要用于从原料到产品的相对比较简单的过程。该方法的核心是问题的假设要由有经验的专家事先设计
安全检查表分析	安全检查表分析是将一系列对象，例如周边环境、总平面布置、工艺、设备、操作、安全设施、应急系统等列出检查表，逐一进行检查和评价的方法。 安全检查表分析可应用于设计的各个阶段，但应对设计的装置有成熟的经验、了解有关的法规、标准规范和规定、事先编制合适的安全检查表
故障假设/安全检查表分析	故障假设/安全检查表分析是通过故障假设提出问题，针对问题对照安全检查表进行全面分析的方法。 该方法由于吸收了故障假设分析方法的创造性和安全检查表分析的规范性，可以应用于比较复杂的过程危险源分析
危险与可操作性研究	危险与可操作性研究，简称 HAZOP，是由具有不同专业背景的成员组成的小组在组长的主持下，以一种结构有序的方式对过程进行系统审查的技术方法。 它以工艺仪表流程图(PID)为研究对象，在引导词提示下，对系统中所有重要的过程参数可能由于偏离预期的设计条件所引起的潜在危险和操作性问题、以及设计中已采取的安全防护措施进行辨识和评价，提出需要设计者进一步甄别的问题和修改设计或操作指令的建议。HAZOP 的应用现已针对不同对象和目标有了多种形式的演变和发展，并已几乎扩展到包括设计在内的装置生命周期的所有阶段
故障类型和影响分析	故障类型是指设备或子系统功能故障的形式，例如：开、关、接通、切断、泄漏、腐蚀、变形、破损、烧坏、脱落等。故障类型和影响分析就是针对上述各种类型的功能故障的研究方法。 该方法主要用于设备功能故障的分析，也可以与 HAZOP 配合使用。 分析的途径一般包括：

续表

项目	具体内容
故障类型和影响分析	(1)辨识潜在的故障类型。 (2)分析故障的后果(故障对全系统、子系统、人员的影响)。 (3)确定危险级别(例如:高,中,低)。 (4)确定故障的概率。 (5)辨识故障的检测方法。 (6)提出改进设计的建议
故障树分析	故障树分析是一种采用逻辑符号进行演绎的系统安全分析方法。它从特定事故(顶上事件)开始,像延伸的树枝一样,层层列出可能导致事故的序列事件(故障)及其发生的概率,然后通过概率计算找出事故的基本原因,即故障树的底部事件。 该方法主要用于重大灾难性的事故分析,像火灾、爆炸、毒气泄漏等;也特别适用于评价两种可供选择的安全设施对减轻事件出现可能性的效果;该方法既可以用作定性分析也可用作定量分析

考点3　过程危险源分析方法选择的因素

项目	具体内容
过程危险源分析方法选择的因素	不同的过程危险源分析方法都有一定的适用范围和条件。对分析方法的选择,一般应考虑以下因素: (1)化工建设项目的规模和复杂程度。 (2)已进行的项目初步危险性分析的结果。 (3)已进行的项目立项安全评价和环境影响评价的结果。 (4)新技术采用的深度。 (5)设计所处的阶段。 (6)法律法规的要求。 (7)合同或业主的要求。 (8)合同相关方的要求。 (9)其他

考点4　前期工作过程危险源分析

项目	具体内容
前期工作过程危险源分析的目的	(1)辨识需要特别关注的和潜在的危险化学物质和过程危险源。对工艺路线和工艺方案的本质安全设计进行审查。 (2)根据业主的要求对化工建设项目安全条件进行论证,评估项目厂址选择的可行性。 (3)确认缺失的重要信息,提示下一级过程危险源分析的注意点

续表

项目	具体内容
前期工作过程危险源分析的重点	1. 对来自过程中使用的危险化学物质进行分析 根据经过评审确认的危险化学物质安全数据表（MSDS）及有关数据资料，对工艺过程所有物料（既包括原料、中间体、副产品、最终产品，也包括催化剂、溶剂、杂质、排放物等）的危险性进行分析： （1）定性或定量确定物料的危险特性和危险程度。 （2）危险物料的过程存量和总量。 （3）物料与物料之间的相容性。 （4）物料与设备材料之间的相容性。 （5）危险源的检测方法。 （6）危险物料的使用、加工、储存、转移过程的技术要求以及存在的危险性。 （7）对需要进行定量分析的危险源提出定量分析的要求。 2. 对来自加工和处理过程潜在的危险源进行分析 根据工艺流程图、单元设备布置图，危险化学品基础安全数据以及物料危险源分析的结果等对加工和处理过程的危险源进行分析： （1）联系物料的加工和处理的过程，辨识设备发生火灾、爆炸、毒气泄漏等危险和危害的可能性及严重程度（定性和定量分析）。 （2）辨识不同设备之间发生事故的相互影响。 （3）辨识各独立装置之间发生事故的相互影响。 （4）辨识一种类型的危险源与另一种类型危险源之间的相互影响。 （5）辨识装置与周边环境之间的相互影响。 3. 对建设项目的可行性进行分析 根据总平面布置方案图、周边设施区域图、建设项目内在危险源分析的结果以及搜集、调查和整理建设项目的外部情况，对建设项目的可行性进行分析，并提出项目决策的建议
前期工作过程危险源分析的结果	前期工作过程危险源分析的结果决定于分析所确定的对象、目标和内容。可能获取的结果包括下列全部或部分： （1）物料危险有害性质的基础数据。 （2）装置各部分危险有害物料总量清单。 （3）对潜在危险源的辨识和评价。 （4）需要特别关注的危险源一览表。 （5）对影响其他装置和周边地区的重大危险源定量评价的建议。 （6）对项目决策的全面评估和建议。 （7）对本质安全对策措施和其他安全对策措施的建议。 （8）对厂址选择、总平面布置的建议。 （9）灾难应急计划的指导原则。 （10）缺失数据一览表

考点5 基础工程设计过程危险源分析

项目	具体内容
基础工程设计过程危险源分析的目的	(1)通过对基础工程设计输出的系统审查,以确保所有潜在的不可接受的危险源得到充分地辨识和评价并采取了可靠的预防控制措施。 (2)识别和评价基础工程设计已经采取的安全设施设计的充分性、可靠性和合规性 (3)审查前期工作过程危险源分析的执行结果,对未关闭的问题纳入本级审查。 (4)为《建设项目安全设施设计专篇》的编制提供依据
专业过程危险源分析	设计各相关专业应在前期工作过程危险源分析和《建设项目设立安全评价报告》的基础上,对照采用的法规、标准、规范和规定对本专业的基础工程设计进行过程危险源分析。专业过程危险源分析与各专业安全设计审查同时进行。 1. 分析的形式 (1)设计者自查。 (2)专家审查。 (3)专业组选用过程危险源分析方法提供的一种或多种方法进行审查。 2. 分析的内容 (1)前期工作过程危险源分析对本专业提出的问题和建议是否已经回答并采取了措施,新措施安全性是否已经评价。 (2)基础工程设计系统危险源分析对本专业提出的问题和建议是否已经回答并采取了措施,新措施安全性是否已经评价。 (3)《建设项目设立安全评价报告》对本专业提出的问题和建议是否已经回答并采取了措施,新措施安全性是否已经评价。 (4)本专业特殊分析的要求
系统过程危险源分析	(1)系统过程危险源分析是指采用 HAZOP 等分析方法,对选定的某个设计装置(单元)进行多专业的、系统的、详细的审查,对工厂各部分之间的影响进行评价并提出采取进一步措施的建议。 (2)系统过程危险源分析一般应由具有不同专业背景的人员组成的小组在组长的主持下实施。 (3)系统过程危险源分析应经过周密的策划,明确分析的目的、对象和范围;做好充分的信息和资料的准备;选择合适的分析方法;确定分析小组成员的构成;制定可行的执行计划。 (4)系统过程危险源分析的程序决定于采用的分析方法。 (5)系统过程危险源分析应形成详细的审查记录和书面的审查报告并跟踪后续措施的落实情况

续表

项目	具体内容
系统过程危险源分析	(6)系统过程危险源分析应注意以下问题： ①审查组应在方法的引导下确保审查对象的全覆盖，使所有潜在的不可接受的危险源尽可能得到辨识。 ②在分析时应注意危险源对全系统的影响，对其他单元的影响。 ③有些装置从过程本身来看似乎没有直接的联系，但是从布置来看却相互毗邻。在分析时应高度关注它们之间的相互影响。 ④在对每一部分进行分析时应考虑装置的操作方式，例如：正常操作；减量操作；正常开车；正常停车；紧急停车；试车；特殊操作方式。 ⑤应注意对设计中已采用的安全设施，特别是相互关联的一次响应、二次响应甚至多次响应的设施的识别和评价

考点 6　详细工程设计过程危险源分析

项目	具体内容
详细工程设计过程危险源分析的目的	详细工程设计过程危险源分析是在基础工程设计过程危险源分析的基础上进行补充分析，防止遗漏（包括厂商供货的接口）和设计变更带来的新风险
详细工程设计过程危险源分析的重点	(1)基础工程设计过程危险源分析对详细工程设计的建议。 (2)基础工程设计过程危险源分析的遗留问题。 (3)因设计方案调整、成套设备厂家文件的确定等各种原因而导致的设计变更。 (4)业主或相关监督管理机构要求对项目的某部分或全部实施的 HAZOP 分析

第三节　保护层分析法(LOPA 法)和危险与可操作性分析法(HAZOP 法)

考点 1　保护层分析法(LOPA 法)

项目	具体内容
LOPA 基本程序	保护层分析法(LOPA 法)是在定性危害分析的基础上，进一步评估保护层的有效性，并进行风险决策的系统方法。其主要目的是确定是否有足够的保护层使风险满足企业的风险标准。 LOPA 基本程序包括： (1)场景识别与筛选。 (2)初始事件(IE)确认。 (3)独立保护层(IPL)评估

续表

项目	具体内容
LOPA 基本程序	(4)场景频率计算。 (5)风险评估与决策。 (6)后续跟踪与审查
LOPA 的应用	1. 在过程危害分析中可使用 LOPA 的情形 (1)事故场景后果严重,需要确定后果的发生频率。 (2)确定事故场景的风险等级及事故场景中各种保护层降低的风险水平。 (3)确定安全仪表功能(SIF)的安全完整性等级(SIL)。 (4)确定过程中的安全关键设备或安全关键活动。 (5)其他适用 LOPA 的情形等。 2. LOPA 应用的局限性 (1)LOPA 不是识别危险场景的工具,LOPA 的正确执行取决于定性危险评价方法所得出的危险场景的准确性,包括初始事件和相关的安全措施是否正确和全面。 (2)当使用 LOPA 时,只有满足如下条件才能进行场景风险的对比:选择失效数据的方法相同;采用相同的风险标准。 (3)LOPA 是一种简化的方法,其计算结果并不是场景风险的精确值
小组组成	LOPA 由一个小组完成,LOPA 小组成员可包括但不限于以下人员: (1)组长。 (2)记录员。 (3)设计人员。 (4)操作人员。 (5)工艺人员。 (6)设备工程师。 (7)仪表工程师。 (8)安全工程师。 根据需要,可要求以下人员参加 LOPA: (1)工艺包供应商。 (2)成套工艺设备供应商。 (3)公用工程工程师。 (4)电气工程师。 (5)其他专业工程师。 如果 LOPA 是基于 HAZOP 分析的结果,LOPA 小组人员组成宜包括 HAZOP 分析小组成员
场景筛选	1. 场景的基本要求 (1)每个场景应有唯一的初始事件及其对应的单一后果。 (2)当同一初始事件导致不同的后果时,或多种初始事件导致同一后果时,应假设多个场景。 (3)当场景中存在使能必要事件或条件,应将其包含在场景中

续表

项目	具体内容
场景筛选	2. 场景的信息来源 场景信息来源于危险分析的结果，包括： （1）采用 HAZOP 分析等工艺危害分析方法进行危害分析的结果。 （2）事故分析结果。 （3）工艺变更分析结果等。 3. 场景的筛选 （1）场景筛选宜采用定性或定量的方法对场景后果的严重性进行评估，并根据后果严重性评估结果对场景进行筛选。 （2）典型的后果种类包括：人员伤害、财产损失、环境和声誉影响等
初始事件确认	初始事件一般包括外部事件、设备故障和人员失误。 1. 外部事件 地震、海啸、龙卷风、飓风、洪水、泥石流、滑坡和雷击等自然灾害；空难；临近工厂的重大事故；破坏或恐怖活动；邻近区域火灾或爆炸；其他外部事件。 2. 设备故障 （1）控制系统故障（如硬件或软件失效、控制辅助系统失效）。 （2）设备故障：机械故障；腐蚀、侵蚀、磨蚀；机械碰撞或振动；阀门故障；管道、容器和储罐失效；泄漏等。 （3）公用工程故障（如停水、停电、停气、停风等）。 （4）其他故障。 3. 人员失误 （1）操作失误。 （2）维护失误。 （3）关键响应错误。 （4）作业程序错误。 （5）其他行为失误。 4. 初始事件确定的原则 （1）宜对后果的原因进行审查，确保该原因为后果的有效初始事件。 （2）应将每个原因细分为具体的失效事件，如"冷却失效"可细分为冷却剂泵故障、电力故障或控制回路失效。 （3）人员失误的根原因（如培训不完善）、设备的不完善测试和维护等不宜作为初始事件
独立保护层的确定原则	化工企业保护层作为独立保护层时，应满足以下基本要求： （1）独立性。独立于初始事件的发生及其后果；独立于同一场景中的其他独立保护层。 （2）有效性。能检测到响应的条件；在有效的时间内，能及时响应；在可用的时间内，有足够的能力采取所要求的行动；满足所选择的 PFD 的要求

续表

项目	具体内容
独立保护层的确定原则	(3)安全性。应使用管理控制或技术手段减少非故意的或未授权的变动。 (4)变更管理。设备、操作程序、原料、过程条件等任何改动应执行变更管理程序,以满足变更后保护层的 IPL 要求。 (5)可审查性。应有可用的信息、文档和程序可查,以说明保护层的设计、检查、维护、测试和运行活动能够使保护层达到独立保护层的要求

考点 2　危险与可操作性分析法(HAZOP 法)

项目	具体内容
HAZOP 法概述	1. HAZOP 采用结构化和系统化方式分析给定系统的目的 (1)识别系统中潜在的危险。这些危险既包括与系统邻近区域密切相关的危险,也包括一些影响范围更广的危险,如某些环境危害。 (2)识别系统中潜在的可操作性问题,尤其是识别可能导致各种事故的生产操作失误与设备故障。HAZOP 分析的重要作用在于通过结构化和系统化的方式识别潜在的危险与可操作性问题,分析结果有助于确定合适的补救措施。 2. HAZOP 分析的特点 由各专业技术人员组成分析小组,以"分析会议"的形式进行。会议期间,在分析小组组长的引导下,使用一套核心引导词,对系统的设计进行全面、系统地检查,识别对系统设计意图的偏差。该技术旨在利用系统的方法激发参与者的想象力,识别系统中潜在的危险与可操作性问题。HAZOP 法应视为一种基于经验的方法,用于完善设计,而不是要取代其他的经验方法
HAZOP 分析的主要特征	HAZOP 分析是对危险与可操作性问题进行详细识别的过程,由一个小组完成。HAZOP 分析包括辨识潜在的偏离设计目的的偏差、分析其可能的原因并评估相应的后果。 HAZOP 分析的主要特征包括: (1)HAZOP 分析是一个创造性过程。通过应用一系列引导词来系统地辨识各种潜在的偏差,对确认的偏差,激励 HAZOP 小组成员思考该偏差发生的原因以及可能产生的后果。 (2)HAZOP 分析是在一位训练有素、富有经验的分析组长引导下进行的。组长须通过逻辑分析思维确保对系统进行全面的分析。分析组长宜配有一名记录员,记录识别出来的各种危险和操作扰动,以备进一步评估和决策。 (3)HAZOP 分析小组由多专业的专家组成,他们具备合适的技能和经验,有较好的直觉和判断能力。 (4)HAZOP 分析应在积极思考和坦率讨论的氛围中进行。当识别出一个问题时,应做好记录以便后续的评估和决策。 (5)对识别出的问题提出解决方案并不是 HAZOP 分析的主要目标,但是一旦提出解决方案,应做好记录供设计人员参考

续表

项目	具体内容
HAZOP 分析的基本步骤	(1)界定。确定分析范围和目标;确定职责;选择分析小组。 (2)准备。制定分析计划;收集数据;商定记录样式;估算时间;安排时间进度。 (3)分析。将系统分解为若干部分;选择某一部分并明确设计目的;对每个要素使用引导词确定偏差;识别原因和后果;确定是否存在重大问题;识别保护、检测和显示装置;确定可能的补救减缓措施;对建议措施达成一致意见;依次对每个要素重复以上步骤,然后对系统每个部分重复以上步骤。 (4)文档和跟踪。记录分析情况签署分析资料;完成分析报告;跟踪措施的执行情况;需要时重新分析系统某些部分;完成最终输出报告
HAZOP 技术的应用	HAZOP 技术最初是化学行业用来分析流体介质处理和物料输送中的安全问题所开发的技术。但是近几年,它的应用范围逐步扩大,例如: (1)软件应用,包括可编程电子系统。 (2)人员输送系统,如公路、铁路。 (3)检查不同的操作顺序和操作程序。 (4)评价不同行业的管理程序。 (5)评价特定的系统,如医疗设备。 HAZOP 尤其适用于识别系统(现有或拟建)的缺陷,包括物料输送、人员流动或数据传输,按预定工序运行的事件和活动或该工序的控制程序。 HAZOP 还是新系统设计和开发所需的重要工具,也可以有效地用于分析一个给定系统在不同运行状态下的危险和潜在问题,如开车、备用、正常运行、正常停车和紧急停车等。HAZOP 不仅能运用到连续过程,也可用于间歇和非稳态过程及工序。HAZOP 可视为价值工程和风险管理整个过程不可分割的一部分
HAZOP 的局限性	尽管 HAZOP 在不同行业都非常有用,但该技术仍存在局限性,在考虑潜在应用时需要注意: (1)HAZOP 作为一种危险识别技术,它单独地考虑系统各部分,系统地分析每项偏差对各部分的影响。有时,一种严重危险会涉及系统内多个部分之间的相互作用。在这种情况下,需要使用事件树和故障树等分析技术对该危险进行更详细地研究。 (2)与任何识别危险与可操作性问题所用的技术一样,HAZOP 分析也无法保证能识别所有的危险或可操作性问题。因此,对复杂系统的研究不应完全依赖 HAZOP,而应将 HAZOP 与其他合适的技术联合使用。在全面而有效的安全管理系统中,将 HAZOP 与其他相关分析技术进行协调使用是必要的。 (3)很多系统是高度关联的,某一系统产生某个偏差的原因可能源于其他系统。这时,仅在一个系统内采取适当的减缓措施可能不一定消除其真正的原因,事故仍会发生。很多事故的发生是因为一个系统内做小的局部修改时未预见到由此可能引发的另一系统的连锁效应。这种问题可通过从系统的一个部分的各种偏差对到另一个部分的潜在影响进行分析得以解决,但实际上很少这样做

续表

项目	具体内容
HAZOP的局限性	(4)HAZOP分析的成功很大程度上取决于分析组长的能力和经验,以及小组成员的知识、经验和合作。 (5)HAZOP仅考虑出现在设计描述上的部分,无法考虑设计描述中没有出现的活动和操作

第四节　化工建设项目安全设计审查

考点1　化工建设项目安全设计审查目的

项目	具体内容
化工建设项目安全设计审查目的	(1)通过项目安全设计文件的审查,对不同阶段已完成的设计输出(包括设计方案、各版次阶段性文件、中间文件和最终成品等)的安全性提供证实。 (2)通过对过程危险源分析,对过程中潜在的危险源进行辨识和评价,找出设计的不足,为改进设计和提高本质安全设计水平提供依据。 (3)确保项目安全设计产品符合法规、标准、规范、规定和合同规定的要求

考点2　化工建设项目安全设计审查的形式

项目	具体内容
设计者自查	设计者是安全设计第一责任者,应对责任范围内的设计输出进行自查,确保设计输出符合下列要求: (1)符合相关法规、标准、规范、规定的要求。 (2)符合设计输入要求。 (3)符合安全评审结论
专业审查	专业审查的内容包括: (1)对本专业的设计输出安排校审。 (2)对本专业重大的安全设计方案组织评审。 (3)对照《化工建设项目安全设计管理导则》附录中与本专业相关的内容进行系统审查
多专业参加的会议评审	多专业参加的会议评审内容包括: (1)项目安全设计的方针、目标和安全设计计划。 (2)重要的安全设计方案。 (3)重要的与安全相关的设计文件,例如工艺管道和仪表流程图(PID图)、公用工程

续表

项目	具体内容
多专业参加的会议评审	管道和仪表流程图(UID 图)、平面布置图、危险区域划分图、报警和联锁图等。 (4)重要的安全设计输出(例如,《建设项目安全设施设计专篇》)。 (5)系统的过程危险源分析(例如,HAZOP 审查等)
参加必要的外部安全设计审查	1. 业主审查 设计单位应按合同规定参加由业主组织的安全设计输出确认审查并及时澄清审查过程中提出的问题。对采纳修改的意见应在风险再评价的基础上进行修改并由业主确认。 2. 相关监督管理机构审查 设计单位应参加由相关监督管理机构组织的《建设项目安全设施设计专篇》的审查并及时澄清审查过程中提出的问题。对采纳修改的意见应在风险再评价的基础上进行修改并交由业主确认后,报相关监督管理机构审查批复。 3. 预开车安全审查 设计单位可按合同规定参与并协助由总承包单位(或生产单位)在装置开车前进行的预开车安全审查。 审查的内容主要包括: (1)结构和装置完全符合设计规范要求。 (2)安全、操作、维护和紧急响应规程适当并且充分。 (3)在开车之前过程危险源分析已经完成,分析中提出的所有建议已经决策并实施。 (4)所有变更已按照项目安全设计变更的要求实施

考点 3　前期工作安全审查

项目	具体内容
工艺设计文件审查	前期工程设计阶段是决定项目本质安全设计最重要的阶段。设计单位应对本阶段工艺包设计、概念设计所输出的设计文件进行安全设计审查,审查的重点是: (1)是否按照本质安全设计的原则,采取消除、预防、减弱、隔离等方法,将工艺过程危险降到最低。 (2)是否设置了必要的安全联锁系统,以保证发生意外事故时可及时终止危险反应的加剧和蔓延。 (3)根据工艺专利技术在其他工厂的应用情况和经验教训,所采用的工艺过程安全防护措施是否充分有效
项目厂址和总平面布置方案审查	项目厂址和工厂总平面布置方案审查的重点是: (1)建设项目内在的危险、有害因素和建设项目可能发生的各类事故,对建设项目周边单位生产、经营活动或者居民生活的影响

续表

项目	具体内容
项目厂址和总平面布置方案审查	(2)建设项目周边单位生产、经营活动或者居民生活对建设项目投入生产或者使用后的影响。 (3)建设项目所在地的自然条件对建设项目投入生产或者使用后的影响

考点4 基础工程设计安全审查

项目	具体内容
重要设计文件的安全审查	1. 安全审查的主要文件 在基础工程设计阶段应对安全设计影响重大的设计文件进行安全审查，主要文件包括： (1)平面布置图。 (2)装置设备布置图。 (3)危险区域划分图。 (4)工艺管道和仪表流程图(PID)。 (5)公用工程管道和仪表流程图(UID)。 (6)火炬和安全泄放系统设计。 (7)消防系统设计。 (8)抵抗偶然作用能力的结构设计。 (9)其他。 2.《安全设施设计专篇》审查 《安全设施设计专篇》是基础工程设计阶段应提交业主和相关监督管理机构审查的重要设计文件，是设计单位对本项目安全设计的完整陈述和概括，是决定项目详细设计的重要依据。在提交业主前应按照国家相关法规和合同规定的要求进行全面的审查。审查的主要内容包括： (1)安全设施设计是否符合有关安全生产的法规、标准、规范、规定以及建设项目设立安全评价报告的要求。 (2)安全设施设计是否充分、可靠，符合安全对策措施的设计原则，确保从建设项目的源头将伤害和损坏的风险减小到合理的最低水平。 (3)对未采纳《建设项目设立安全评价报告》中的安全对策和建议是否进行了充分论证和说明。 (4)《安全设施设计专篇》的编制深度是否符合《危险化学品建设项目安全设施设计专篇编制导则》的要求
HAZOP审查	(1)HAZOP审查一般安排在基础工程设计阶段进行，具体项目是否采取HAZOP审查应根据合同要求在项目安全设计计划中规定。 (2)HAZOP审查的目的是采用系统的、结构化的审查方法；对已经采取的安全对策措

续表

项目	具体内容
HAZOP 审查	施以及建设项目各部分之间的相互影响进行评价并记录审查过程中提出的所有问题。这些问题将提交设计者进一步甄别和决策，并对设计进行补充和修改。 (3)HAZOP 审查报告中包含有针对已辨识的安全和操作性问题提出的建议措施，设计单位应对已完成的措施进行复查并及时更新该报告
其他安全审查	安全审查设计单位可以考虑下列任一因素，采用其他定性或定量的安全和可靠性分析方法，对基础工程设计进行审查： (1)业主或相关监督管理机构的要求。 (2)法规、条例、标准、规范的要求。 (3)前期工作过程危险源分析产生的要求。 (4)《建设项目设立安全评价》产生的要求。 (5)危险与可操作性研究(HAZOP)产生的要求。 (6)对提议的变更进行成本效益评价的要求等
安全仪表系统审查	安全仪表系统审查的主要内容包括： (1)重点识别受控装置(设备)对安全仪表系统目标安全完整性等级(SIL)的要求；评价安全仪表系统能否实现要求的安全功能以及自身能达到安全功能要求所需的安全完整性。 (2)审查整个装置的安全仪表系统与过程检测和控制系统是否进行了综合考虑和整体设计。 (3)审查仪表控制系统发生故障时(包括仪表动力源故障、仪表功能失效、仪表运行环境变化等)的危险状态，系统自动防止故障的能力以及设计采取的措施。 (4)SIS 审查同样是一项比较复杂的审查，一般应在审查前进行策划并列入项目安全设计计划

考点 5　详细工程设计安全审查

项目	具体内容
修改或新增部分的安全审查	由于基础工程设计阶段《安全设施设计专篇》已通过业主确认和相关监督管理机构的审查并获得了批准，如果详细设计对总平面布置、安全设计方案等发生重大变更时均应按原程序重新进行安全审查，必要时还需向原批准机构报批
操作手册审查	(1)详细工程设计的适当时候，应召开有多专业参加的评审会对合同规定由设计单位负责编写的操作原则进行评审。 (2)设计单位还有可能参加由开车经理或业主单位组织编写的操作手册的审查，以确保操作手册符合操作原则的要求，并对操作指令和安全防护措施进行了充分具体的说明

续表

项目	具体内容
HAZOP 审查	(1)如果在基础设计阶段已进行过 HAZOP 审查,在详细设计阶段可重点审查发生变更的部分或者是因设计方案调整、成套设备厂家文件的确定等各种原因而导致的设计变更。 (2)对特定的项目,当详细设计全部完成以后,业主或相关监督管理机构可能要求对项目的某部分或全部实施 HAZOP 审查

案例分析

2016 年 3 月 6 日,G 造纸厂发生了一起因工人严重违反操作规程和缺乏救助常识而导致 10 人中毒,其中 4 人死亡的重大伤害事故。

事故当日,G 厂工人于早上 7 时停机,经过往浆池中灌水、排水的工序后,8 时左右有 2 名工人下池清扫浆池,当即晕倒在池中。在场工人在没有通知厂领导的情况下,擅自下池救人,先后有 6 人因救人相继晕倒在池中,另有 2 人在救人过程中突感不适被人救出。至此,已有 10 人中毒。厂领导赶到后,立即组织抢救,经往池中灌氧并用风扇往池中送风后,方将中毒者全部用绳子拉出来。由于本次中毒发生快、中毒深、病情严重,10 例病人在送往医院后,已有 6 例病人心跳和呼吸停止,虽经多方努力抢救,但至当日下午 4 时 20 分,已有 4 人死亡。

事故原因调查与分析:

1. 中毒现场有害气体的测试及中毒化学物质的鉴定。浆池外形似一个倒扣的半球状体,顶部有一个 40 cm×60 cm 洞口,工人利用竹梯从洞口进出清洗浆池。走近洞口,就闻到一股较浓的臭味,事故发生后,在洞口处用快速检测管对洞口内 10 cm 处的气体进行检测:硫化氢(H_2S)的浓度为 55 mg/m^3(国家卫生标准为 10 mg/m^3),一氧化碳、氯气和氯化氢未检出,可以推断,在实行向池中通风和送氧之前,其浓度一定更高。根据中毒病人的发病及临床特征,将本次中毒诊断为急性重度硫化氢中毒。

2. 浆池硫化氢产生的原因。在造纸的过程中,会使用大量的含硫化学物质,通常的情况下,由硫化氢引起的职业危害多发生在蒸煮、制浆、洗涤和漂白的过程中。如果含硫的废渣和废水长时间存放在浆池中,再加上含硫有机物的腐蚀,就会释放出大量的硫化氢气体,由于密度较大而沉积于浆池的底部。

3. 工人严重违反操作规程。硫化氢是剧毒的窒息性气体,在没有良好通风和个人防护的情况下,是绝对不能进入高浓度硫化氢环境工作的。但本次清洗浆池前,水仅灌注了 1/4,且工人在未对池内进行通风处理的情况下就下池清洗,随后一连串的救人更是在没有任何通风和防护的情况下进行的。

4. 缺乏安全及应急措施。现场调查发现用于鼓风的排污口处却没有鼓风机,连电源插座都找不到;清洗浆池没有任何的个人防护用具,如防毒面具,甚至连一根救助的绳子都没有，更没有发生事故时的抢救设备。

5. 缺乏劳动安全卫生意识、管理混乱。事故发生后，当要求厂方提供有关的安全规章制度时，厂方虽说有，但却找不到。如果厂里有安全监督员，并负责对整个安全程序进行监督，便能做到及早发现和及早预防，这起事故就完全可以避免了。

6. 缺乏必要的防毒急救安全知识教育。本次中毒的10位工人，在该厂工作1～5年，却从未接受过有关的安全卫生培训和教育，不知道制浆过程中存在哪些对人体有害的化学物质、对人体能造成哪些伤害，也不知道预防措施，更不知道发生紧急情况后如何救治。

根据以上场景，回答下列问题：

1. 硫化氢的检测方法是什么？

2. 进入设备内作业的安全要求是什么？

3. 生产经营单位应进行全员的安全培训和教育，具体包括哪些？

4. 结合本案例，应提出的安全管理整改措施有哪些？

参考答案及解析

1. 硫化氢的检测方法是硝酸银比色法，通过硫化氢与硝酸银作用形成黄褐色硫化银胶体溶液，比色定量。

2. 设备内作业安全要求：

(1)设备内作业必须办理设备内安全作业证，并要严格履行审批手续。

(2)进入设备内作业前，必须将该设备与其他设备进行安全隔离(加盲板或拆除一段管线，不允许采用其他方法代替)，并清洗、置换干净。

(3)在进入设备前30 min必须取样分析，严格控制可燃气体、有毒气体浓度及氧含量在安全指标范围内，分析合格后才允许进入设备内作业。如在设备内作业时间长，至少每隔2 h分析一次，如发现超标，应立即停止作业，迅速撤出人员。

(4)采取适当的通风措施，确保设备内空气良好流通。

(5)应有足够的照明，设备内照明电压应不大于36 V，在潮湿或狭小容器内作业应小于等于12 V，灯具及电动工具必须符合防潮、防爆等安全要求。

(6)进入有腐蚀、窒息、易燃、易爆、有毒物料的设备内作业时，必须按规定佩戴合适的个体防护用品和器具。

(7)在设备内动火作业，必须按规定同时办理动火证和履行规定的手续。

(8)设备内作业必须设专人监护，并与设备内作业人员保持有效的联系。

(9)在检修作业条件发生变化并有可能危及作业人员安全时，必须立即撤出人员；若需继续作业，必须重新办理进入设备内作业审批手续。

(10)作业完工后，经检修人、监护人与使用部门负责人共同检查设备内部，确认设备内无人员和工具、杂物后，方可封闭设备孔。

3. 生产经营单位应进行全员的安全培训和教育，具体包括：

(1) 单位主要负责人和安全生产管理人员的安全培训教育。侧重面为国家有关安全生产的法律、法规、行政规章和各种技术标准、规范，具备对安全生产管理的能力，取得安全管理岗位的资格证书。

(2) 从业人员的安全培训教育在于了解安全生产知识，熟悉有关的安全生产规章制度和安全操作规程，掌握本岗位的安全操作技能。

(3) 特种作业人员必须按照国家有关规定经专门的安全作业培训，取得特种作业操作资格证书。

(4) 加强对新职工的安全教育、专业培训和考核，新职工必须经过严格的三级安全教育和专业培训，并经考试合格后方可上岗。对转岗和复工人员应参照新职工的办法进行培训和考试。

4. 应提出的安全管理整改措施：

(1) 建立健全安全管理制度。根据该企业自身的特点，应制订各级人员的安全生产责任制，建立相应的安全检查制度、安全生产巡视制度、安全生产交接班制度、安全监督制度、安全生产奖惩制度、有毒有害作业管理制度、劳保用品管理制度、职业病报告处理制度、特种设备管理责任制度、危险设备管理制度等。

(2) 建立并完善生产经营单位的安全管理组织机构和人员配置。根据该企业的特点，应当设置安全生产管理机构或者配备专职安全生产管理人员。各级负责安全的人员包括单位负责人及其副手、总工程师(或技术总负责人)、车间主任(或部门负责人)、工段长、班组长、车(或部门)安全员、班组安全员和作业工人的安全职责。

(3) 保证安全生产投入。落实好"三同时"规定，具体到该企业，就是保证通风设施的完善、各种有毒有害气体的检测设备齐全有效、各种救助设施的配备和完善。

第四章　特殊作业安全技术

知识框架

- 特殊作业安全技术
  - 化工生产特殊作业风险分析
    - 化工生产风险分析
    - 化工生产特殊作业风险分析
  - 化工生产特殊作业安全要求和管理
    - 化工生产特殊作业安全的基本要求
    - 动土作业
    - 动火作业
    - 吊装作业
    - 高处作业
    - 受限空间作业
    - 临时用电作业
    - 断路作业
    - 盲板抽堵作业
    - 特殊作业安全作业证的管理要求

考点精讲

第一节　化工生产特殊作业风险分析

考点1　化工生产风险分析

项目	具体内容
风险分析的目的和主要内容	1. 在化工生产中进行风险分析的目的 在工厂的建设和生产过程中预先得到系统的人为的经验，使工厂的管理者和操作者了解可能发生危险或事故的概率和严重性，以便在建设、操作和工艺条件控制等各方面采取必要有效的改进和防护措施，做到防患于未然，或者在事故发生后能根据预先的应急措施尽量减少损失。 2. 风险分析涉及的主要内容 分析工程、工艺中可能出现的风险，及其导致风险出现的各种潜在因素；分析事故发生对安全、环境、健康的影响和破坏；制定有效的防范手段和控制措施；制定事故发生的应急措施

续表

<table>
<tr><th>项目</th><th>具体内容</th></tr>
<tr><td>风险分析的步骤</td><td>1. 收集数据
基本数据提供了工艺流程和所有化学品本身危险的基本信息，因此数据的收集是整个风险分析的基础。
收集的数据主要有：物料基本的物理性质、化学性质、毒性及生态数据；化学反应过程的物料衡算资料、热量衡算资料；设计计算资料；有关设备选型和计算方法资料；安全装置的设计计算资料；车间布置、管道布置图以及相关的非工艺设计资料等。数据需详尽准确，可根据文献和资料查取，如果数据有缺，可以从试验和测量中获取。
2. 界定安全生产工艺条件
在化学工业中，危险发生的主要范围有：化学物品、化学反应、设备、动力和人员等，以基本数据为依据来确定工艺过程中的安全工艺和参数。在一些高温、高压的反应过程中应当注意设备的耐温和耐高压的设计余量，以及反应有可能出现的热力学偏差等，采取合理的安全措施保护操作人员的安全，通过界定的安全生产工艺条件，建立工程师与工艺化学师之间的桥梁。
3. 系统的查找危险
系统的查找危险是风险分析最具创造性和最重要的一个步骤。查找危险的时候需考虑设备、人员、具体操作步骤来讨论工艺过程，因此必须有设备的说明和操作指令，过程控制详细的步骤、方法以及生产线的特征数据和图纸等。只有数据资料和实际情况一致时，才能确保分析成功。
在化工生产分析中，风险分析查找的目标主要集中在化学原料组成变化、生产过程中设备的安全可靠性、生产设备特性的漂移、反应过程中参数条件的控制、公用工程设施的安全可靠性、操作人员及外部影响等几个方面，从这些方面给出在化工生产过程中可能会出现的偏差，注意偏差对整个生产带来的整体影响。
4. 风险评估
根据危险产生的原因与后果，可以评估其发生的可能性和后果严重程度。危险发生的可能性和后果严重程度可以用高、中、低来衡量。实践中估算危险发生的概率较困难，因为像保养、维修、人员培训和其他人为因素难以具体衡量。在评价过程中不可能不受到主观意志的影响，进行此项工作时，通常可以根据经验或类似的实例为参照。
评估风险主要目的是了解危险产生的严重性和可能性，帮助我们可采取有效的措施来降低危险发生的严重性和可能性。在这个阶段，盲目地做精确的定量是不必要的，它将浪费分析人员大量的时间和精力。
5. 设计安全措施
把发现的风险降低到可接受的程度，其主要的目标是降低事件发生的严重性。就化工生产而言，很多情况下意味着生产的改变或进一步开发，这也说明化工生产发展的初期安全的重要性。
安全措施的先后顺序为：选择风险最低的工艺；采取技术措施降低风险；安装警报系统；进行组织性和人员性的安全防范措施；制定紧急措施</td></tr>
</table>

续表

项目	具体内容
风险分析应注意的问题	1. 风险分析的时间性 工艺流程或项目的风险分析，必须随其各阶段的发展，有系统地进行。 (1)在研究和开发阶段，需分析化学品的基本数据、化学反应的热力学稳定性以及合成路线的选择、反应操作程序等。 (2)在中试阶段，需考虑规模放大效应、对设备的要求和工艺过程的控制等。在厂建阶段，需考虑场地选择、厂房布置、设备布置等。 (3)在开工的日常操作阶段，需测试安全设备，对员工培训和制定紧急措施等。 从项目的最初阶段，就开始考虑安全问题，随着项目的发展，对安全的考虑就会逐渐详尽具体直至形成一整套的风险分析体系。对现有的工艺过程也可进行风险分析，可以提高现有工艺的安全等级，融合新技术和新经验，或者重新评估风险等。如果对工艺流程和设备进行改动和更换设备、原材料等，就有可能引起新风险，就必须对现有状况重新进行风险分析。 2. 团队合作 根据工厂的条件，下列人员应参加风险分析：工艺开发者、未来的使用者、项目负责工程师、某技术领域有关的专家。在必要的时候，还可以请对风险分析有丰富经验但与本项目无关的专家作为仲裁者。只有由富有专业经验、不同专业的人才组成的团队密切合作，发挥每个人的特长，才能确保每个人的知识和经验都能融入风险分析中，才能从不同的角度来查找和评估风险，才能发现所提出的解决措施的不足之处，在有分歧的时候找出最佳的解决方案。 3. 残余风险 通过风险分析，系统查找了在化工生产过程中可能出现的风险，并采取了安全措施，但仍然可能会遗留一定的风险。遗留的风险可以归纳为：有意识接受的风险；被意识到但没有正确评估和认识的风险；尚未被发现的风险。在残余风险过高的情况下，应当取消提出的工艺设想。若认为遗留风险不确定或过高，必须重新进行风险分析

考点 2　化工生产特殊作业风险分析

项目	具体内容
风险分析的思路	1. 存在的危害 存在能量、有害物质和能量、有害物质失去控制，是危害产生的根本原因。因此，在作业活动前，应查找和辨清危险源。 2. 受到的伤害 风险分析可从人身伤害、财产损失和环境破坏方面考虑。 3. 伤害发生过程 针对不同危害的特点，辨别和了解伤害发生的条件、时机和方式，以便有针对性地采取安全防范措施，防止伤害的发生。如火灾的发生要同时具备三个条件（点火源、易燃物和助燃物），如能控制其中任何一个要素不出现，就能有效防止火灾的发生

续表

项目	具体内容
危害识别	在每次作业前，作业人员及监护人员应首先进行危害识别。危害的识别，应从人的不安全行为、物的不安全状态入手
作业前风险分析表	作业有关人员在进行每次作业时，都要用“作业前风险分析表”进行风险分析，确认所需要采取的控制措施，从而保护他们远离每一项作业风险可能带来的伤害
安全防范措施	1. 安全培训 对参加作业的有关人员，要进行安全培训。安全培训的主要内容包括：有关作业的安全规章制度；作业现场和作业过程中可能存在的危险、有害因素及应采取的具体安全措施；作业过程中所使用的个体防护器具的使用方法及使用注意事项；事故的预防、避险、逃生、自救、互救等知识；相关事故案例和经验、教训。 2. 作业许可 对每一个现场作业要有严格的申请、审批和作业检查程序。风险较大的作业，如动火作业、进入受限空间作业、动土作业、临时用电作业、高处作业、吊装作业、设备检修作业、盲板抽堵作业等，要履行严格的作业许可程序，并且作业前要办理相关的作业许可证。 3. 劳动防护用品 企业应严格按《个体防护装备选用规范》《用人单位劳动防护用品管理规范》和地方政府标准等有关规定，根据作业环境的特点和具体情况，选择、配备和使用劳动防护用品。 4. 能量控制 事故的发生是一些非需能量相互作用的结果，消除引发事故的触发能量是防止事故发生的关键步骤。因此，做好能量隔离工作是做好风险控制的重中之重。比如在危险场所或危险部位动火作业前，要采取有效的隔离、隔断措施，进行清洗、置换并检查合格；在检修、施工场所要设置警戒线和安全警示标志；检修、施工用的机械、器具，在作业前应进行全面检查，确保其完好、适用

第二节　化工生产特殊作业安全要求和管理

考点1　化工生产特殊作业安全的基本要求

项目	具体内容
特殊作业的概念	特殊作业是指化学品生产单位设备检修过程中可能涉及的动土、动火、吊装、高处作业、进入受限空间作业、临时用电作业、断路作业、盲板抽堵作业等，对操作者本人、他人及周围建(构)筑物、设备、设施的安全可能造成危害的作业
化工生产特殊作业安全的基本要求	(1)作业前，作业单位和生产单位应对作业现场和作业过程中可能存在的危险、有害因素进行辨识，制定相关的安全措施。 (2)作业前，应对参加作业的人员进行安全教育，主要内容如下：

续表

项目	具体内容
化工生产特殊作业安全的基本要求	①有关作业的安全规章制度。 ②作业现场和作业过程中可能存在的危险、有害因素及应采取的具体安全措施。 ③作业过程中所使用的个体防护器具的使用方法及使用注意事项。 ④事故的预防、避险、逃生、自救、互救等知识。 ⑤相关事故案例和经验、教训。 (3)作业前,生产单位应进行如下工作: ①对设备、管线进行隔绝、清洗、置换,并确认满足动火、进入受限空间等作业安全要求。 ②对放射源采取相应的安全处置措施。 ③对作业现场的地下隐藏工程进行交底。 ④腐蚀性介质的作业场所配备人员应急冲洗水源。 ⑤夜间作业的场所设置满足要求的照明装置。 ⑥会同作业单位组织作业人员到作业现场,了解和熟悉现场环境,进一步核实安全措施的可靠性,熟悉应急救援器材的位置及分布。 (4)作业前,作业单位对作业现场及作业涉及的设备、设施、工器具等进行检查,并使之符合如下要求: ①作业现场消防通道、行车通道应保持畅通,影响作业安全的杂物应清理干净。 ②作业现场的梯子、栏杆、平台、箅子板、盖板等设施应完整、牢固,采用的临时设施应确保安全。 ③作业现场可能危及安全的坑、井、沟、孔洞等应采取有效防护措施,并设警示标志,夜间应设警示红灯;需要检修的设备上的电器电源应可靠断电,在电源开关处加锁并加挂安全警示牌。 ④作业使用的个体防护器具、消防器材、通信设备、照明设备等应完好。 ⑤作业使用的脚手架、起重机械、电气焊用具、手持电动工具等各种工器具应符合作业安全要求;超过安全电压的手持式、移动式电动工器具应逐个配置漏电保护器和电源开关。 (5)进入作业现场的人员应正确佩戴符合要求的安全帽,作业时,作业人员应遵守本工种安全技术操作规程,并按规定着装及正确佩戴相应的个体防护用品,多工种、多层次交叉作业应统一协调;特种作业和特种设备作业人员应持证上岗,患有职业禁忌证者不应参与相应作业。 (6)作业前,作业单位应办理作业审批手续,并由相关责任人签名确认;同一作业涉及动火、进入受限空间、盲板抽堵、高处作业、吊装、临时用电、动土、断路中的两种或两种以上时,除应同时执行相应的作业要求外,还应同时办理相应的作业审批手续;作业时审批手续应齐全,安全措施应全部落实、作业环境应符合安全要求。 (7)当生产装置出现异常,可能危及作业人员安全时,作业人员应停止作业,迅速撤离,作业单位应立即通知生产单位。 (8)作业完毕,应恢复作业时拆移的盖板、箅子板、扶手、栏杆、防护罩等安全设施的安全使用功能;将作业用的工器具、脚手架、临时电源、临时照明设备等及时撤离现场;将废料、杂物、垃圾、油污等清理干净

考点2 动土作业

项目	具体内容
动土作业的概念	动土作业是指挖土、打桩、钻探、坑探、地锚入土深度在0.5 m以上，使用推土机、压路机等施工机械进行填土或平整场地等可能对地下隐蔽设施产生影响的作业
动土作业的审批	根据企业地下设施的具体情况，划定各区域动土作业级别，按分级审批的规定办理审批手续。申请动土作业时，需写明作业的时间、地点、内容、范围、施工方法、挖土堆放场所和参加作业人员、安全负责人及安全措施。一般由基建、设备动力、仪表和工厂资料室的有关人员根据地下设施布置总图对照申请书中的作业情况仔细核对，逐一提出意见，然后按动土作业规定交有关部门或厂领导批准，根据基建等部门的意见，提出补充安全要求。办妥上述手续的动土作业许可证方才有效
动土作业的安全要求	(1)作业前，应检查工具、现场支撑是否牢固、完好，发现问题应及时处理。作业现场应根据需要设置护栏、盖板和警告标志，夜间应悬挂警示灯。 (2)在破土开挖前，应先做好地面和地下排水，防止地面水渗入作业层面造成塌方。 (3)随意开挖厂区土方，有可能损坏电缆和管线，造成装置停工，甚至人员伤亡。因此，作业前应首先了解地下隐蔽设施的分布情况，动土临近地下隐蔽设施时，应使用适当挖掘工具，避免损坏地下隐蔽设施。如暴露出电缆、管线以及不能辨认的物品时，应立即停止作业，妥善加以保护，报告动土审批单位处理，经采取措施后方可继续动土作业。 (4)动土作业应设专人监护，挖掘坑、槽、井、沟等作业，应遵守下列规定： ①挖掘土方应自上而下逐层挖掘，禁止采用挖底脚的办法挖掘；使用的材料、挖出的泥土应堆放在距坑、槽、井、沟边沿1 m，高度不得超过1.5 m，挖出的泥土不应堵塞下水道和窨井。 ②不应在土壁上挖洞攀登。 ③不应在坑、槽、井、沟上端边沿站立、行走。 ④应视土壤性质、湿度和挖掘深度设置安全边坡或固壁支撑架。作业过程中应对坑、槽、井、沟边坡或固壁支撑架随时检查，特别是雨雪后和解冻时期，如发现边坡有裂缝、疏松或支撑架有折断、走位等异常情况，应立即停止工作，并采取相应措施。 ⑤在坑、槽、井、沟的边缘安放机械、铺设轨道及通行车辆时，应保持适当距离，采取有效的固壁措施，确保安全。 ⑥在可能出现煤气等有毒有害气体的地点工作时，应预先告知工作人员，并做好防毒准备。在动土作业时如突然发现煤气等有毒气体或可疑现象，应立即停止工作，撤离全部工作人员并报告有关部门处理，在有毒有害气体未彻底清除前禁止恢复工作。在禁火区内进行动土作业还应该遵守禁火的有关安全规定。 ⑦在拆除固壁支撑架时，应从下而上进行；更换支撑架时，应先装新的，后拆旧的。 ⑧不应在坑、槽、井、沟内休息。 ⑨作业人员在沟(槽、坑)下作业应按规定坡度顺序进行，使用机械挖掘时不应进入机械旋转半径内；深度大于2 m时应设置人员上下的梯子，保证人员快速进出设施。两人以上作业人员同时挖土时应相距2 m以上，防止工具伤人。作业人员发现异常时，应立即撤离作业现场

续表

项目	具体内容
动土作业的安全要求	⑩在化工危险场所动土时,应与有关操作人员建立联系,当化工装置发生突然排放有害物质时,化工操作人员应立即通知动土作业人员停止作业,迅速撤离现场。 ⑪另外动土施工结束后应及时回填土石,并恢复地面设施。 ⑫动土作业结束后,由施工单位作业负责人、监护人、项目现场主管人分别对相关内容进行现场确认,满足各项安全条件后项目现场主管人告知相关岗位及人员,由项目管理部门对施工现场进行检查验收

考点3 动火作业

项目	具体内容
动火作业的概念	动火作业是指直接或间接产生明火的工艺设施以外的禁火区内可能产生火焰、火花和炽热表面的非常规作业,如使用电焊、气焊(割)、喷灯、电钻、砂轮、喷砂机等进行的作业
动火作业的分级	固定动火区外的动火作业一般分为特殊动火、一级动火、二级动火三个级别,遇节假日或其他特殊情况,动火作业应升级管理。 1. 特殊动火作业 特殊动火作业是指在生产运行状态下的易燃易爆生产装置、输送管道、储罐、容器等部位上及其他特殊危险场所进行的动火作业,带压不置换动火作业按特殊动火作业管理。 2. 一级动火作业 一级动火作业是指在易燃易爆场所进行的除特殊动火作业以外的动火作业。厂区管廊上的动火作业按一级动火作业管理。 3. 二级动火作业 二级动火作业是指除特殊动火作业和一级动火作业以外的动火作业。凡生产装置或系统全部停车,装置经清洗、置换、分析合格并采取安全隔离措施后,可根据其火灾、爆炸危险性大小,经所在单位安全管理部门批准,动火作业可按二级动火作业管理
动火作业的基本要求	(1)动火作业应有专人监护,作业前应清除动火现场及周围的易燃物品,或采取其他有效安全防火措施,并配备消防器材,满足作业现场应急需求。 (2)动火点周围或其下方的地面如有可燃物、孔洞、窨井、地沟、水封等,应检查分析并采取清理或封盖等措施;对于动火点周围15 m范围内有可能泄漏易燃、可燃物料的设备,应采取隔离措施。 (3)凡在盛有或盛装过危险化学品的设备、管道等生产、储存设施及处于《建筑设计防火规范》《石油化工企业设计防火标准》《石油库设计规范》规定的甲、乙类区域的生产设备上动火作业,应将其与生产系统彻底隔离,并进行清洗、置换,分析合格后方可作业;因条件限制无法进行清洗、置换而确需动火作业时按特殊动火作业要求执行。 (4)拆除管线进行动火作业时,应先查明其内部介质及其走向,并根据所要拆除管线的情况制定安全防火措施。 (5)在有可燃物构件和使用可燃物做防腐内衬的设备内部进行动火作业时,也应采取防火隔绝措施

续表

项目	具体内容
动火作业的基本要求	(6)在生产、使用、储存氧气的设备上进行动火作业时,设备内氧含量不应超过23.5%。 (7)动火期间,距动火点30 m内严禁排放各类可燃气体;距动火点15 m内严禁排放各类可燃液体;在动火点10 m范围内及动火点下方不应同时进行可燃溶剂清洗或喷漆等作业。 (8)在厂内铁路沿线25 m以内的动火作业,如遇装有危险化学品的火车通过或停留时,应立即停止作业。 (9)使用气焊、气割动火作业时,乙炔瓶应直立放置,应有防倒措施,氧气瓶与之间距不应小于5 m,二者与作业地点间距不应小于10 m,并应设置防晒设施。 (10)作业完毕应清理现场,确认无残留火种后方可离开。 (11)5级以上(含5级)天气,原则上禁止露天动火作业。因生产确需动火,动火作业应升级管理
特殊动火作业的要求	特殊动火作业在符合作业基本要求的同时,还应符合以下规定: (1)在生产不稳定的情况下不应进行带压不置换动火作业。 (2)应预先制定作业方案,落实安全防火措施,必要时可请专职消防队到现场监护。 (3)动火点所在生产车间(分厂)应预先通知工厂生产调度部门及有关单位,使之在异常情况下能及时采取相应的应急措施。 (4)应在正压条件下进行作业。 (5)应保持作业现场通排风良好
动火分析及合格标准	1. 作业前进行动火分析的要求 (1)动火分析的监测点要有代表性,在较大的设备内动火,应对上、中、下各部位进行监测分析;在较长的物料管线上动火,应在彻底隔绝区域内分段分析。 (2)在设备外部动火,应在不小于10 m范围内进行动火分析。 (3)动火分析与动火作业时间的间隔一般不超过30 min,如现场条件不允许,间隔时间可适当放宽,但不应超过60 min。 (4)若作业中断时间超过60 min,需继续动火,应再次进行动火分析;特殊动火作业期间应随时进行监测。 (5)使用便携式可燃气体检测仪或其他类似手段进行分析时,检测设备应经标准气体样品标定合格。 2. 动火分析合格标准 (1)当被测气体或蒸气的爆炸下限大于或等于4%时,其被测浓度应小于0.5%(体积分数)。 (2)当被测气体或蒸气的爆炸下限小于4%时,其被测浓度应小于0.2%(体积分数)
禁止动火作业的条件	(1)动火许可证未经批准。 (2)不与生产系统可靠隔绝。 (3)不清洗,置换不合格。 (4)不消除周围易燃物。 (5)不按时作动火分析。 (6)没有消防措施

考点 4　吊装作业

项目	具体内容
吊装作业的概念	吊装作业是指利用各种吊装机具，将设备、工件、器具、材料等吊起，使其发生位置变化的作业过程
吊装作业的分级	吊装作业按照吊装重物质量 m 不同分为： （1）一级吊装作业，$m>100$ t。 （2）二级吊装作业，40 t$\leq m \leq$100 t。 （3）三级吊装作业，$m<40$ t
吊装作业的要求	（1）三级以上的吊装作业，应编制吊装作业方案。吊装物体质量虽不足 40 t，但形状复杂、刚度小、长径比大、精密贵重，以及在作业条件特殊的情况下，也应编制吊装作业方案，吊装作业方案应经审批。 （2）吊装现场应设置安全警戒标志，并设专人监护，非作业人员禁止入内，安全警戒标志应符合《安全标志及其使用导则》的规定。 （3）吊装作业不应靠近输电线路。确需在输电线路附近作业时，起重机械的安全距离应大于起重机械的倒塌半径并符合《电业安全工作规程：电力线路部分》要求；不能满足时，应停电后再进行作业。吊装场所如有含危险物料的设备、管道等时，应制定详细吊装方案，并对设备、管道采取有效防护措施，必要时停车，放空物料，置换后进行吊装作业。 （4）室外作业遇到大雪、暴雨、大雾及 6 级以上大风时，不得进行吊装作业。 （5）作业前，作业单位应对起重机械、吊具、索具、安全装置等进行检查，确保其处于完好状态。 （6）应按规定负荷进行吊装，吊具、索具应经计算选择使用，不应超负荷吊装。 （7）不应利用管道、管架、电杆、机电设备等作吊装锚点。未经土建专业审查核算，不应将建筑物、构筑物作为锚点。 （8）起吊前应进行试吊，试吊中检查全部机具、地锚受力情况，发现问题应将吊物放回地面，排除故障后重新试吊，确认正常后方可正式吊装。 （9）指挥人员应佩戴明显的标志或特殊颜色的安全帽，并按《起重吊运指挥信号》规定的联络信号进行指挥。 （10）起重机械操作人员应遵守如下规定： ①按指挥人员发出的指挥信号进行操作；任何人发出的紧急停车信号均应立即执行；吊装过程中出现故障，应立即向指挥人员报告。 ②重物接近或达到额定起重吊装能力时，应检查制动器，用低高度、短行程试吊后，再吊起。 ③利用两台或多台起重机械吊运同一重物时应保持同步，各台起重机械所承受的载荷不应超过各自额定起重能力的 80%。 ④下放吊物时，不应自由下落（溜）；不应利用极限位置限制器停车。 ⑤不应在起重机械工作时对其进行检修；不应在有载荷的情况下调整起升变幅机构的制动器

续表

项目	具体内容
吊装作业的要求	⑥停工和休息时，不应将吊物、吊笼、吊具和吊索悬在空中。 ⑦起吊重物时，应先将重物调离地面10 cm左右，停机检查制动器灵敏性和可靠性，以及重物绑扎的牢固程度，确认情况正常后，才可以继续作业。 ⑧以下情况不应起吊：无法看清场地、吊物，指挥信号不明；起重臂吊钩或吊物下面有人、吊物上有人或浮置物；重物捆绑、紧固、吊挂不牢，吊挂不平衡，绳打结，绳不齐，斜拉重物，棱角吊物与钢丝绳之间没有衬垫；重物质量不明、与其他重物相连、埋在地下、与其他物体冻结在一起。 (11)司索人员应遵守如下规定： ①听从指挥人员的指挥，并及时报告险情。 ②不应用吊钩直接缠绕重物及将不同种类或不同规格的索具混在一起使用。 ③吊物捆绑应牢靠，吊点和吊物的重心应在同一垂直线上；起升吊物时应检查其连接点是否牢固、可靠；吊运零散件时，应使用专门的吊篮、吊斗等器具，吊篮、吊斗等不应装满。 ④起吊重物就位时，应与吊物保持一定的安全距离，用拉伸或撑杆、钩子辅助其就位。 ⑤起吊重物就位前，不应解开吊装索具。 ⑥起重机械操作人员应遵守的规定中与司索人员有关的不应起吊的情况，司索工应做相应处理。 (12)用定型起重机械(例如履带吊车、轮胎吊车、桥式吊车等)进行吊装作业时，除遵守本标准外，还应遵守该定型起重机械的操作规程。 (13)作业完毕应做如下工作： ①将起重臂和吊钩收放到规定位置，所有控制手柄均应放到零位，电气控制的起重机械的电源开关应断开。 ②对在轨道上作业的吊车，应将吊车停放在指定位置有效锚定。 ③吊索、吊具应收回，放置到规定位置，并对其进行例行检查

考点5 高处作业

项目	具体内容
高处作业的概念	(1)高处作业是指在距坠落基准面2 m及2 m以上有可能坠落的高处进行的作业。坠落处最低点的水平面为坠落基准面。作业高度是指从作业位置到坠落基准面的垂直距离。 在化工企业，作业虽在2 m以下，但属于下列作业的，仍视为高处作业： ①虽有护栏的框架结构装置，但进行的是非经常性工作，有可能发生意外的工作。 ②在无平台，无护栏的塔、釜、炉、罐等化工设备和架空管道上的作业。 ③高大独自化工设备容器内进行的登高作业。 ④作业地段的斜坡(坡度大于45°)下面或附近有坑、井和风雪袭击、机械震动以及有机械转动或堆放物易伤人的地方作业等

续表

项目	具体内容
高处作业的概念	(2)异温高处作业是指在高温或低温情况下进行的高处作业。高温是指作业地点具有生产性热源,其环境温度高于本地区夏季室外通风设计计算温度 2 ℃及以上。低温是指作业地点的气温低于 5 ℃。 (3)带电高处作业是指采取地(零)电位或等(同)电位方式接近或接触带电体,对带电设备和线路进行检修的高处作业
高处作业的分级	1. 作业高度 h 的四个区段 (1)一级高处作业:2 m≤h≤5 m。 (2)二级高处作业:5 m<h≤15 m。 (3)三级高处作业:15 m<h≤30 m。 (4)四级高处作业:h>30 m。 2. 直接引起坠落的客观危险因素 (1)阵风风力五级(风速 8.0 m/s)以上。 (2)平均气温等于或低于 5 ℃的作业环境。 (3)接触冷水温度等于或低于 12 ℃的作业。 (4)作业场地有冰、雪、霜、水、油等易滑物。 (5)作业场所光线不足或能见度差。 (6)作业活动范围与危险电压带电体距离小于相关规定。 (7)摆动,立足处不是平面或只有很小的平面,即任一边小于 500 mm 的矩形平面、直径小于 500 mm 的圆形平面或具有类似尺寸的其他形状的平面,致使作业者无法维持正常姿势。 (8)存在有毒气体或空气中含氧量低于 19.5%(体积分数)的作业环境。 (9)可能会引起各种灾害事故的作业环境和抢救突然发生的各种灾害事故。 注:不存在上述列出的任一种客观危险因素的高处作业按规定的 A 类法分级,存在上述列出的一种或一种以上客观危险因素的高处作业按规定的 B 类法分级。 按 A 类法分级:①高处作业高度:2 m≤h≤5 m 为Ⅰ级;②高处作业高度:5 m<h≤15 m 为Ⅱ级;③高处作业高度:15 m<h≤30 m 为Ⅲ级;④高处作业高度:h>30 m 为Ⅳ级。 按 B 类法分级:①高处作业高度:2 m≤h≤5 m 为Ⅱ级;②高处作业高度:5 m<h≤15 m 为Ⅲ级;③高处作业高度:15 m<h≤30 m 为Ⅳ级;④高处作业高度:h>30 m 为Ⅳ级。 (10)其他主要原因。洞、坑无盖板或检修中移去盖板;平台、扶梯的栏杆不符合安全要求,临时拆除栏杆后没有防护措施,不设警告标志;高处作业不系安全带、不戴安全帽、不挂安全网;梯子使用不当或梯子不符合安全要求;不采取任何安全措施,在石棉瓦之类不坚固的结构上作业;脚手架有缺陷;高处作业不当、重心失稳;工、器具失灵,配合不好,危险物料伤害坠落;作业附近对电网设防不妥触电坠落等
高处作业的要求	(1)患有职业禁忌证(精神病、高血压、心脏病等)、年老体弱、疲劳过度、视力不佳及其他人员不得进行高处作业,作业人员饮酒、精神不振时应禁止登高作业,作业人员必须持有作业证,另外作业人员应正确佩戴符合《安全带》要求的安全带。带电高处作业应使用绝缘工具或穿均压服。Ⅳ级高处作业(30 m 以上)宜配备通讯联络工具

续表

项目	具体内容
高处作业的要求	(2)高处作业应设专人监护,作业人员不应在作业处休息。 (3)根据实际需要配备符合《吊笼有垂直导向的人货两用施工升降机》等标准安全要求的吊笼、梯子、挡脚板、跳板等,脚手架的搭设应符合国家有关标准。 (4)在彩钢板屋顶、石棉瓦、瓦棱板等轻型材料上作业,应铺设牢固的脚手板并加以固定,脚手板上要有防滑措施。 (5)在临近排放有毒、有害气体、粉尘的放空管线或烟囱等场所进行作业时,应预先与作业属地生产人员取得联系,并采取有效的安全防护措施,作业人员应配备必要的符合国家标准的防护装备(如隔绝式呼吸防护装备、过滤式防毒面具或口罩等)。 (6)雨天和雪天作业时,应采取可靠的防滑、防寒措施;遇有五级以上强风、浓雾等恶劣气候,不应进行高处作业、露天攀登与悬空高处作业;暴风雪、台风、暴雨后,应对作业安全设施进行检查,发现问题立即处理。 (7)作业使用的工具、材料、零件等应装入工具袋,上下时手中不应持物,不应投掷工具、材料及其他物品。易滑动、易滚动的工具、材料堆放在脚手架上时,应采取防坠落措施。 (8)在同一坠落方向上,一般不应进行上下交叉作业,如需进行交叉作业,中间应设置安全防护层,坠落高度超过24m的交叉作业,应设双层防护。 (9)因作业必需,临时拆除或变动安全防护设施时,应经作业审批人员同意,并采取相应的防护措施,作业后应立即恢复。 (10)作业人员在作业中如果发现异常情况,应及时发出信号,并迅速撤离现场。 (11)拆除脚手架、防护棚时,应设警戒区并派专人监护,不应上部和下部同时施工

考点6　受限空间作业

项目	具体内容
受限空间作业的概念	受限空间作业是指进入或探入受限空间进行的作业。其中,受限空间是指进出口受限,通风不良,可能存在易燃易爆、有毒有害物质或缺氧,对进入人员的身体健康和生命安全构成威胁的封闭、半封闭设施及场所,如反应器、塔、釜、槽、罐、炉膛、锅筒、管道以及地下室、窨井、坑(池)、管沟或其他封闭、半封闭场所
受限空间作业的要求	(1)受限空间作业实施作业证管理,作业前应办理《受限空间安全作业证》,并严格履行审批手续。 (2)作业前,应对受限空间进行安全隔绝,要求如下: ①与受限空间连通的可能危及安全作业的管道应采用插入盲板或拆除一段管道进行隔绝。 ②与受限空间连通的可能危及安全作业的孔、洞应进行严密封堵。 ③对作业设备上的电器电源,应采取可靠的断电措施,电源开关处应上锁并加挂警示牌

续表

项目	具体内容
受限空间作业的要求	(3)作业前,应根据受限空间盛装(过)的物料特性,对受限空间进行清洗或置换,并达到如下要求: ①氧含量为 19.5% ~23.5% 为合格。 ②有毒气体(物质)浓度应符合《工作场所有害因素职业接触限值 第 1 部分:化学有害因素》的规定。 ③易燃易爆气体浓度要求符合动火分析合格标准的规定。 (4)受限空间应保持空气流通良好,可采取如下措施: ①打开人孔、手孔、料孔、风门、烟门等与大气相通的设施进行自然通风。 ②必要时,应采用风机强制通风或管道送风,管道送风前应对管道内介质和风源进行分析确认。 (5)对受限空间内的气体浓度应进行严格监测,监测要求如下: ①作业前 30 min 内,应对受限空间进行气体采样分析,分析合格后方可进入,如果现场条件不允许,时间可适当放宽,但不应超过 60 min。 ②监测点应有代表性,容积较大的受限空间,应对上、中、下各部位进行取样分析,分析结果报出后,样品至少保留 4 h。 ③分析仪器应在校验有效期内,使用前应保证其处于正常工作状态。 ④监测人员深入或探入受限空间监测时应采取进入受限空间作业所采取的防护措施中规定的个体防护措施。 ⑤作业中应定时监测,至少每隔 2 h 监测一次,如检测分析结果有明显变化,应立即停止作业,撤离人员,对现场进行处理,分析合格后方可恢复作业。 ⑥对可能释放有害物质的受限空间,应连续监测,情况异常时应立即停止作业,撤离人员,对现场进行处理,分析合格后方可恢复作业。 ⑦涂刷具有挥发性溶剂的涂料时,应做连续分析,并采取强制通风措施。 ⑧作业中断时间超过 60 min 时,应重新进行分析。 (6)进入下列受限空间作业应采取如下防护措施: ①缺氧或有毒的受限空间经清洗或置换仍达不到相关要求的,应佩戴隔离式呼吸器,必要时应拴带救生绳。佩戴空气呼吸器或使用长导管面具时,还应检查空气呼吸器余压是否充足,长导管管路有无泄漏等。 ②易燃易爆的受限空间经清洗或置换仍达不到相关要求的,应穿防静电工作服及防静电工作鞋,使用防爆型低压灯具及防爆工具。 ③酸碱等腐蚀性介质的受限空间,应穿戴防酸碱防护服、防护鞋、防护手套等防腐蚀护品。 ④有噪声产生的受限空间,应佩戴耳塞或耳罩等防噪声护具。 ⑤有粉尘产生的受限空间,应佩戴防尘口罩、眼罩等防尘护具。 ⑥高温的受限空间,进入时应穿戴高温防护用品,必要时采取通风、隔热、佩戴通信设备等防护措施

续表

项目	具体内容
受限空间作业的要求	⑦低温的受限空间,进入时应穿戴低温防护用品,必要时采取供暖、佩戴通信设备等措施。 (7)照明及用电要求如下: ①受限空间作业时的照明电压应小于等于36 V,在潮湿容器、狭小容器内作业电压应小于等于12 V。 ②在潮湿容器中,作业人员应站在绝缘板上,同时保证金属容器接地可靠。 (8)受限空间内作业时,一般指派两人以上作为受限空间外监护人。监护人应了解介质的各种性质,应位于能经常看见受限空间内全部操作人员的位置,视线不能离开操作人员,更不准擅离岗位。监护人员应从事受限空间外的急救工作,发现受限空间内有异常时,立即召集急救人员,设法将受限空间内受害人救出。如果没有其他急救人员在场,即使在非常时候,监护人也不得自己进入受限空间。凡是进入受限空间抢救的人员,必须根据现场情况穿戴防毒面具或氧气呼吸器,安全防带等防护用具,决不允许不采取任何个人防护而冒险进入受限空间救人。 (9)应满足的其他要求如下: ①在受限空间作业时应在受限空间外设置安全警示标志。 ②受限空间出入口应保持畅通。 ③多工种、多层交叉作业应采取互相之间避免伤害的措施。 ④作业人员不得携带与作业无关的物品进入受限空间,作业中不得抛掷材料、工器具等物品。 ⑤受限空间外应备有空气呼吸器(氧气呼吸器)、消防器材和清水等相应的应急用品。 ⑥严禁作业人员在有毒、窒息环境下摘下防毒面具。 ⑦难度大、劳动强度大、时间长的受限空间作业应采取轮换作业。 ⑧作业前后应清点作业人员和作业工器具。作业人员离开受限空间作业点时,应将作业工器具带出。 ⑨作业结束后,由受限空间所在单位和作业单位共同检查受限空间内外,确认无问题后方可封闭。 ⑩最长作业时间不应超过24小时,特殊情况超过时限的应办理作业延期手续。 注意:进入受限空间作业,必须对受限空间内的有害气体及氧含量进行监测;为保证受限空间内动火作业安全,应对检修范围内的所有设备和管线中的易燃易爆、有毒有害气体进行置换

考点7 临时用电作业

项目	具体内容
临时用电的概念	临时用电是指正式运行的电源上所接的非永久性用电。 临时用电作业时,如果没有有效的个人防护装备和防护措施、设备,则容易造成人员伤亡,同时还有可能造成火灾、爆炸等事故

续表

项目	具体内容
临时用电作业的要求	（1）在运行的生产装置、罐区和具有火灾爆炸危险场所内不应接临时电源，确需时应对周围环境进行可燃气体检测分析，分析结果应符合动火分析合格标准的要求。 （2）各类移动电源及外部自备电源，不应接入电网。 （3）动力和照明线路应分路设置。 （4）在开关上接引、拆除临时用电线路时，其上级开关应断电上锁并加挂安全警示标牌。 （5）临时用电应设置保护开关，使用前应检查电气装置和保护设施的可靠性。所有的临时用电均应设置接地保护。 （6）临时用电设备和线路应按供电电压等级和容量正确使用，所用的电器元件应符合国家相关产品标准及作业现场环境要求，临时用电电源施工、安装应符合《施工现场临时用电安全技术规范》的有关要求，并有良好的接地，临时用电还应满足如下要求： ①火灾爆炸危险场所应使用相应防爆等级的电源及电气元件，并采取相应的防爆安全措施。 ②临时用电线路及设备应有良好的绝缘，所有的临时用电线路应采用耐压等级不低于 500 V 的绝缘导线。 ③临时用电线路经过有高温、振动、腐蚀、积水及产生机械损伤等区域，不应有接头，并应采取相应的保护措施。 ④临时用电架空线应采用绝缘铜芯线，并应架设在专用电杆或支架上，其最大弧垂与地面距离，在作业现场不低于 2.5 m，穿越机动车道不低于 5 m。 ⑤对需要埋地敷设的电缆线线路应设有走向标志和安全标志，电缆埋地深度不小于 0.7 m，穿越公路或有重物挤压危险的部位时必须加设防护套管，管套应固定。 ⑥现场临时用电配电盘、箱应有电压标识和危险标识，应有防雨措施，盘、箱、门应能牢靠关闭并能上锁。 ⑦行灯电压不应超过 36 V；在特别潮湿的场所或塔、釜、槽、罐等金属设备内作业，临时照明行灯电压不应超过 12 V。 ⑧临时用电设施应安装符合规范要求的漏电保护器，移动工具、手持式电动工具应逐个配置漏电保护器和电源开关。 （7）另外，临时用电单位不应擅自向其他单位转供电或增加用电负荷，以及变更用电地点和用途。 （8）临时用电时间一般不超过 15 天，特殊情况不应超过 30 天。用电结束后，用电单位应及时通知供电单位拆除临时用电线路

考点 8　断路作业

项目	具体内容
断路作业的概念	断路作业是指在生产区域内，交通主、支路与车间引道上进行工程施工、吊装、调运等各种影响正常的作业

续表

项目	具体内容
断路作业的要求	(1)作业前,施工单位应会同本单位相关主管部门制定交通组织方案,方案应能保证消防车和其他重要车辆的通行,并满足应急救援要求。 (2)作业单位应根据需要在断路的路口和相关道路上设置交通警示标志,在作业区附近设置路栏、道路作业警示灯、导向标等交通警示设施。 (3)在道路上进行定点作业,白天不超过2 h、夜间不超过1 h即可完工的,在有现场交通指挥人员指挥交通的情况下,只要作业区域设置了完善的安全设施,即白天设置了锥形交通路标或路栏,夜间设置了锥形交通路标或路栏及道路作业警示灯,可不设标志牌。 (4)在夜间或雨、雪、雾天进行作业应设置道路作业警示灯,警示灯设置要求如下: ①采用安全电压。 ②设置高度应离地面1.5 m,不低于1.0 m。 ③其设置应能反映作业区的轮廓。 ④应能发出至少自150 m以外清晰可见的连续、闪烁或旋转的红光。 (5)断路作业结束后,作业单位应清理现场,撤除作业区、路口设置的路栏、道路作业警示灯、导向标等交通警示设施。申请断路单位应检查核实,并报告有关部门恢复交通

考点9 盲板抽堵作业

项目	具体内容
盲板抽堵作业的概念	盲板抽堵作业是指在设备、管道上安装和拆卸盲板的作业。 具体来讲,盲板抽堵作业是指设备抢修或检修过程中,设备、管道内存有物料(气、液、固态)及一定温度、压力情况时的盲板抽堵,或设备、管道内物料经吹扫、置换、清洗后的盲板抽堵
盲板抽堵作业的要求	(1)生产车间(分厂)应预先绘制盲板位置图,对盲板进行统一编号,并设专人统一指挥作业。 (2)应根据管道内介质的性质、温度、压力和管道法兰密封面的口径等选择相应材料、强度、口径和符合设计、制造要求的盲板及垫片。原则上盲板的厚度不得低于管壁厚度,且要留有把柄,并于明显处挂牌标记。高压盲板使用前应经超声波探伤,并符合《锻造角式高压阀门技术条件》的要求。 (3)作业单位应按图进行盲板抽堵作业,并对每个盲板设标牌进行标识,标牌编号应与盲板位置图上的盲板编号一致。生产车间(分厂)应逐一确认并做好记录。 (4)作业时,作业点压力应降为常压,并设专人监护。 (5)在有毒介质的管道、设备上进行盲板抽堵作业时,系统压力应降到尽可能低的程度,加盲板的位置,应在有物料来源的阀门的另一侧,作业人员应按《个体防护装备选用规范》的要求选用防护用具。在易燃易爆场所进行盲板抽堵作业时,作业人员应穿防静电工作服、工作鞋,并应使用防爆灯具和防爆工具;距盲板抽堵作业地点30 m内不得有动火作业;在强腐蚀性介质的管道、设备上进行盲板抽堵作业时,作业人员应采取防止酸碱灼伤的措施;介质温度较高、可能造成烫伤的情况下,作业人员应采取防烫措施;不

续表

项目	具体内容
盲板抽堵作业的要求	应在同一管道上同时进行两处及两处以上的盲板抽堵作业。 (6)盲板抽堵作业结束,由作业单位和生产车间(分厂)专人共同确认。 (7)另外,盲板抽堵的作业人员,要进行相关的安全教育及防护训练,落实安全技术措施

考点10　特殊作业安全作业证的管理要求

(一)安全作业证的办理和审批的内容

安全作业证种类		办理部门	审核或会签	审批部门(人)
动火证	特殊动火作业	作业单位	—	主管厂长或总工程师
	一级动火作业		—	安全管理部门
	二级动火作业		—	动火点所在车间
吊装证	一级吊装作业	作业单位	—	主管厂长或总工程师
	二级、三级吊装作业	作业单位	—	设备管理部门
高处作业证	一级高处作业	作业单位	—	设备管理部门
	二级、三级高处作业		车间	设备管理部门
	特级高处作业		安全管理部门	主管厂长
动土证		动土所在单位	水、电、汽、工艺、设备、消防、安全管理等部门	工程管理部门
临时用电证		作业单位	配送电单位	动力部门
断路证		断路所在单位	消防、安全管理部门	工程管理部门
盲板抽堵证		生产车间(分厂)	作业单位	生产部门
受限空间证		作业单位	—	受限空间所在单位

(二)安全作业证的使用及有效期限

项目	具体内容
安全作业证的使用及有效期限	(1)有分级的特殊作业,安全作业证应根据特殊作业的等级以明显标记加以区分。 (2)安全作业证实行一个作业点、一个作业周期内同一作业内容一张《安全作业证》的管理方式。 (3)安全作业证不应随意涂改和转让,不应变更作业内容、扩大使用范围、转移作业部位或异地使用。 (4)作业内容变更,作业范围扩大、作业地点转移或超过有效期限,以及作业条件、作业环境条件或工艺条件改变时,应重新办理安全作业证。 (5)特殊动火作业和一级动火作业的《动火证》有效期不应超过8 h;二级动火作业的《动火证》有效期不应超过72 h;《受限空间证》有效期不应超过24 h

（三）安全作业证的持有及保存

安全作业证一式三联，其持有和存档部门（人）参见下表。安全作业证应至少保存一年。

安全作业证种类		持有及保存内容		
		第一联	第二联	第三联（存档）
动火证	一级和特级动火	动火点所在车间（监火）	动火人	安全管理部门
	二级动火	动火点所在车间操作岗位（监火）	动火人	生产车间
吊装证		吊装指挥	项目单位	设备管理部门
高处作业证		作业人员	作业负责人	设备管理部门
动土证		现场作业人员	动土所在单位	工程管理部门
临时用电证		作业单位（作业时） 配送电执行人（作业结束后注销）	配送电执行人	动力部门
断路证		作业单位	断路所在单位	工程管理部门
盲板抽堵证		作业单位	生产车间（分厂）	生产管理部门
受限空间证		作业负责人	监护人	受限空间所在单位

案例分析

某修造船厂发生一起火灾事故。该厂修船船坞几天前有一艘外国船籍的油船（约 9 万 t）入坞，更换侧罐的外板和中央罐的船底外板。

事故发生当天，准备更换其中的左舷 3 号侧罐（长约 40 m、宽约 10 m、高约 20 m）的外板。上午在罐内装配脚手架，然后由 10 个人开始对罐内施工部分进行清扫，把堆积在外板更换部分休息室上的残泥用锹、钩刮铲装在容器里，吊到船底。

下午在清扫的同时，又有 6 个人开始对外板打眼和切割，用气焊在外板上开大致等间隔的换气孔，同时进行休息室和外板接头的切割，气体（乙炔和氧气）是从甲板上的气体转换器通过软管输入的。作业时已预先在罐底灌上水，并且是在除完泥渣的地方进行的。但是在开始打眼和切割约 1 h 后，油罐内发生火灾，从事该项作业的 6 人和清除泥渣的 1 人向油罐外逃避，其中 6 人行动较慢，在升降梯等处被烧死或吸入过量一氧化碳而中毒死亡。

经调查分析，事故原因如下：

油罐上部气割或切割的火星引着下部休息室残留的泥渣，又引起其他处残留的泥渣燃烧。罐底的水量少，刮落的泥渣没有完全被水盖住，从而引燃船底泥渣，这也是使火灾扩大的原因。该造船厂每天定时测定作业场所可燃气体浓度及氧气浓度，根据测定结果的规定在相关场所标明是否可以进行烟火作业，对该船 3 号侧罐内的作业，清扫组和焊接组之间预先也商议了计划。明火作业时，充分注意到了形成爆炸性混合气体的可能性，但对泥渣这一可燃性物质，对它的易燃程度、应除去的量、残存泥渣的分布状态和使用明火场所的相互位置关系等则没有从安全角度出发给予足够的考虑。油罐维修作业中，泥渣的存在不论在安全方面，还是在劳动卫生方面，都是应充分考虑的事项。像这种气割火花引起泥渣着火，初期灭火失败导致火灾的事例时有发生。这类事故有时是发生在油罐内，因此不易躲避，换气也困难，往往造成重大人身事故，为了作业安全，必须事前进行慎重的研究。

这起事故存在的问题是：(1)罐底部盛水不足。(2)消防水管虽然拉进罐内，但负责使用的人着火时不在场，未能有效地利用。(3)带进罐内的灭火器不够用。

为了防止同类事故的发生，须采取的措施有：(1)明确清除泥渣的判断标准和确立按该标准建立的现场检查体制。(2)规定相应的烟火作业限制（包括禁止）。(3)调整作业间的联系。(4)推行以作业指挥人员为中心的安全作业。(5)确保避难通路、避难口和按需要设置、装备报警器。(6)配备数量合适的消防设备并掌握使用方法。

根据以上场景，回答下列问题：

1. 进入设备内作业的危险因素是什么？

2. 进入设备内工作应做好哪些安全防护？

3. 进入设备内动火工作应注意什么？

参考答案及解析

1. 凡进入生产区域的罐、塔、釜、槽、球、炉膛、锅筒、管道、容器等以及地下井、地坑、下水道或其他封闭场所内进行的作业称为设备内作业。进入设备内作业的危险有：中毒窒息；火灾；爆炸；触电；机械伤害；坠落。

2. 设备内作业应做好的安全防护措施有：(1)设备内作业必须办理“设备内安全作业证”，并要严格履行审批手续。(2)进入设备内作业前，必须将该设备与其他设备进行安全隔离（加盲板或拆除线，不允许采用其他方法代替），并清洗、置换干净。(3)在进入设备前30 min必须取样分析，严格控制可燃气体、有毒气体浓度及氧安全指标，分析合格后才允许进入设备内作业。如在设备内作业时间长，至少每2小时各取样分析一次，如发现超标，应立即停止作业，迅速撤出人员。(4)采取适当的通风措施，确保设备内空气流通良好。(5)应有足够的照明，设备内照明电压应不大于36 V。在潮湿容器和狭小容器内作业应小于等于12 V，灯具及电动工具必须符合防潮、防爆等安全要求。(6)进入有腐蚀、窒息、易燃易爆、有毒物料的设备内作业时，必须按规定佩戴合格防护用品和器具。(7)在设备内动火，必须按规定办理动火证和履行规定的手续。(8)设备内作业必须设专人监护，并与设备内作业人员保持有效的联系。(9)在检修作业条件发生变化，并有可能危及作业人员安全时，必须立即撤出人员；若需继续作业，必须重新办理进入设备内作业的审批手续。(10)作业完工后，经检修人、监护人与使用部门负责人共同检查设备内部，确认设备内无人员和工具、杂物后，方可封闭设备孔。

3. 进入设备内动火，必须对设备内有害气体以及氧含量进行监测。为保证设备内动火作业安全，应对检修范围内的所有设备和管线中的易燃易爆、有毒有害气体进行置换。

第五章　化学品储运安全技术

知识框架

- 化学品储运安全技术
  - 危险货物运输包装安全技术
    - 危险货物运输包装安全技术
    - 危险化学品包装的安全要求
  - 危险化学品的储存安全技术
    - 危险化学品经营的安全要求
    - 危险化学品的储存方式
    - 危险化学品储存的安全要求
  - 危险化学品的装卸、运输安全技术
    - 危险化学品运输的原则
    - 危险化学品装卸、运输安全的基本要求
    - 危险化学品装卸和运输人员的要求
    - 危险化学品运输的安全要求

考点精讲

第一节　危险化学品的包装安全技术

考点1　危险货物运输包装安全技术

项目	具体内容
危险化学品包装的基本要求	(1)运输包装应结构合理,并具有足够强度,防护性能好。材质、型式、规格、方法和内装货物重量应与所装危险货物的性质和用途相适应,并便于装卸、运输和储存。 (2)运输包装应质量良好,其构造和封闭形式应能承受正常运输条件下的各种作业风险,不应因温度、湿度或压力的变化而发生任何渗(撒)漏,包装表面应清洁,不允许黏附有害的危险物质。包装与内装物直接接触部分,必要时应有内涂层或进行防护处理,运输包装材质不得与内装物发生化学反应而形成危险产物或导致削弱包装强度。 (3)内容器应予固定,如内容器易碎且盛装易撒漏货物,应使用与内装物性质相适应的衬垫材料或吸附材料垫妥实。 (4)盛装液体的容器,应能经受在正常运输条件下产生的内部压力。灌装时应留有足够的膨胀余量(预留容积),除另有规定外,并应保证在温度55℃时,内装液体不致完全充满容器

续表

项目	具体内容
危险化学品包装的基本要求	(5)运输包装封口应根据内装物性质采用严密封口、液密封口或气密封口。 (6)盛装需浸湿或加有稳定剂的物质时,其容器密封形式应能有效保证内装液体(水、溶剂和稳定剂)的百分比,在储运期间保持在规定的范围内。 (7)运输包装有降压装置时,其排气孔设计和安装应能防止内装物泄漏和外界杂质进入,排出的气体量不得造成危险和污染环境。 (8)复合包装的内容器和外包装应紧密贴合,外包装不得有擦伤内容器的凸出物。 (9)无论是新型包装、重复使用的包装,还是修理过的包装,均应符合危险货物运输包装性能试验的要求。 (10)盛装爆炸品包装的附加要求如下: ①盛装液体爆炸品容器的封闭形式,应具有防止渗漏的双重保护。 ②除内包装能充分防止爆炸品与金属物接触外,铁钉和其他没有防护涂料的金属部件不应穿透外包装。 ③双重卷边接合的铁桶、金属桶或以金属做衬里的运输包装,应能防止爆炸物进入缝隙。钢桶或铝桶的封闭装置应配有合适的垫圈。 ④包装内的爆炸物质和物品,包括内容器,应衬垫妥实,在运输中不允许发生危险性移动。 ⑤盛装有对外部电磁辐射敏感的电引发装置的爆炸物品,包装应具备防止所装物品受外部电磁辐射影响的功能

考点2　危险化学品包装的安全要求

项目	具体内容
危险化学品包装的安全要求	危险化学品包装容器的安全技术要求不同的包装容器,除应满足包装的通用技术要求外,还要根据其自身特点,满足各自的安全要求。 (1)根据危险化学品的特性选用包装容器的材质,选择适用封口的密封方式和密封材料。作为危险化学品包装容器的材质,钢、铝、塑料、玻璃、陶瓷等用得较多,容器的形状也多为桶、箱、罐、坛等形状。在选取危险化学品容器的材质和形状时,应充分考虑所包装的危险化学品的特性,例如腐蚀性、反应活性、毒性、氧化性等,及包装要求和包装条件,例如压力、温度、湿度、光线等,同时要求选取的包装材料和所形成的容器要有足够的强度,在搬运、堆叠、碰撞中不能出现破坏而造成包装物的外泄。 (2)根据危险化学品在运输装卸过程中能够经受正常的摩擦、撞击、振动、挤压及受热,设计包装容器的机械强度,选择适用的材料作为容器口和容器外作衬垫、护圈。常用的有橡胶、泡沫塑料等

第二节　危险化学品的储存安全技术

考点1　危险化学品经营的安全要求

项目	具体内容
危险化学品经营的安全要求	(1)国家对危险化学品经营销售实行许可制度。未经许可,任何单位和个人都不得经营销售危险化学品。 (2)《危险化学品安全管理条例》明确规定了办理经营许可证的程序: 一是申请:从事剧毒化学品、易制爆危险化学品经营的企业,应当向所在地设区的市级人民政府安全生产监督管理部门提出申请,从事其他危险化学品经营的企业,应当向所在地县级人民政府安全生产监督管理部门提出申请(有储存设施的,应当向所在地设区的市级人民政府安全生产监督管理部门提出申请)。申请人应当提交其符合本条例规定条件的证明材料。 二是审查:设区的市级人民政府安全生产监督管理部门或者县级人民政府安全生产监督管理部门应当依法进行审查,并对申请人的经营场所、储存设施进行现场核查,自收到证明材料之日起30日内作出批准或者不予批准的决定。予以批准的,颁发危险化学品经营许可证;不予批准的,书面通知申请人并说明理由。 三是发证:经审查,符合条件的,颁发危险化学品经营许可证,并将颁发危险化学品经营许可证的情况通报同级环境保护主管部门和公安机关。对不符合条件的,书面通知申请人并说明理由。 四是登记注册:申请人凭危险化学品经营许可证向工商行政管理部门办理登记注册手续。 目前,危险化学品经营许可的相关职能由应急管理部履行
剧毒化学品经营的安全要求	经营剧毒化学品的企业要申领经营许可证,经营剧毒化学品要设专人。 危险化学品生产企业、经营企业销售剧毒化学品、易制爆危险化学品,应当如实记录购买单位的名称、地址、经办人的姓名、身份证号码以及所购买的剧毒化学品、易制爆危险化学品的品种、数量、用途。销售记录以及经办人的身份证明复印件、相关许可证件复印件或者证明文件的保存期限不得少于1年。 剧毒化学品、易制爆危险化学品的销售企业、购买单位应当在销售、购买后5日内,将所销售、购买的剧毒化学品、易制爆危险化学品的品种、数量以及流向信息报所在地县级人民政府公安机关备案,并输入计算机系统

考点2　危险化学品的储存方式

项目	具体内容
危险化学品的储存方式	危险化学品的储存方式分为隔离储存、隔开储存、分离储存3种。 (1)隔离储存是指在同一房间或同一区域内,不同的物料之间分开一定的距离,非禁忌物料间用通道保持空间的储存方式

续表

项目	具体内容
危险化学品的储存方式	(2)隔开储存是指在同一建筑或同一区域内，用隔板或墙，将其与禁忌物料分离开的储存方式。 (3)分离储存是指在不同的建筑物或远离所有建筑的外部区域内的储存方式

考点3　危险化学品储存的安全要求

项目	具体内容
危险化学品储存的安全要求	危险化学品仓库是储存易燃、易爆等危险化学品的场所，仓库选址必须适当，建筑物必须符合规范要求，做到科学管理，确保其贮存、保管安全。故在危险化学品的储存保管中要把安全放在首位。 危险化学品储存保管的安全要求如下： (1)储存危险化学品必须遵照国家法律、法规和其他的相关规定。化学物质的贮存限量，由当地主管部门与公安部门规定。 (2)危险化学品必须储存在经公安部门批准设置的专门的危险化学品仓库中，经销部门自管仓库储存危险化学品及储存数量必须经公安部门批准。未经批准不得随意设置危险化学品储存仓库。 (3)危险化学品露天堆放，应符合防火、防爆的安全要求，爆炸物品、一级易燃物品、遇湿燃烧物品、剧毒物品不得露天堆放。 (4)储存危险化学品的仓库必须配备有专业知识的技术人员，其库房及场所应设专人管理，管理人员必须配备可靠的个人安全防护用品。 (5)根据危险品性能分区、分类、分库储存。各类危险品不得与禁忌物料混合储存。储存危险化学品的建筑物、区域内严禁吸烟和使用明火。(危险化学品储存发生火灾的主要原因：着火源控制不严；性质相互抵触的物品混存；产品变质；养护管理不善；包装损坏或不符合要求；违反操作规程；建筑物不符合存放要求；雷击；着火扑救不当。) (6)生产、储存危险化学品的单位，应当对其铺设的危险化学品管道设置明显标志，同一区域储存两种或两种以上不同级别的危险化学品时，应按最高级危险化学品的性能标志，另外还要对危险化学品管道定期检查、检测。进行可能危及危险化学品管道安全的施工作业，施工单位应当在开工的7日前书面通知管道所属单位，并与管道所属单位共同制定应急预案，采取相应的安全防护措施。管道所属单位应当指派专门人员到现场进行管道安全保护指导。 (7)生产、储存危险化学品的单位，应当根据其生产、储存的危险化学品的种类和危险特性，在作业场所设置相应的监测、监控、通风、防晒、调温、防火、灭火、防爆、泄压、防毒、中和、防潮、防雷、防静电、防腐、防泄漏以及防护围堤或者隔离操作等安全设施、设备，并按照国家标准、行业标准或者国家有关规定对安全设施、设备进行经常性维护、保养，保证安全设施、设备的正常使用。生产、储存危险化学品的单位，应当在其作业场所和安全设施、设备上设置明显的安全警示标志

续表

项目	具体内容
危险化学品储存的安全要求	(8)生产、储存危险化学品的企业,应当委托具备国家规定的资质条件的机构,对本企业的安全生产条件每3年进行一次安全评价,提出安全评价报告。安全评价报告的内容应当包括对安全生产条件存在的问题进行整改的方案。生产、储存危险化学品的企业,应当将安全评价报告以及整改方案的落实情况报所在地县级人民政府安全生产监督管理部门备案。在港区内储存危险化学品的企业,应当将安全评价报告以及整改方案的落实情况报港口行政管理部门备案。 (9)交通运输部门应在车站、码头等地修建专用贮存危险化学品的仓库。 (10)贮存危险化学品的地点及建筑结构,应根据国家有关规定设置,并充分考虑对周围居民区的影响。 (11)必须加强出入库验收,避免出现差错。特别是对爆炸物质、剧毒物质和放射性物质,应采取双人收发、双人记账、双人双锁、双人运输和双人使用的"五双制"方法加以管理。 (12)经常检查,发现问题及时处理,根据危险化学品库房物性及灭火办法的不同,应严格按规定分类贮存

第三节　危险化学品的装卸、运输安全技术

考点1　危险化学品运输的原则

项目	具体内容
危险化学品运输的原则	危险化学品的危险性各不相同,性质相抵触的物品相遇后往往会发生燃烧爆炸事故,发生火灾时,使用的灭火剂和扑救方法也不完全一样,因此保证装运中的安全,应遵守有关装配原则。 (1)包装要符合要求,运输应佩戴相应的劳动保护用品和配备必要的紧急处理工具。 (2)搬运时必须轻装轻卸,严禁撞击、振动和倒置

考点2　危险化学品装卸、运输安全的基本要求

项目	具体内容
危险化学品装卸、运输安全的基本要求	(1)危险化学品的发货、中转和到货,都应在远离市区的指定专用车站或码头装卸货物。危险化学品的运输工具,要根据危险物品的类别和性质合理选用。 (2)装运危险化学品的运输工具,必须符合防火防爆规定,并装设相应的防火、防爆、防毒、防水、防晒等设施,并配备相应的消防器具和防毒器具

续表

项目	具体内容
危险化学品装卸、运输安全的基本要求	(3)危险化学品的装卸场地和运输工具,在危险物品装卸前后,都要进行清扫或清洗,扫出的垃圾和残渣应放入专用器内,以便统一安全处理。 (4)危险化学品的装运应遵守危险货物配装规定,性质相抵触的物品不能一同混装。危险化学品的装卸,必须轻拿轻放,防止撞击、摩擦和倾斜,不得损坏包装容器,包装外的标志要保持完好。 (5)装卸对人身有毒害及腐蚀性的物品时,操作人员应根据危险性,穿戴相应的防护用品。 (6)同一车辆不得运输互为禁忌的物料。 (7)修补、换装、清扫、装卸易燃、易爆物料时,应使用不产生火花的铜制、合金制或其他工具。 (8)装运危险化学品的车辆,应由专人按指定的运输路线,指定的行驶速度运送。 (9)装运危险化学品的车船,不宜经过繁华市区道路,不能在行驶途中随意装上其他货物或卸下危险品。停运时,装运危险物品的车船应与其他车船、明火场所、高压电线、仓库和居民密集的区域保持一定的安全距离。装运危险化学品的车辆严禁滑车和强行超车。装运危险化学品的车船应有装运危险物的警示标志

考点 3　危险化学品装卸和运输人员的要求

项目	具体内容
危险化学品装卸和运输人员的要求	危险化学品的装卸和运输工作,应选派责任心强,经过安全防护技能培训的人员承担。装卸危险化学品的人员,应按规定穿戴相应的劳动保护用品。运送爆炸、剧毒和放射性物品时,应按照公安部门规定,指派押运人员。 危险化学品道路运输企业、水路运输企业的驾驶人员、船员、装卸管理人员、押运人员、申报人员、集装箱装箱现场检查员应当经交通运输主管部门考核合格,取得从业资格。具体办法由国务院交通运输主管部门制定。上述人员应当了解所运输的危险化学品的危险特性及其包装物、容器的使用要求和出现危险情况时的应急处置方法

考点 4　危险化学品运输的安全要求

项目	具体内容
危险化学品运输的安全要求	(1)国家对危险化学品的运输实行资质认定制度,未经资质认定,不得运输危险化学品。 (2)托运危险物品必须出示有关证明,在指定的铁路、公路交通、航运等部门办理手续。托运物品必须与托运单上所列的品名相符。 (3)危险物品的装卸人员,应按装运危险物品的性质,佩戴相应的劳动防护用品,装卸时必须轻装轻卸,严禁摔拖、重压和摩擦,不得损毁包装容器,并注意标志,堆放稳妥

续表

项目	具体内容
危险化学品运输的安全要求	(4)危险物品装卸前,应对车(船)搬运工具进行必要的通风和清扫,不得留有残渣,对装有剧毒物品的车(船),卸车(船)后必须洗刷干净。 (5)装运爆炸、剧毒、放射性、易燃液体、可燃气体等物品,必须使用符合安全要求的运输工具;禁忌物料不得混运;禁止用电瓶车、翻斗车、铲车、自行车等运输爆炸物品。运输强氧化剂、爆炸品及用铁桶包装的一级易燃液体时,没有采取可靠的安全措施时,不得用铁底板车及汽车挂车;禁止用叉车、铲车、翻斗车搬运易燃、易爆液化气体等危险物品;温度较高地区装运液化气体和易燃液体等危险物品,要有防晒设施;放射性物品应用专用运输搬运车和抬架搬运,装卸机械应按规定负荷降低25%的装卸量;遇水燃烧物品及有毒物品,禁止用小型机帆船、小木船和水泥船承运。 (6)运输爆炸、剧毒和放射性物品,应指派专人押运,押运人员不得少于2人。 (7)运输危险物品的车辆,必须保持安全车速,保持车距,严禁超车、超速和强行会车。运输危险物品的行车路线,必须事先经当地公安交通部门批准,按指定的路线和时间运输,不可在繁华街道行驶和停留。 (8)运输易燃、易爆物品的机动车,其排气管应安装阻火器,并悬挂"危险品"标志。 (9)运输散装固体危险物品,应根据性质,采取防火、防爆、防水、防粉尘飞扬和遮阳等措施。 (10)禁止利用内河以及其他封闭水域运输剧毒化学品。通过公路运输剧毒化学品的,托运人应当向目的地的县级人民政府公安部门申请办理剧毒化学品公路运输通行证。办理剧毒化学品公路运输通行证时,托运人应当向公安部门提交有关危险化学品的品名、数量、运输始发地和目的地、运输路线、运输单位、驾驶人员、押运人员、经营单位和购买单位资质情况的材料。 (11)运输危险化学品需要添加抑制剂或者稳定剂的,托运人交付托运时应当添加抑制剂或者稳定剂,并告知承运人。 (12)危险化学品运输企业,应当对其驾驶员、船员、装卸管理人员、押运人员进行有关安全知识培训。驾驶员、装卸管理人员、押运人员必须掌握危险化学品运输的安全知识,并经所在地设区的市级人民政府交通部门考核合格,船员经海事管理机构考核合格,取得上岗资格证,方可上岗作业

案例分析

B双苯厂硝基苯精馏塔发生爆炸,造成6人死亡,56人受伤,直接经济损失6 540万元,并引发C江水污染事件。国务院事故及事件调查组认定,D石化分公司B双苯厂爆炸事故和C江水污染事件是一起特大生产安全责任事故和特别重大水污染责任事件。

(1)爆炸事故的直接原因:硝基苯精制岗位操作人员违反操作规程,在停止粗硝基苯进料后,未关闭预热器蒸汽阀门,导致预热器内物料汽化;恢复硝基苯精制单元生产时,再次违反操作规程,先打开了预热器蒸汽阀门加热,后启动粗硝基苯进料泵进料,引起进入预热器的物料突沸并发生剧烈振动,使预热器及管线的法兰松动、密封失效,空气吸入系统,由于摩擦、静电等原因,导致硝基苯精馏塔发生爆炸,并引发其他装置和设施连续爆炸。

(2)爆炸事故的主要原因:双苯厂对安全生产管理重视不够,对存在的安全隐患整改不力,安全生产管理制度存在漏洞,劳动组织管理存在缺陷。

(3)污染事件的直接原因是:双苯厂没有事故状态下防止受污染的"清净下水"流入C江的措施,爆炸事故发生后,未能及时采取有效措施,防止泄漏出来的部分物料和循环水及抢救事故现场消防水与残余物料的混合物流入C江。

(4)污染事件的主要原因:①D石化分公司及双苯厂对可能发生的事故会引发C江水污染问题没有进行深入研究,有关应急预案有重大缺失;②E市事故应急救援指挥部对水污染估计不足,重视不够,未提出防控措施和要求;③D石油天然气集团公司对环境保护工作重视不够,对D分公司环保工作中存在的问题失察,对水污染估计不足,未能及时督促采取措施;④E市环保局没有及时向事故应急救援指挥部建议采取措施;⑤F省环保局对水污染问题重视不够,没有按照有关规定全面、准确地报告水污染程度;⑥环保总局在事件初期对可能产生的严重后果重视不够,没有及时提出妥善的处置意见。

根据以上场景,回答下列问题(1~4题为单选题,5~8题为多选题):

1. 根据《危险化学品安全管理条例》的规定,危险化学品是指有毒害、腐蚀、(　　)、燃烧、助燃等性质,对人体、设施、环境具有危害的剧毒化学品和其他化学品。

A. 损害　　B. 污染

C. 爆炸　　D. 挥发

E. 传播

2. 根据《危险化学品安全管理条例》的规定,生产和储存危险化学品的企业,应当委托具备国家规定的资质条件的机构,对本企业的安全生产条件每(　　)进行一次安全评价,提出安全评价报告。

A. 半年　　B. 1年　　C. 2年　　D. 3年

E. 4年

3. 危险化学品单位应当制订本单位事故应急救援预案,配备应急救援人员和必要的应急救援器材和设备,并定期组织演练。危险化学品事故应急救援预案应当报(　　)备案。

A. 县级人民政府

B. 县级人民政府负责危险化学品安全监督管理综合工作的部门

C. 市级人民政府

D. 设区的市级人民政府负责危险化学品安全监督管理综合工作的部门

E. 省级人民政府

4. 该事故如果按照《生产安全事故报告和调查处理条例》(国务院令第 493 号)的规定，属于(　　)事故。

A. 特别　　B. 特大　　C. 重大　　D. 较大

E. 一般

5. 除运输工具加油站、加气站外，危险化学品的生产装置和储存数量构成重大危险源的储存设施，与下列(　　)场所、区域的距离必须符合国家标准或者国家有关规定。

A. 居民区、商业中心、公园等人口密集区域

B. 学校、医院、影剧院、体育场(馆)等公共设施

C. 供水水源、水厂及水源保护区

D. 河流、湖泊、风景名胜区和自然保护区

E. 牧场、养殖场、野生动物园

6. 根据我国《安全生产法》的规定，生产经营单位新建、改建、扩建工程项目的安全设施，必须与主体工程(　　)。

A. 同时设计　　B. 同时制造

C. 同时施工　　D. 同时通过检测检验

E. 同时投入生产和使用

7. 根据我国《安全生产法》的规定，(　　)应当建立应急救援组织；应当配备必要的应急救援器材、设备，并进行经常性维护、保养，保证正常运转。

A. 危险物品的生产、经营、储存单位　　B. 交通营运单位

C. 供电单位　　D. 矿山

E. 建筑施工单位

8. 根据我国《安全生产法》的规定，生产经营单位发生生产安全事故后，单位负责人应当(　　)，不得隐瞒不报、谎报或者拖延不报，不得故意破坏事故现场、毁灭有关证据。

A. 迅速采取有效措施，组织抢救，防止事故扩大

B. 按照国家有关规定，立即如实报告当地负有安全生产监督管理职责的部门

C. 不管付出多大代价，抢救伤员

D. 减少人员伤亡和财产损失

E. 先保护重要的物资设备，后救护遇难者

参考答案及解析

1. C　**【解析】**依据《危险化学品安全管理条例》的规定，危险化学品是指具有毒害、腐蚀、爆炸、燃烧、助燃等性质，对人体、设施、环境具有危害的剧毒化学品和其他化学品。

2. D　**【解析】**依据《危险化学品安全管理条例》的规定，生产、储存危险化学品的企业，应当委托具备国家规定的资质条件的机构，对本企业的安全生产条件每 3 年进行一次安全评价，提出安全评价报告。安全评价报告的内容应当包括对安全生产条件存在的问题进行

整改的方案。

3. D 【解析】危险化学品单位应当制定本单位危险化学品事故应急预案，配备应急救援人员和必要的应急救援器材、设备，并定期组织应急救援演练。危险化学品单位应当将其危险化学品事故应急预案报所在地设区的市级人民政府安全生产监督管理部门备案。

4. C 【解析】重大事故，是指造成10人以上30人以下死亡，或者50人以上100人以下重伤，或者5 000万元以上1亿元以下直接经济损失的事故。

5. ABCD 【解析】依据《危险化学品安全管理条例》规定，危险化学品生产装置或者储存数量构成重大危险源的危险化学品储存设施(运输工具加油站、加气站除外)，与下列场所、设施、区域的距离应当符合国家有关规定：(1)居住区以及商业中心、公园等人员密集场所；(2)学校、医院、影剧院、体育场(馆)等公共设施；(3)饮用水源、水厂以及水源保护区；(4)车站、码头(依法经许可从事危险化学品装卸作业的除外)、机场以及通信干线、通信枢纽、铁路线路、道路交通干线、水路交通干线、地铁风亭以及地铁站出入口；(5)基本农田保护区、基本草原、畜禽遗传资源保护区、畜禽规模化养殖场(养殖小区)、渔业水域以及种子、种畜禽、水产苗种生产基地；(6)河流、湖泊、风景名胜区、自然保护区；(7)军事禁区、军事管理区；(8)法律、行政法规规定的其他场所、设施、区域。

6. ACE 【解析】依据《安全生产法》规定，生产经营单位新建、改建、扩建工程项目的安全设施，必须与主体工程同时设计、同时施工、同时投入生产和使用。

7. ADE 【解析】依据《安全生产法》规定，危险物品的生产、经营、储存单位以及矿山、金属冶炼、城市轨道、交通运营、建筑施工单位应当建立应急救援组织；生产经营规模较小的，可以不建立应急救援组织，但应当指定兼职的应急救援人员。

8. ABD 【解析】依据《安全生产法》规定，生产经营单位发生生产安全事故后，事故现场有关人员应当立即报告本单位负责人。单位负责人接到事故报告后，应当迅速采取有效措施，组织抢救，防止事故扩大，减少人员伤亡和财产损失，并按照国家有关规定立即如实报告当地负有安全生产监督管理职责的部门，不得隐瞒不报、谎报或者拖延不报，不得故意破坏事故现场、毁灭有关证据。

第六章　化工过程控制和检测技术

知识框架

- 化工过程控制和检测技术
  - 化工自动化控制系统
    - 化工自动化控制系统的概念
    - 化工自动化控制系统的基本组成
    - 化工自动化控制系统的分类
  - 化工过程安全仪表系统(SIS)和紧急停车系统(ESD)
    - 安全仪表系统(SIS)
    - 紧急停车系统(ESD)
  - 石油化工可燃气体和有毒气体检测报警设计
    - 可燃气体和有毒气体检测报警设计概述
    - 可燃气体和有毒气体检测报警系统
  - 化工噪声、振动、粉尘、火灾、温度、气体等检测技术
    - 噪声检测技术
    - 振动检测技术
    - 粉尘检测技术
    - 火灾检测技术
    - 温度检测技术
    - 气体检测技术
  - 化工过程故障诊断技术和无损检测技术
    - 化工过程故障诊断技术
    - 化工过程无损检测技术

考点精讲

第一节　化工自动化控制系统

考点1　化工自动化控制系统的概念

项目	具体内容
化工自动化的概念	在化工等连续性生产设备上配备一些自动化装置代替操作人员的部分直接劳动,使生产在不同程度上自动地进行,称为“化工自动化”

续表

项目	具体内容
化工自动化控制系统的概念	生产过程中各种工艺条件不可能一成不变，特别是化工生产，大多数是连续生产，各设备相互关联，当其中某一设备工艺条件发生变化时，都可能引起其他设备中某些参数的波动，偏离正常工艺条件。因而需要配备一些自动控制装置，对生产中某些关键性参数进行自动控制，使它们在受到外界干扰的影响而偏离正常状态时，能自动地调回到规定的数值范围内，为此目的而设置的系统称之为“自动化控制系统”

考点2　化工自动化控制系统的基本组成

项目	具体内容
化工自动化控制系统的基本组成	1. 控制系统的基本组成 被控对象、检测仪表（测量变送环节）、控制器、执行器。 2. 常用术语 （1）被控对象。在自动化控制系统中，将需要实现控制其工艺参数的生产设备、机械（有时是生产设备或机器的一部分）称为被控对象，简称为对象。 （2）被控变量。对象内要求保持一定数值（或按某一规律变化）的物理量称为被控变量。 （3）控制变量（操纵变量）。受执行器控制，用以使被控变量保持一定数值的物料或能量称为控制变量或操纵变量。 （4）干扰（扰动）。除控制变量（操纵变量）以外，作用于对象并引起被控变量变化的一切因素称为干扰。 （5）设（给）定值是指工艺规定被控变量所要保持的数值。 （6）偏差本应是设定值与被控变量的实际值之差。但能获取的信息是被控变量的测量值而非实际值，因此，在控制系统中通常把设定值与测量值之差定义为偏差。 （7）反馈是控制系统的输出，即被控变量通过测量变送返回到控制系统的输入端，并与设定值比较的过程。 ①负反馈：反馈的结果使系统的输出减小的反馈类型。 ②正反馈：反馈的结果使系统的输出增加的反馈类型。 ③工业控制系统一般情况下都应为负反馈

考点3　化工自动化控制系统的分类

项目	具体内容
化工自动化控制系统的分类	1. 化工自动化控制系统的分类 （1）按控制系统的复杂程度可分为简单自动控制和复杂自动控制。 （2）按被控变量可分为温度、压力、流量、液位、成分、黏度、湿度以及 pH 等的控制系统。 （3）按系统的结构特点可分为反馈控制系统、前馈控制系统、前馈—反馈控制系统。 （4）按给定值信号的特点可分为定值控制系统、随动控制系统、程序控制系统

续表

项目	具体内容
化工自动化控制系统的分类	(5)按被控变量对操作变量的影响可分为闭环控制系统、开环控制系统。 2. 闭环系统和开环系统 (1)闭环系统的输出被反馈到输入端并与设定值进行比较的系统称为闭环系统,此时系统根据设定值与测量值的偏差进行控制,直至消除偏差。 (2)开环系统的输出没有被反馈回输入端,执行器仅根据输入信号进行控制的系统称为开环系统,此时系统的输出与设定值与测量值之间的偏差无关。 (3)要实现自动控制,系统必须闭环。闭环控制系统稳定运行的必要条件是负反馈

第二节　化工过程安全仪表系统(SIS)和紧急停车系统(ESD)

考点1　安全仪表系统(SIS)

项目	具体内容
安全仪表系统(SIS)的概述	化工安全仪表系统(SIS)是一种经专门机构认证,具有一定安全完整性等级,用于降低过程风险,使风险达到可接受水平(允许风险)的安全保护系统。 安全仪表系统(SIS)包括安全联锁系统、紧急停车系统和有毒有害、可燃气体及火灾检测保护系统等。涉及毒性气体、液化气体、剧毒液体的一级或者二级重大危险源,配备独立的SIS
安全仪表系统(SIS)的特点	(1)以IEC 61508作为基础标准,符合国际安全协会规定的仪表的安全标准规定。 (2)具有覆盖面广、安全性高、有自诊断功能,能够检测并预防潜在的危险。 (3)容错性的多重冗余系统,SIS一般采用多重冗余结构以提高系统的硬件故障裕度,单一故障不会导致SIS安全功能丧失。 (4)应用程序容易修改,可根据实际需要对软件进行修改。 (5)自诊断覆盖率大,工人维修时需要检查的点数比较少。 (6)响应速度快,从输入变化到输出变化的响应时间一般在10—50 ms左右,一些小型SIS的响应时间更短
安全仪表系统(SIS)的组成	安全仪表系统包括传感器、逻辑运算器和最终执行元件,即检测单元、控制单元和执行单元。SIS系统可以监测生产过程中出现的或者潜伏的危险,发出警告信息或直接执行预定程序,立即进入操作,防止事故的发生、降低事故带来的危害及其影响
安全仪表系统(SIS)的基本功能和要求	1. 安全仪表系统的基本功能和要求 (1)保证生产的正常运转、事故安全联锁(控制系统CPU扫描时间一定要达到毫秒等级)。 (2)安全联锁报警(对于一般的工艺操作参数都会有设定的报警值和联锁值)

续表

项目	具体内容
安全仪表系统(SIS)的基本功能和要求	(3)联锁动作和投运显示。 2. 安全联锁系统的附加功能 (1)安全联锁的预报警功能。 (2)安全联锁延时。 (3)第一事故原因区别。 (4)安全联锁系统的投入和切换。 (5)分级安全联锁。 (6)手动紧急停车。 (7)安全联锁复位
安全仪表系统(SIS)设置的原则要求	(1)信号报警、联锁点的设置,动作设定值及调整范围必须符合生产工艺的要求。 (2)在满足安全生产的前提下,应当尽量选择线路简单、元器件数量少的方案。 (3)信号报警、安全联锁设备应当安装在振动小、灰尘少、无腐蚀气体、无电磁干扰的场所。 (4)信号报警、安全联锁系统可采用有触点的继电器线路,也可采用无触点式晶体管电路、DCS、PLC 来构造信号报警、安全联锁系统。 (5)信号报警、安全联锁系统中安装在现场的检出装置和执行器应当符合所在场所的防爆、防火要求。 (6)信号报警系统供电要求与一般仪表供电等级相同
安全仪表系统(SIS)的分级	IEC 61508 将过程安全所需要的安全度等级划分为 4 级(SIL1—SIL4)。 ISA S84.01 根据系统不响应安全联锁要求的概率将安全度等级划分为 3 级(SIL1—SIL3)。 鉴于我国目前的实际情况,一般通过对所有事件发生的可能性与后果的严重程度及其他安全措施的有效性进行定性的评估,从而确定适当的安全度等级,SIL 等级越高,安全仪表系统实现安全功能越强。 (1)1 级用于事故很少发生。如发生事故,对装置和产品有轻微的影响,不会立即造成环境污染和人员伤亡,经济损失不大。 (2)2 级用于事故偶尔发生。如发生事故,对装置和产品有较大影响,并有可能造成环境污染和人员伤亡,经济损失较大。 (3)3 级用于事故经常发生。如发生事故,对装置和产品将造成严重的影响,并造成严重的环境污染和人员伤亡,经济损失严重
安全仪表系统(SIS)的逻辑动作	安全仪表逻辑动作,如停车执行后,不应自动重启,应先复位,复位方式有如下三种: 1. 自动逻辑复位 非主流程上的单元级停车,如容器液位低停车,在液位恢复后,可自动逻辑复位。 2. 手动逻辑复位 除自动逻辑复位外,必须先在 HMI 和(或)硬手操盘上手动复位,安全逻辑才能重启

续表

项目	具体内容
安全仪表系统(SIS)的逻辑动作	3. 就地手动复位 紧急泄放阀、重要流程上的切断阀、转动设备、现场锁定手动按钮(如 ESD 按钮)应就地手动复位
安全仪表系统(SIS)的内部通信网络	安全仪表系统的内部通信网络是指以下两类: (1)SIS 控制器和 I/O 模板之间的通信网络。 (2)SIS 控制器与 SIS 控制器间的通信网络

考点 2　紧急停车系统(ESD)

项目	具体内容
紧急停车系统(ESD)的概念和构成	1. 概念 紧急停车系统(ESD)是一种经专门机构认证、具有一定安全等级,用于降低生产过程风险的安全保护系统。它不仅能够响应生产过程因超出安全极限而带来的危险,而且能检测和处理自身的故障,从而按预定的条件或程序,使生产过程处于安全状态,以确保人员、设备及工厂周边环境的安全。 2. 构成 随着计算机技术、控制技术、通信技术的发展,ESD 控制系统的设备配置也不断更新换代,由简单到复杂,由低级到高级。但不管怎么变化,其基本组成大致可分为三部分:检测单元、逻辑运算单元、最终执行单元。 (1)检测单元采用多台仪表或系统,将控制功能与安全联锁功能隔离,即检测单元分开独立配置的原则,做到 ESD 仪表系统与过程控制系统的实体分离。 (2)执行单元是 ESD 仪表系统中危险性最高的设备。由于 ESD 仪表系统在正常工况时是静态的,如果 ESD 控制系统输出不变,则执行单元一直保持在原有的状态,很难确认执行单元是否有危险故障,所以执行单元仪表的安全度等级的选择十分重要。 (3)逻辑运算单元包括输入模块、控制模块、诊断回路、输出模块四部分,依据逻辑运算单元自动进行周期性故障诊断,基于自诊断测试的 ESD 仪表系统,系统具有特殊的硬件设计,借助于安全性诊断测试技术保证安全性
紧急停车系统(ESD)的配置方案	1. ESD 设计应遵循的原则 (1)原则上应独立设置(含检测和执行单元)。 (2)中间环节最少。 (3)应为故障安全型。 (4)采用冗余容错结构。 2. ESD 的故障安全原则 故障安全原则是指当外部或内部原因使 ESD 控制系统失效时,被保护的对象应按预定的顺序安全停车,自动转入安全状态。具体内容如下: (1)现场开关仪表选用常闭触点,工艺生产正常时,触点闭合,达到报警或联锁极限时

续表

<table>
<tr><th>项目</th><th colspan="2">具体内容</th></tr>
<tr><td>紧急停车系统(ESD)的配置方案</td><td colspan="2">触点断开,触发联锁或报警动作。为了提高安全性可以采用“二选一”“二选二”“三选二”配置。
(2)电磁阀采用正常励磁,报警或联锁没有动作时,电磁阀线圈带电,触点闭合;报警或联锁动作时,电磁阀线圈失电,触点断开。
(3)送往电气配电室的开关触点应用中间继电器隔离,其励磁电路应为故障安全型。
(4)所谓控制装置的故障安全是指当其自身出现故障而不是工艺或设备超过极限指标时,控制装置应该联锁动作同时按照预定的顺序安全停车,从而确保设备和人身的安全</td></tr>
<tr><td>ESD 的冗余和容错</td><td colspan="2">(1)冗余是指为实现同一功能,使多个相同的功能的模块或部件并联。它可以自动地检测故障,切换到后备设备上。
(2)容错是指功能模块在出现故障或错误时,可以继续执行特定功能的能力。进一步讲是指对失效的控制系统元件进行识别和补偿,并能够在继续完成指定的任务、不中断过程控制的情况下进行修复的能力。容错是通过冗余和故障屏蔽(旁路)的结合来实现的。
(3)容错系统一定是冗余系统,冗余系统不一定是容错系统,容错系统的冗余形式有多种</td></tr>
<tr><td rowspan="2">ESD 控制系统和 DCS 控制系统的区别</td><td colspan="2">ESD 与 DCS 系统在石油、石化生产过程中分别起着不同的作用。在过程控制系统中,要设置一套安全仪表系统,对过程进行监测和保护,把发生恶性事故的可能性降到最低,最大限度地保护生产装置和人身安全,避免恶性事故的发生,构成了生产装置最稳固、最关键的最后一道防线。因此,控制系统与安全仪表系统在生产过程中所起的作用是截然不同的</td></tr>
<tr><td>(1)ESD 用于监视生产装置的运行状况,对出现异常工况迅速进行处理,使故障发生的可能性降到最低,使人和装置处于安全状态。
(2)ESD 是静态系统,在正常工况下,它始终监视装置的运行,系统输出不变,对生产过程不产生影响,在异常工况下,它将按着预先设计的策略进行逻辑运算,使生产装置安全停车。
(3)ESD 必须测试潜在故障。
(4)ESD 维修时间非常关键,否则会造成装置全线停车。
(5)ESD 永远不允许离线运行,否则生产装置将失去安全保护屏障。
(6)ESD 与 DCS 相比,在可靠性、可用性上要求更严格,原则上二者硬件独立设置</td><td>(1)DCS 用于过程连续测量、常规控制、操作控制管理,保证生产装置平稳运行。
(2)DCS 是“动态”系统,它始终对过程变量连续进行检测、运算和控制,对生产过程动态控制,确保产品质量和产量。
(3)DCS 可进行故障自动显示。
(4)DCS 对维修时间的长短要求不算苛刻。
(5)DCS 可进行自动/手动切换。
(6)DCS 系统只做一般联锁、泵的开停、顺序等控制,安全级别没有 ESD 高</td></tr>
</table>

第三节　石油化工可燃气体和有毒气体检测报警设计

考点1　可燃气体和有毒气体检测报警设计概述

项目	具体内容
可燃气体和有毒气体检测报警设计相关概念	可燃气体是指甲类可燃气体或甲、乙A类可燃液体汽化后形成的可燃气体。 有毒气体是指有毒蒸气。常见的有二氧化氮、硫化氢、苯、氰化氢、氨、氯气、一氧化碳、丙烯腈、氯乙烯、光气(碳酰氯)等。 指示报警设备是指接收检(探)测器的输出信号,发出指示、报警、控制信号的电子设备。 响应时间是指在试验条件下,从检(探)测器接触被测气体至达到稳定指示值的时间。通常,达到稳定指示值90%的时间作为响应时间;恢复到稳定指示值10%的时间作为恢复时间。 爆炸下限是指可燃气体爆炸下限浓度(V%)值;爆炸上限是指可燃气体爆炸上限浓度(V%)值。 最高容许浓度是指工作地点在一个工作日内、任何时间均不应超过的有毒化学物质的浓度
可燃气体和有毒气体检测报警设计的一般规定	(1)在生产或使用可燃气体及有毒气体的工艺装置和储运设施的区域内,对可能发生可燃气体和(或)有毒气体的泄漏进行检测时,应按相关规定设置可燃气体检(探)测器和有毒气体检(探)测器。 (2)可燃气体和有毒气体的检测系统应采用两级报警。同一检测区域内的有毒气体、可燃气体检(探)测器同时报警时,应遵循下列原则:同一级别的报警中,有毒气体的报警优先;二级报警优先于一级报警。 (3)工艺有特殊需要或在正常运行时人员不得进入的危险场所,宜对可燃气体和(或)有毒气体释放源进行连续检测、指示、报警,并对报警进行记录或打印。 (4)报警信号应发送至现场报警器和有人值守的控制室或现场操作室的指示报警设备,并且进行声光报警。 (5)装置区域内现场报警器的布置应根据装置占地的面积、设备及建(构)筑物的布置、释放源的理化性质和现场空气流动特点等综合确定。现场报警器可选用音响器或报警灯。 (6)可燃气体检(探)测器应采取经国家指定机构或其授权检验单位的计量器具制造认证、防爆性能认证和消防认证的产品。 (7)国家法规有要求的有毒气体检(探)测器应采取经得国家指定机构或其授权检验单位的计量器具制造认证的产品。其中,防爆型有毒气体检(探)测器还应采用经国家指定机构或其授权检验单位的防爆性能认证的产品。目前,《强制检定的工作计量器具目录》中所列的必须经国家计量器具制造认证的有毒气体检测器只有二氧化硫、硫化

续表

项目	具体内容
可燃气体和有毒气体检测报警设计的一般规定	氢、一氧化碳等几种产品。对于国家法规要求进行检测的有毒气体而言,并非所有的有毒气体检测器都须经国家指定机构及授权检验单位的计量器具制造认证。 (8)可燃气体或有毒气体场所的检(探)测器,应采用固定式。 (9)可燃气体、有毒气体检测报警系统宜独立于其他系统单独设置。 (10)便携式可燃气体或有毒气体检测报警器的配备,应根据生产装置的场地条件、工艺介质的易燃易爆特性及毒性和操作人员的数量等综合确定。 (11)工艺装置和储运设施现场固定安装的可燃气体及有毒气体检测报警系统,宜采用不间断电源(UPS)供电。加油站、加气站、分散或独立的有毒及易燃易爆品的经营设施,其可燃气体及有毒气体检测报警系统可采用普通电源供电。 (12)常见易燃气体、蒸汽特性以及常见有毒气体、蒸汽特性应按《石油化工可燃气体和有毒气体检测报警设计标准》的要求采用

考点2 可燃气体和有毒气体检测报警系统

项目	具体内容
系统的技术性能	检(探)测器的输出信号宜选用数字信号、触点信号、毫安信号或毫伏信号。报警系统应具有历史事件记录功能
检(探)测器的选用	可燃气体及有毒气体检(探)测器的选用,应根据检(探)测器的技术性能、被测气体的理化性质和生产环境特点确定。 检(探)测器防爆类型和级别,应按现行国家标准《爆炸危险环境电力装置设计规范》的有关规定选用,并应符合使用场所爆炸危险区域以及被检测气体性质的要求。 常用检(探)测器的采样方式,应根据使用场所确定。可燃气体和有毒气体的检测宜采用扩散式检(探)测器;受安装条件和环境条件的限制,无法使用扩散式检(探)测器的场所,宜采用吸入式检(探)测器
指示报警设备的选用	1. 指示报警设备应具有的基本功能 (1)能为可燃气体或有毒气体检(探)测器及所连接的其他部件供电。 (2)能直接或间接地接收可燃气体和(或)有毒气体检(探)测器及其他报警触发部件的报警信号,发出声光报警信号,并予以保持。声光报警信号应能手动消除,再次有报警信号输入时仍能发出报警。 (3)可燃气体的测量范围为0~100% LEL。 (4)有毒气体的测量范围为0~300% OEL,当现有检(探)测器的测量范围不能满足上述要求时,有毒气体的可测量范围可为0~30% IDLH,环境氧气的测量范围可为0~20% VOL。 (5)指示报警设备(报警控制器)应具有开关量输出功能。 (6)多点式指示报警设备应具有相对独立、互不影响的报警功能,并能区分和识别报警场所位号

续表

项目	具体内容
指示报警设备的选用	(7)指示报警设备发出报警后,即使安装场所被测气体浓度发生变化恢复到正常水平,仍应持续报警,只有经确认并采取措施后,才能停止报警。 (8)在下列情况下,指示报警设备应能发出与可燃气体或有毒气体浓度报警信号有明显区别的声、光故障报警信号:指示报警设备与检(探)测器之间连线断路;检(探)测器内部元件失效;指示报警设备主电源欠压;指示报警设备与电源之间连接线路的短路与断路。 (9)指示报警设备应具有以下记录功能:能记录可燃气体和有毒气体报警时间,且日计时误差不超过 30 s;能显示当前报警点总数;能区分最先报警点。 2. 根据工厂(装置)的规模和特点,指示报警设备的设置方式 (1)可燃气体和有毒气体检测报警系统与火灾检测报警系统合并设置。 (2)指示报警设备采用独立的工业程序控制器、可编程控制器等。 (3)指示报警设备采用常规的模拟仪表。 (4)当可燃气体和有毒气体检测报警系统与生产过程控制系统合并设计时,输入/输出卡件应独立设置。 3. 报警设定值应符合的规定 (1)可燃气体的一级报警设定值应小于或等于 25% LEL。 (2)可燃气体的二级报警设定值应小于或等于 50% LEL。 (3)有毒气体的一级报警设定值应小于或等于 100% OEL,有毒气体的二级报警设定值应小于或等于 200% OEL。当现有检(探)测器的测量范围不能满足测量要求时,有毒气体的一级报警设定值不得超过 5% IDLH;有毒气体的二级报警设定值不得超过 10% IDLH
检(探)测器和现场报警器的安装	1. 检(探)测器的安装 (1)检测比重大于空气的可燃气体检(探)测器,其安装高度应距地坪(或楼地板)0.3 ~0.6 m。检测比重大于空气的有毒气体的检(探)测器,应靠近泄漏点,其安装高度应距地坪(或楼地板)0.3 ~0.6 m。 (2)检测比重小于空气的可燃气体或有毒气体的检(探)测器,其安装高度应高出释放源 0.5 ~2 m。 (3)检(探)测器应安装在无冲击、无振动、无强电磁场干扰、易于检修的场所,安装探头的地点与周边管线或设备之间应留有不小于 0.5 m 的净空和出入通道。 (4)检(探)测器的安装与接线技术要求应符合制造厂的规定,并应符合《爆炸危险环境电力装置设计规范》的规定。 2. 指示报警设备和现场报警器的安装 (1)指示报警设备应安装在有人值守的控制室、现场操作室等内部。 (2)现场报警器应就近安装在检(探)测器所在的区域。 (3)现场报警器应安装在无振动、无强电磁场干扰、易于检修的场所,工作人员容易察觉的位置,安装高度应高于现场区域或楼地板 2.2m

第四节 化工噪声、振动、粉尘、火灾、温度、气体等检测技术

考点1 噪声检测技术

项目	具体内容
噪声的概述	1. 概念 凡是使人烦躁不安的声音都属于噪声,噪声能够对人体造成不同程度的危害,应加以控制和消除,以减轻对人体的危害作用。 2. 噪声的主要来源 (1)交通噪声:主要指机动车辆、飞机、火车和轮船等交通工具在运行时发出的噪声。这些噪声的噪声源是流动的,干扰范围大。 (2)工业噪声:主要指工业生产劳动中产生的噪声。主要来自机器和高速运转设备。 (3)建筑施工噪声:主要指建筑施工现场产生的噪声。在施工中要大量使用各种动力机械,要进行挖掘、打洞、搅拌,要频繁地运输材料和构件,从而产生大量噪声。 (4)社会生活噪声:主要指人们在商业交易、体育比赛、游行集会、娱乐场所等各种社会活动中产生的喧闹声,以及收录机、电视机、洗衣机等各种家电的嘈杂声,这类噪声一般在80分贝以下。 3. 噪声对人的危害 (1)影响休息和工作。人们休息时,要求环境噪声小于45 dB,若大于63.8 dB,就很难入睡。噪声分散人的注意力,容易疲劳,反应迟钝,影响工作效率,还会使工作出差错。 (2)对听觉器官的损伤。人听觉器官的适应性是有一定限度的,长期在强噪声下工作,会引起听觉疲劳,听力下降。若长年累月在强噪声的反复作用下,耳器官会发生器质性病变,出现噪声性耳聋。 (3)引起心血管系统病症。噪声可以使交感神经紧张,表现为心跳加快,心律不齐,血压波动。 (4)对神经系统的影响。噪声引起神经衰弱症候群,如头痛、头晕、失眠、多梦、记忆力减退等。神经衰弱的阳性检出率随噪声强度的增高而增加。 此外噪声还能引起胃功能紊乱,视力降低。当噪声超过生产控制系统报警信号的声音时,淹没了报警音响信号,容易导致事故
工业噪声的分类	1. 按声源产生的方式分类 (1)空气动力性噪声,由气体振动产生。当气体中存在涡流,或发生压力突变时引起的气体扰动。如通风机、鼓风机、空压机、高压气体放空时所产生的噪声。 (2)机械性噪声,由机械撞击、摩擦、转动而产生。如破碎机、球磨机、电锯、机床等发出的噪声。 (3)电磁性噪声,由于磁场脉动、电源频率脉动引起电器部件振动而产生。如发电机、变压器、继电器产生的噪声

续表

项目	具体内容
工业噪声的分类	2. 按噪声性质分类 (1)稳态噪声。在观察时间内,采用声级计"慢档"动态特性测量时,声级波动<3 dB(A)的噪声。 (2)非稳态噪声。在观察时间内,采用声级计"慢档"动态特性测量时,声级波动≥3 dB(A)的噪声。 (3)脉冲噪声。噪声突然爆发又很快消失,持续时间≤0.5 s,间隔时间>1 s,声压有效值变化≥40 dB(A)的噪声
噪声检测技术	常用的噪声测量仪器有声级计,声级频谱仪,记录仪,实时分析仪等。下面主要介绍声级计的相关知识。 1. 声级计的概念 声级计是最基本的噪声测量仪器,它是一种电子仪器,但又不同于电压表等客观电子仪表。在把声信号转换成电信号时,可以模拟人耳对声波反应速度的时间特性;对高低频有不同灵敏度的频率特性以及不同响度时改变频率特性的强度特性。 2. 声级计的使用 (1)声级计使用环境的选择:选择有代表性的测试地点,声级计要离开地面,离开墙壁,以减少地面和墙壁的反射声的附加影响。 (2)天气条件要求在无雨无雪的时间,声级计应保持传声器膜片清洁,风力在三级以上必须加风罩(以避免风噪声干扰),五级以上大风应停止测量。 3. 声级计的保养 (1)保持仪器的外部清洁。 (2)传声器不用时应干燥保存。 (3)传声器膜片应保持清洁,不得用手触摸。 (4)仪器长期不用时,应每月通电 2 h,梅雨季节应每周通电 2 h。 (5)仪器使用完毕时应及时将电池取出。 (6)定期送计量部门检定

考点 2　振动检测技术

项目	具体内容
振动的概述	1. 振动的概念 振动是指物体状态改变的过程,即物体的往复运动。 2. 振动的分类 振动分为两大类,即确定性振动和随机振动(非确定性振动)。确定性振动能用确定的数学关系式来描述,对于指定的某一时刻,可以确定一相应的函数值。随机振动具有随机特点,每次观测的结果都不相同,无法用精确的数学关系式来描述,不能预测未来任何瞬间的精确值,而只能用概率统计的方法来描述振动的规律

续表

项目	具体内容
振动测量	1. 振动分析的基本原理 所有机器都振动;振动随机器状态的变化而变化;人能听到的仅是整个图像的一部分;振动分析可帮助检测各种故障状态。 2. 振动测量分析系统的组成 振动测量分析系统由四部分组成:传感器、测量仪器、记录仪器、分析仪器。 3. 振动测量的方法 按照信号转化方式的不同,可分为机械法、光学法和电测法。 (1)机械法。原理:利用杠杆传动或惯性原理进行振动测量。优、缺点:使用简单,抗干扰能力强,频率范围和动态线性范围窄,测试时会给工件加上一定的负荷,影响测试结果。机械法主要用于低频大振幅振动及扭振的测量。 (2)光学法。原理:利用光杠杆原理、读数显微镜、光波干涉原理、激光多普勒效应等进行测量。优、缺点:不受电磁声干扰,测量精确度高。光学法适用于对质量小及不易安装传感器的试件做非接触测量,在精密测量和传感、测振仪标定中用得多。 (3)电测法。原理:将被测试件的振动量转换成电量,然后用电量测试仪器进行测量。优、缺点:灵敏度高,频率范围及线性范围宽,便于分析和遥测,但易受电磁声干扰。电测法也是目前广泛采用的方法

考点3　粉尘检测技术

项目	具体内容
粉尘检测技术	1. 粉尘的概念 粉尘是指悬浮于作业场所空气中的固体微粒。 2. 粉尘监测的目的 (1)了解工人实际日接触粉尘的总量及特性。 (2)评价工作场所生产性粉尘的危害程度。 (3)工程控制及个体防护。 (4)执法检查。 3. 粉尘浓度的测定方法 总粉尘浓度测定方法、呼吸性粉尘浓度测定方法、个体粉尘采样测定方法、石棉纤维计数浓度测定方法等

考点4　火灾检测技术

项目	具体内容
火灾检测技术	火灾自动报警系统中,对现场进行探查,发现火灾的设备是火灾探测器。火灾探测器属于火灾报警系统的重要组件,其作用是将火灾信息转换为电信号,向火灾报警控制器传输。 火灾探测器其类型分为感烟探测器、感温探测器和感光探测器

考点5 温度检测技术

项目	具体内容
温度检测技术	测温仪表按测量方式分为接触式与非接触式。常用的接触式测温仪表有:玻璃液体温度计、双金属温度计、压力式温度计、电阻温度计、热电偶温度计。热电偶温度计是以热电效应为基础的测温仪表。热电偶温度计由热电偶、测量仪表、连接热电偶和测量仪表的导线三部分组成。 接触式测温是通过测温元件与被测物体的接触而感知物体的温度。非接触式测温是通过接受被测物体发出的热辐射来感知温度

考点6 气体检测技术

项目	具体内容
气体检测技术	爆炸性气体环境应根据爆炸性气体混合物出现的频繁程度和持续时间,按下列规定进行分区: (1)0 区应为连续出现或长期出现爆炸性气体混合物的环境。 (2)1 区应为在正常运行时可能出现爆炸性气体混合物的环境。 (3)2 区应为在正常运行时不可能出现爆炸性气体混合物的环境,或即使出现也仅是短时存在的爆炸性气体混合物的环境。 气体检测传感器包括:催化燃烧传感器、电化学传感器、半导体传感器、离子化检测器、固态传感器。 有毒气体检测报警装置用于检测和(或)报警工作场所空气中有毒气体的装置和仪器,由探测器和报警控制器组成,具有有毒气体自动检测与报警功能,常用的有固定式、移动式和便携式检测报警仪。 气体报警仪应由检测器和报警器两部分组成;气体检测报警仪应由检测器、指示器和报警器三部分组成

第五节 化工过程故障诊断技术和无损检测技术

考点1 化工过程故障诊断技术

项目	具体内容
故障诊断技术的概述	故障诊断技术就是在设备运行中或基本不拆卸设备的情况下,掌握设备的运行状况。根据对被诊断对象测试所取得的有用信息进行分析处理,判断被诊断对象的状态是否处于异常状态或故障状态,判断劣化状态发生的部位或零部件,并判定产生故障的原因,以及预测状态劣化的发展趋势等。其目的是提高设备效率和运行可靠性,防患于未然,避免故障的发生

续表

项目	具体内容
故障诊断技术的构成环节	从故障诊断的流程看，通常诊断系统由数据采集、信号处理、故障检测和诊断决策四大部分构成。其中，数据采集是基础，信号处理是关键，故障检测（包括判断和预报）是核心，诊断决策是最终目标。前3个环节是基本环节
常见的故障诊断方法	1. 振动信号监测技术 对设备的振动信号测试和分析，能获得机体、转子或其他零部件的振动幅值、频率和相位3个基本要素，经过对信号的分析、处理与识别，可了解到设备的振动特点、结构强弱、振动来源、故障部位和故障原因，为诊断决策提供依据。故利用振动信号诊断故障的技术较为普遍。 2. 声信号监测诊断技术 声信号监测诊断技术包括：噪声诊断、超声波诊断和声发射诊断技术。其中噪声的分析与诊断通常有两个目的：一是寻找机器发出噪声的主要声源，以便采取相应措施降低噪声；二是利用噪声信号判别故障。从噪声信号中提取特征信号，可以检测出故障的原因和发生故障的部位。利用声波信号进行监测与诊断故障的方法有：声音监听法、频谱分析法及声强法。 3. 温度信号监测诊断技术 温度参数在许多工业部门生产中很重要，因为不恰当的温度变化往往意味着热故障的发生。从被测设备的某一部分的温度异常变化可以判断设备是否存在故障。温度信号的测量技术主要有物体温度的直接测量和热红外线分析技术。 4. 润滑油分析诊断技术 大部分机械设备运动部件的摩擦表面须加入润滑油来润滑，当润滑油流经摩擦表面后会产生一系列物理化学性能变化，于是携带了设备运转状态的内在信息。润滑油分析诊断技术即监测润滑系统中的某些物化特性，从中获取设备内部的故障信息。主要有：油品的理化性能分析技术、油样所含磨损金属颗粒的铁谱分析技术以及润滑油的光谱分析技术。 5. 无损检测诊断技术 无损检测诊断技术是一门新兴的综合性应用学科。它是在不损伤被检测对象的条件下，利用材料内部结构异常或缺陷存在所引起的对热、声、光、电、磁等反应的变化，来探测各种工程材料、零部件、结构件等内部和表面缺陷，并对缺陷的类型、性质、数量、形状、位置、尺寸、分布及其变化作出判断和评价。无损检测诊断的目的在于定量掌握缺陷与强度的关系，评价构件的允许负荷、寿命或剩余寿命；检测设备（构件）在制造和使用过程中产生的结构不完整性及缺陷情况，以便改进制造工艺，提高产品质量，及时发现故障，保证设备安全、高效可靠地运行

考点2 化工过程无损检测技术

项目	具体内容
无损检测技术的概念	无损检测就是利用声、光、磁和电等特性，在不损害或不影响被检对象使用性能的前提下，检测被检对象中是否存在缺陷或不均匀性，给出缺陷的大小、位置、性质和数量等信息，进而判定被检对象所处技术状态(如合格与否、剩余寿命等)的所有技术手段的总称
无损检测技术的特点	无损检测技术的特点： (1)非破坏性。 (2)全面性。 (3)全程性。 (4)可靠性
无损检测技术的作用	(1)改进生产工艺。采用无损检测方法对制造用原材料直至最终的产品进行全程检测，可以发现某些工艺环节的不足之处，为改进工艺提供指导。 (2)提高产品质量。无损检测可对制造产品的原材料、各中间工艺环节直至最终的产品实行全过程检测，为保证最终产品年质量奠定了基础。 (3)降低生产成本。在产品的制造设计阶段，通过无损检测，将存有缺陷的工件及时清理出去，可免除后续无效的加工环节，减小原材料和能源的消耗，节约工时，降低生产成本。 (4)保证设备的安全运行。由于破坏性检测只能是抽样检测，不可能进行100%的全面检测，所得的检测结论只反映同类被检对象的平均质量水平
无损检测技术的分类及应用	常见的无损检测技术有：超声检测、射线检测、磁粉检测、渗透检测、涡流检测、声发射检测、红外检测、激光全息检测。 1. 超声检测 (1)超声检测的基本原理：利用超声波在界面(声阻抗不同的两种介质的结合面)处的反射和折射以及超声波在介质中传播过程中的衰减，由发射探头向被检件发射超声波，由接收探头接收从界面(缺陷或本底)处反射回来超声波(反射法)或透过被检件后的透射波(透射法)，以此检测备件部件是否存在缺陷，并对缺陷进行定位、定性与定量。 (2)超声检测主要应用于对金属板材、管材和棒材，铸件、锻件和焊缝以及桥梁、房屋建筑等混凝土构建的检测。 2. 射线检测 (1)射线检测的基本原理：利用射线(X射线、Y射线和中子射线)在介质中传播时的衰减特性，当将强度均匀的射线从被检件的一面注入其中时，由于缺陷与被检件基体材料对射线的衰减特性不同，透过被检件后的射线强度将会不均匀，用胶片照相、荧光屏直接观测等方法在其对面检测透过被检件后的射线强度，即可判断被检件表面或内部是否存在缺陷(异质点)。 (2)射线检测主要用于机械兵器、造船、电子、航空航天、石油化工等领域中的铸件、焊

续表

项目	具体内容
无损检测技术的分类及应用	缝等的检测。 3. 磁粉检测 (1)磁粉检测的基本原理:由于缺陷与基体材料的磁特性(磁阻)不同,穿过基体的磁力线在缺陷处将产生弯曲并可能逸出基体表面,形成漏磁场。若缺陷漏磁场的强度足以吸附磁性颗粒,则将在缺陷对应处形成尺寸比缺陷本身更大、对比度也更高的磁痕,从而指示缺陷的存在。 (2)磁粉检测主要应用于金属铸件、锻件和焊缝的检测。 4. 渗透检测 (1)渗透检测的基本原理:利用毛细管现象和渗透液对缺陷内壁的浸润作用,使渗透液进入缺陷中,将多余的渗透液除去后,残留缺陷内的渗透液能吸附显像剂从而形成对比度更高、尺寸放大的缺陷显像,有利于人眼的观测。 (2)渗透检测主要应用于有色金属和黑色金属材料的铸件、锻件、焊接件、粉末冶金件以及陶瓷、塑料和玻璃制品的检测。 5. 涡流检测 (1)涡流检测的基本原理:将交变磁场靠近导体(被检件)时,由于电磁感应在导体中将感生出密闭的环状电流,即涡流。该涡流受激励磁场(电流强度、频率)、导体的电导率和磁导率、缺陷(性质、大小、位置等)等许多因素的影响,并反作用于原激发磁场,使其抗阻等特性参数发生改变,从而指示缺陷的存在与否。 (2)涡流检测主要应用于导电管材、棒材、线材的探伤和材料分选。 6. 声发射检测 (1)声发射检测的基本原理:利用材料内部因局部能量的快速释放(缺陷扩展、应力松弛、摩擦、泄漏、磁畴壁运动等)而产生的弹性波,用声发射传感器级二次仪表取该弹性波,从而对试样的结构完整性进行检测。 (2)声发射检测主要应用于锅炉、压力容器、焊缝等试件中的裂纹检测;隧道、涵洞、桥梁、大坝、边坡、房屋建筑等的在役检(监)测。 7. 红外检测 (1)红外检测的基本原理:用红外点温仪、红外热像仪等设备,测取目标物体表面的红外辐射能,并将其转变为直观形象的温度场,通过观察该温度场的均匀与否,来推断目标物体表面或内部是否有缺陷。 (2)红外检测主要应用于电力设备、石化设备、机械加工过程检测、火灾检测、农作物优种、材料与构件中的缺陷无损检测。 8. 激光全息检测 (1)激光全息检测的基本原理:利用激光全息照相来检验物体表面和内部的缺陷。它是将物体表面和内部的缺陷,通过外部加载的方法,使其在相应的物体表面造成局部变形,用激光全息照相来观察和比较这种变形,然后判断出物体内部的缺陷。 (2)激光全息检测主要应用于航空、航天以及军事等领域,对一些常规方法难以检测

续表

项目	具体内容
无损检测技术的分类及应用	的零部件进行检测。此外,在石油化工、铁路、机械制造、电力电子等领域也获得了越来越广泛的应用

案例分析

A供气公司位于N省B市C县工业园区内,有员工225人,法定代表人为甲。甲认为,公司员工不足300人,没有必要设置安全生产管理部门,也没有必要配备专职安全生产管理人。公司技术人员乙于2010年通过了全国注册安全工程师执业资格考试,但未注册。乙被甲任命为公司兼职安全生产管理人员。

A供气公司生产的煤气主要供市民及周边企业使用。该公司3#、4#焦炉煤气工程(简称焦炉煤气工程)于2009年8月取得C县规划局《关于A供气公司3#、4#焦炉煤气工程的选址意见》的批复,2010年12月取得B市发展和改革委员会《关于A供气公司3#、4#焦炉煤气工程的批复意见》。

焦炉煤气工程的主要设备设施包括:60万t/年焦炉2座,备煤、煤气净化、化产回收装置,50 000 m^3稀油密封干式煤气柜(简称气柜)1座。

气柜内部设有可上下移动的活塞,活塞下部空间储存煤气,上部空间有与大气相连的通气孔。正常生产状况下,活塞在气柜内做上升、下降往复运动,起储存焦炉煤气和稳定煤气管网压力的作用。

气柜于2011年5月开工建设,气柜施工没有聘用工程监理。在气柜建设期间,未经具有相关资质的设计单位设计,在气柜顶部安装了非防爆的照明射灯、摄像探头等用电设备,2012年7月完工。施工完成后,没有依据相关标准和规范进行项目验收,施工的相关档案资料不全。2012年9月投入试运行后,A供气公司未对焦炉煤气工程进行安全验收评价,也未向相关安全生产监督管理部门申请安全验收,一直处于试生产阶段。

至2013年9月25日,气柜试运行正常。2013年9月26日9时20分,气柜内活塞密封油液位下降,气柜活塞密封系统失效,煤气由活塞下部空间泄漏到活塞上部空间,气柜顶部气体检测报警仪频繁报警。乙多次将上述情况向甲报告,但未引起重视,气柜一直带病运行。

2013年9月28日17时56分,气柜突然发生爆炸,造成气柜本体损毁报废,周边约150 m范围内砖墙倒塌,约1 000 m范围内建筑物门窗部分损坏。爆炸导致气柜北侧粗苯工段的洗苯塔、脱苯塔以及回流槽损坏,粗苯泄漏并被引燃,造成火灾。

该起事故共造成3人死亡、4人重伤、29人轻伤。事故损失包括:受伤人员的医疗费用450万元,受伤人员的歇工工资260万元,设备设施等固定资产损失3 800万元,清理现场的费用120万元,损坏建筑物的维修费用322万元,粗苯泄漏环境污染的处置费用65万元,补充新职工的培训费用3万元,善后及丧葬抚恤金1 150万元,事故罚款200万元等。

根据以上场景,回答下列问题(1～3 题为单选题,4～7 题为多选题):

1. 焦炉煤气工程竣工后,在正式投产或使用前,A 供气公司依法必须开展的工作是(　　)。

A. 气柜安全现状评价

B. 焦炉煤气工程试运行

C. 报应急管理部进行气柜安全情况备案

D. 组织焦炉煤气工程安全设施竣工验收

E. 将焦炉煤气工程建设施工资料报送相关安全生产监督管理部门备案

2. 根据《生产安全事故报告和调查处理条例》,负责该起事故调查的应为(　　)。

A. N 省安全生产委员会　　B. N 省人民政府

C. B 市安全生产监督管理局　　D. B 市人民政府

E. B 市安全生产委员会

3. 根据《危险化学品生产企业安全生产许可证实施办法》,下列关于 A 供气公司安全生产管理机构设置和安全生产管理人员配置的说法中,正确的是(　　)。

A. A 供气公司从业人员不足 300 人,可不设置安全生产管理机构

B. A 供气公司从业人员不足 300 人,可不配备专职安全生产管理人员

C. A 供气公司应委托具有相应资质的注册安全工程师事务所进行安全生产管理

D. A 供气公司应设置安全生产管理机构并配备专职安全生产管理人员

E. A 供气公司应设置安全生产管理机构或配备专职安全生产管理人员

4. 下列事故损失中,应列为事故直接经济损失的有(　　)。

A. 受伤人员的歇工工资 260 万元　　B. 清理现场的费用 120 万元

C. 粗苯环境污染的处置费用 65 万元　　D. 补充新职工的培训费用 3 万元

E. 事故罚款 200 万元

5. A 供气公司气柜操作人员的安全培训应包括的主要内容有(　　)。

A. 煤气燃烧爆炸特性　　B. 气柜操作应注意的安全事项

C. 气体检测报警器的标定方法　　D. 气柜运行的工况参数

E. 气柜建设施工方法

6. 甲最后被判处有期徒刑,关于甲刑满释放后就业的限制,下列说法中正确的是(　　)。

A. 五年后可以从事化工企业安全生产管理工作

B. 五年后可以担任化工企业的主要负责人

C. 终身不得担任化工企业的主要负责人

D. 五年内不得担任任何生产经营单位的主要负责人

E. 终身不得担任任何生产经营单位的主要负责人

7. A 供气公司存在的违反安全生产法律法规和安全生产标准的行为有(　　)。

A. 在气柜顶部安装非防爆的照明射灯和摄像探头

B. 未申请危险化学品建设项目安全设施竣工验收

C. 安全生产管理人员乙未取得注册安全工程师执业证

D. 未及时查明气体检测报警器频繁报警的原因

E. 施工相关档案资料不全

参考答案及解析

1. B 【解析】《建设项目安全设施"三同时"监督管理暂行办法》第七条规定的建设项目竣工后,根据规定建设项目需要试运行(包括生产、使用,下同)的,应当在正式投入生产或者使用前进行试运行。第七条,下列建设项目在进行可行性研究时,生产经营单位应当分别对其安全生产条件进行论证和安全预评价:(1)非煤矿矿山建设项目;(2)生产、储存危险化学品(包括使用长输管道输送危险化学品,下同)的建设项目;(3)生产、储存烟花爆竹的建设项目;(4)化工、冶金、有色、建材、机械、轻工、纺织、烟草、商贸、军工、公路、水运、轨道交通、电力等行业的国家和省级重点建设项目;(5)法律、行政法规和国务院规定的其他建设项目。

2. B 【解析】本案例中事故为重大事故。依据《生产安全事故报告和调查处理条例》规定,重大事故、较大事故、一般事故分别由事故发生地省级人民政府、设区的市级人民政府、县级人民政府负责调查。省级人民政府、设区的市级人民政府、县级人民政府可以直接组织事故调查组进行调查,也可以授权或者委托有关部门组织事故调查组进行调查。

3. D 【解析】依据《危险化学品生产企业安全生产许可证实施办法》规定,企业应当依法设置安全生产管理机构,配备专职安全生产管理人员。配备的专职安全生产管理人员必须能够满足安全生产的需要。

4. ABE 【解析】直接经济损失的统计范围:(1)人身伤亡后所支出的费用,包括医疗费用(含护理费)、丧葬及抚恤费用、补助及救济费用和误工费等。(2)善后处理费用,包括处理事故的事务性费用、现场抢救费用、现场清理费用、事故罚款和赔偿费用等。(3)财产损失价值,包括固定资产损失和流动资产损失等。

5. ABCD 【解析】安全培训的主要内容重点是本岗位工作及作业环境范围内的安全风险辨识、评价和控制措施;典型事故案例;岗位安全职责、操作技能及强制性标准;自救互救、急救方法、疏散和现场紧急情况的处理;安全设施、个人防护用品的使用和维护。

6. ACD 【解析】《安全生产法》规定,生产经营单位的主要负责人依照前款规定受刑事处罚或者撤职处分的,自刑罚执行完毕或者受处分之日起,五年内不得担任任何生产经营单位的主要负责人;对重大、特别重大生产安全事故负有责任的,终身不得担任本行业生产经营单位的主要负责人。

7. ABDE 【解析】选项A,应为防爆的照明射灯和摄像探头。选项B,建设项目竣工投入生产或者使用前,生产经营单位应当向安全生产监督管理部门申请安全设施竣工验收。选项D,应及时查明报警的原因。选项E,验收合格后,要求提供相应施工相关档案资料。

第七章　化工事故应急救援技术

知识框架

- 化工事故应急救援技术
  - 化工事故应急救援物资
    - 配备原则及要求
    - 管理和维护
  - 化工事故应急救援器材
    - 过滤式呼吸防护用品
    - 隔绝式防护用品
  - 化工事故灾害应急救援措施
    - 火灾爆炸事故应急救援措施
    - 泄漏事故应急救援措施
    - 中毒事故应急救援措施

考点精讲

第一节　化工事故应急救援物资

考点1　配备原则及要求

项目	具体内容
配备原则	(1)应急救援物资是指危险化学品单位配备的用于处置危险化学品事故的车辆和各类侦检、个体防护、警戒、通信、输转、堵漏、洗消、破拆、排烟照明、灭火、救生等物资及其他器材。 (2)危险化学品单位应急救援物资应根据本单位危险化学品的种类、数量和危险化学品事故可能造成的危害进行配置。 (3)应急救援物资应符合实用性、功能性、安全性、耐用性以及单位实际需要的原则,应满足单位员工现场应急处置和企业应急救援队伍所承担救援任务的需要
配备要求	危险化学品单位可根据实际情况增配应急救援物资的种类和数量。危险化学品单位应急救援物资及其配备,除应符合《危险化学品单位应急救援物资配备要求》的标准外,尚应符合国家现行的有关标准、规范的要求
其他配备	要求危险化学品单位,除作业场所和应急救援队伍外的其他部门应根据应急响应过程中所承担的职责配备有关的应急救援物资。沿江河湖海的危险化学品单位应配备水

续表

项目	具体内容
其他配备	上灭火抢险救援、水上泄漏物处置和防汛排涝物资。除作业场所的应急救援物资外的其他应急救援物资，可由危险化学品单位与其周边其他相关单位或应急救援机构签订互助协议，并能在这些单位或机构接到报警后 5 min 内到达现场，可作为本单位的应急救援物资

考点2　管理和维护

项目	具体内容
管理和维护	(1)危险化学品单位应建立应急救援物资的有关制度和记录： ①物资清单。 ②物资使用管理制度。 ③物资测试检修制度。 ④物资租用制度。 ⑤资料管理制度。 ⑥物资调用和使用记录。 ⑦物资检查维护、报废及更新记录。 (2)应急救援物资应明确专人管理；严格按照产品说明书要求，对应急救援物资进行日常检查、定期维护保养；应急救援物资应存放在便于取用的固定场所，摆放整齐，不得随意摆放、挪作他用。 (3)应急救援物资应保持完好，随时处于备战状态；物资若有损坏或影响安全使用的，应及时修理、更换或报废。 (4)应急救援物资的使用人员，应接受相应的培训，熟悉装备的用途、技术性能及有关使用说明资料，并遵守操作规程

第二节　化工事故应急救援器材

考点1　过滤式呼吸防护用品

项目	具体内容
防尘口罩	防尘口罩用于滤除空气中的颗粒状有毒、有害物质，但对于有毒、有害气体和蒸气无防护作用。防尘口罩适用于污染物为非发挥性的颗粒状物质，不含有毒、有害气体和蒸气的环境
防毒口罩	与防尘口罩相比，防毒口罩既能防护空气中的大颗粒灰尘、气溶胶，同时对有害气体和蒸气也具有一定的过滤作用。防毒口罩适用于工作或作业场所含有或可能含有较低浓度的有害蒸气、气体、气溶胶的环境

续表

项目	具体内容
过滤式防毒面具	过滤式防毒面具包括滤毒罐、滤毒盒、过滤元件三部分,与防毒口罩相比,它们的差别在于过滤式防毒面具滤除有害气体、蒸气浓度范围更宽,防护时间更长,所以更安全可靠。从保护部位考虑,过滤式防毒面具除可以保护面部呼吸器官(口、鼻)外,同时还可以保护眼睛及面部皮肤免受有毒有害物质的直接伤害,且通常密合效果更好,具有更高和更安全的防护效能

考点 2 隔绝式防护用品

项目	具体内容
氧气呼吸器	常见的氧气呼吸器是闭路式氧气呼吸器,使用时打开气瓶开关,氧气经减压器、供气阀进入呼吸仓,再通过呼吸气软管、供气阀进入面罩供人员呼吸;呼出的废气经呼气阀、呼吸软管进入清净罐,去除二氧化碳后也进入呼吸仓,与钢瓶所提供的新鲜氧气混合以供循环呼吸使用。 氧气呼吸器是人员在严重污染、存在窒息性气体、毒气类型不明确或缺氧等恶劣环境下工作时常用的呼吸防护设备
空气呼吸器	空气呼吸器又称储气式防毒面具,有时也称为消防面具。它以压缩气体钢瓶为气源,钢瓶中盛装气体为压缩空气。常见的是正压式空气呼吸器,使用时打开气瓶阀门,空气经减压器、供气阀、导气管进入面罩供人员呼吸;呼出的废气直接经呼气活门排出。由于其不需要对呼出废气进行处理和循环使用,所以结构相对氧气呼吸器简单。 空气呼吸器的工作时间一般为 30 ~ 360 min,根据呼吸器型号的不同,防护时间的最高限值也有所不同

第三节 化工事故灾害应急救援措施

考点 1 火灾爆炸事故应急救援措施

项目	具体内容
火灾爆炸事故应急救援措施	(1)扑灭现场明火应坚持先控制后扑灭的原则。依危险化学品性质、火灾大小采用冷却、堵截、突破、夹攻、合击、分割、围歼、破拆、封堵、排烟等速战速决的灭火战术。 (2)扑救人员应占领上风或侧风阵地。 (3)进行火情侦察、火灾扑救、火灾疏散的人员应该有针对性地采取自我防护措施,如佩戴防护面具,穿戴专用防护服等。 (4)应迅速查明燃烧范围、燃烧物品及其周围物品的品名和主要危险特性、火势蔓延的主要途径以及确定燃烧的危险化学品及燃烧产物是否有毒

续表

项目	具体内容
火灾爆炸事故应急救援措施	(5)正确选择合适的灭火剂和灭火方法。 (6)对有可能发生爆炸、爆裂、喷溅等紧急情况的,应按统一的撤退信号和撤退方法及时撤退。 (7)火灾扑灭后,要派人监护现场,消灭余火。起火单位应保护现场,协助公安消防部门和上级安全管理部门调查火灾原因,核定火灾损失,查明火灾责任。未经公安消防部门和上级安全监督管理部门同意,不得擅自清理火灾现场

考点2　泄漏事故应急救援措施

项目	具体内容
疏散与隔离	在化学品生产、运输过程中一旦发生泄漏,首先要疏散无关人员,隔离泄漏污染区。如果是易燃易爆化学品的大量泄漏,这时一定要拨打“119”报警,请求消防专业人员救援,同时要保护、控制好现场
切断火源	切断火源对化学品泄漏处理特别重要,如果泄漏物是易燃物,则必须立即消除泄漏污染区域内的各种火源
个人防护	参加泄漏处理人员应对泄漏品的化学性质和反应特性有充分的了解,要在高处和上风处进行处理,并严禁单独行动,要有监护人。必要时,应用水枪、水炮掩护。要根据泄漏品的性质和毒物接触形式,选择适当的防护用品,加强应急处理个人安全防护,防止处理过程中发生伤亡、中毒事故。 (1)呼吸系统防护。为了防止有毒有害物质通过呼吸系统侵入人体,应根据不同场合选择不同的防护器具。对于泄漏化学品毒性大、浓度较高,且缺氧情况下,可以采用氧气呼吸器、空气呼吸器、送风式长管面具等。 (2)眼睛防护。为了防止眼睛受到伤害,可以采用化学安全防护眼镜、安全面罩、安全护目镜、安全防护罩等。 (3)身体防护。为了避免皮肤受到损伤,可以采用戴面罩式胶布防毒衣、连衣式胶布防毒衣、橡胶工作服、防毒物渗透工作服、透气型防毒服等。 (4)手防护。为了保护手不受损伤,可以采用橡胶手套、乳胶手套、耐酸碱手套、防化学品手套等
泄漏控制	如果在生产使用过程中发生泄漏,要在统一指挥下,通过关闭有关阀门,切断与之相连的设备、管线,停止作业,或改变工艺流程等方法来控制化学品的泄漏。 如果是容器发生泄漏,应根据实际情况,采取堵塞和修补裂口,制止进一步泄漏。另外,要防止泄漏物扩散,殃及周围的建筑物、车辆及人群,万一控制不住泄漏口时,要及时处置泄漏物,严密监视,以防火灾爆炸

续表

项目	具体内容
泄漏物的处置	要及时将现场的泄漏物进行安全可靠的处理。 (1)气体泄漏物的处置。应急人员要做的只是止住泄漏,如果可能的话,用合理的通风使其扩散不至于积聚,或者喷雾状水使之液化后处置。 (2)液体泄漏物的处置。对于少量的液体泄漏物,可用沙土或其他不燃吸附剂吸附,收集于容器内后进行处理。而大量液体泄漏后四处蔓延扩散,难以收集处理,可采用筑堤截堵或者引流到安全地点。为降低泄漏物向大气的蒸发,可用泡沫或其他覆盖物进行覆盖,在其表面形成覆盖后,抑制其蒸发,而后进行转移处理。 (3)固体泄漏物的处置。用适当的工具收集泄漏物,然后用水冲洗被污染的地面。安全第一,预防为主。对化学品的泄漏,一定不可掉以轻心,平时要做好泄漏紧急处理演习,拟好方案计划,做到有备无患,这样才能保证生产、使用、储运化学品的安全

考点3 中毒事故应急救援措施

项目	具体内容
中毒事故应急救援措施	化工生产和检修现场的中毒事故大多是在现场突然发生异常情况时,由于设备损坏或泄漏导致大量毒物外溢所致。若能及时、正确的抢救,对于挽救重危中毒患者的生命、减轻中毒程度、防止并发症的产生具有十分重要的意义,并且争取了时间,为进一步治疗创造了有利条件。 1. 急性中毒的现场抢救原则 (1)救护者应做好个人防护。急性中毒发生时,毒物多由呼吸道和皮肤侵入体内,因此救护者在进入毒区抢救之前,要做好个人呼吸系统和皮肤的防护,穿戴好防毒面具、氧气呼吸器和防护服。 (2)尽快切断毒物来源。救护人员进入事故现场后,除对中毒者进行抢救外,同时应采取果断措施(如关闭管道阀门、堵塞泄漏的设备等)切断毒源,防止毒物继续外逸。对于已经扩散出来的有毒气体或蒸气,应立即启动通风排毒设施或开启门、窗等,降低有毒物质在空气中的含量,为抢救工作创造有利的条件。 (3)采取有效措施,尽快阻止毒物继续侵入人体。 (4)在有条件的情况下,采用特效药物解毒或对症治疗,维持中毒者主要脏器的功能。在抢救病人时,要视具体情况灵活掌握。 (5)出现成批急性中毒病员时,应立即成立临时抢救指挥组织,以负责现场指挥。 (6)立即通知医院做好急救准备。通知时应尽可能说清楚是什么毒物中毒、中毒人数、侵入途径和大致病情。 2. 急性中毒的抢救措施 (1)首先将中毒者转移至安全地带,解开领扣,使其呼吸顺畅,让中毒者呼吸新鲜空气;脱去污染衣服,并彻底清洗污染的皮肤和毛发,注意保暖。 (2)对于呼吸困难或停止呼吸者,应立即进行人工呼吸,有条件的给予吸氧和注射兴

续表

项目	具体内容
中毒事故应急救援措施	奋呼吸中枢的药物。 (3)心脏骤停者应立即进行胸外心脏按压术。现场抢救成功的心脏复苏患者或重症患者,如昏迷、惊厥、休克、深度青紫等,应立即送医院治疗

案例分析

某化工厂位于B市北郊,西距厂生活区约500 m,厂区东面为山坡地,北邻一村,西邻排洪沟,南面为农田。其主要产品为羧基丁苯胶乳。

生产工艺流程为:从原料罐区来的丁二烯、苯乙烯、丙烯腈分别通过管道进入聚合釜,生产原料及添加剂在皂液槽内配置好后加入聚合釜;投料结束后,将胶乳从聚合釜转移到后反应釜;反应结束后,胶乳进入气提塔,然后再进入改性槽,经调和后崩泵打入成品储罐。生产过程中存在多种有毒、易燃易爆物质。

为避免重大事故发生,该厂决定编制应急救援预案。厂长将该任务指派给安全科,安全科成立了以科长为组长,科员甲、乙、丙、丁为成员的五人厂应急救援预案编制小组。编制小组找来了一个相同类型企业C的应急救援预案,编制人员将企业C应急救援预案中的企业名称、企业介绍、科室名称、人员名称及有关联系方式全部按本厂的实际情况进行了更换,按期向厂长提交了应急救援预案初稿。此后,编制小组根据厂长的审阅意见,修改完善后形成了应急救援预案的最终版本,经厂长批准签字后下发至全厂有关部门。

根据以上内容回答下列问题:

1. 指出该厂应急救援预案编制中存在的不足。
2. 该厂可采用哪些方法进行应急救援预案的演练?
3. 该厂应针对哪些重大事故风险编制应急救援预案?
4. 简要说明该厂在编制应急救援预案时,危险分析应提供的结果。

参考答案及解析

1. (1)预案编制小组组成不合理;(2)预案未做危险分析;(3)预案未评审;(4)预案未组织宣传(教育、培训);(5)未做应急能力评估(应急分析)。

2. (1)桌面演练;(2)功能演练;(3)综合演练。

3. (1)火灾;(2)爆炸;(3)中毒;(4)环境污染;(5)泄漏;(6)洪水;(7)滑坡。

4. (1)重大危险源;(2)危险分布情况;(3)重大事故类别及产生的后果;(4)周边地理地质信息;(5)功能布局;(6)特定时段情况(节假日情况);(7)影响应急救援的因素;(8)周边人文信息;(9)气象信息。

第八章　化工火灾扑救

知识框架

- 化工火灾扑救
  - 化工企业火灾危险性和火灾防控措施
    - 化工企业火灾危险性
    - 火灾防控措施
  - 灭火的基本措施及灭火器的选择
    - 灭火的基本措施
    - 化工生产中涉及的灭火方法及原理
    - 化工生产中常见的灭火剂类型
    - 灭火器的选择和配备
  - 消防器材和消防设施
    - 消防器材
    - 消防设施
    - 消防器材和消防设施的管理要求
    - 消防安全事故的防范措施

考点精讲

第一节　化工企业火灾危险性和火灾防控措施

考点1　化工企业火灾危险性

项目	具体内容
化工企业火灾的特点	1. 化工企业面积广、危险源多 化工企业多数分布在乡镇、城镇边缘地带，规划总面积广，一般生产条件较为简陋，消防基础条件差，尤其是小型的新设企业和私营企业中消防管理薄弱，基础设施不到位现象更为普遍。加上企业的产品和原料又大都具有潜在隐患性和危害性，产品和原材料的危险特性决定了在涉及易燃易爆化学危险品的生产过程中有极强的燃烧和爆炸危险。 2. 化工企业工艺复杂、人员素质参差不齐 化工企业由于原料种类繁多，生产条件变化大，相对的操作控制点多、工艺复杂。再加上企业设备种类多，开停车频繁，检修量大等原因，这些都需要职工有一定的文化基础。可是目前，相当数量的员工文化水平不高，安全技术素质低下，安全意识不强，缺乏防范和处置事故的能力，执行操作规程、检修规程的严肃性都较差

续表

项目	具体内容
化工企业火灾的特点	3. 化工企业引发火灾的点火源多 在其他企业中常见的明火源如炉火、烟头、电焊火花等等，也许不具危险。但对于化工企业而言，即使在正常情况下，也是极具威胁性的。再加上多数易燃液体都是电介质，在灌注、输送过程中能够产生静电，一些隐性火源如静电火花、反应热等一旦防范设施不到位、故障或人为思想麻痹，对化工企业来讲，就足以引起其混合物燃烧、甚至爆炸等。 4. 化工企业发生火灾损失惨重 化工企业一旦发生火灾，轻者造成一套生产装置损坏，或造成全厂生产装置破坏，因单台设备损坏或全厂设备损坏而造成企业停产，给企业带来严重的财产损失。但化工企业的火灾不仅仅是财产损失严重，发生火灾后，不少危险化学品在燃烧和受热的情况下，容器破裂或分解蒸发出有毒、腐蚀气体，从而导致人员伤亡
化工企业火灾危险性	1. 化工企业生产厂房的先天性不足 有些化工企业领导消防安全意识差，对生产厂房都未按化工工艺流程的需要和国家有关规范要求来设计厂房的结构和布局。对选用的建筑材料耐火等级低，防火间距不足，因而在防火分隔、通风、防泄漏、防爆泄压等方面存在严重问题，给企业带来了先天性火灾隐患。 2. 化工企业对火源管理不到位 化工企业和普通企业不同，引起火灾的点火源特别低，甚至连一些化危溶剂在管道和设备中流动，因摩擦而产生的静电，这些静电如果不能及时导除造成电荷积累，会导致火花放电，就会引起化工企业的火灾。但有些化工企业对防火安全责任制不重视， 落实不到位，对用火、用电、用气管理措施也不到位，为化工企业埋下了火灾隐患。 3. 化工企业消防设施不到位 有些化工企业由于单位领导对消防工作的重要性认识不足或经费缺乏等原因，因而大多只配有少量的灭火器等，这与危化品火灾的危险性及消防设施配置标准的要求很不相适应。一旦发生火灾，灭火设施不能够对初起火灾进行有效控制，极易造成火势的失控和蔓延扩大，给企业带来巨大的经济损失，甚至是人员伤亡。 4. 化工企业对人员消防安全培训不重视 一些小型化工企业多为私营或联营，因为用工制度的放开，从业人员流动性大，不能相对固定，因而许多从业人员未能及时经过消防安全培训，不懂化学危险品的特性，不熟悉操作规程及应注意事项，就匆匆上岗操作，甚至会违反操作规程。而且事故发生后不懂得消防设施的使用、火灾扑救方法及逃生方法

考点2 火灾防控措施

项目	具体内容
火灾防控措施	1. 加强建厂审核 化工企业必须严格依照有关防火设计规范以及当地城市消防总体规划，根据化工企

续表

项目	具体内容
火灾防控措施	业特点和火灾危险性，充分考虑防火分隔、通风、防泄漏、防爆泄压、消防设施等因素。在防火间距上尤其要留足留够，并具有一定前瞻性，防止在今后因生产规模扩大而要局部扩建时，出现与周围建筑物、构筑物防火间距不足的问题。企业的总平面，应根据工厂的生产流程及各组成部分的生产特点和火灾危险性，结合地形、风向等条件，按功能分区集中布置。同时对设备、电气的防爆要求和电器线路的防爆处理要严格把关，从而消除先天性火灾隐患。 2. 健全消防安全管理 化工企业的领导必须在思想上、行动上高度重视企业的安全，针对自身的生产工艺特点和火灾危险性，建立消防安全管理制度。成立由主要领导或企业安全责任人负责的消防安全管理领导组，要定期进行安全检查和停车检修，及时消除火灾隐患。同时加强对人员的管理，严防违章操作和违反消防安全管理的行为，逐级落实消防安全责任制和岗位责任制。确定各级和各岗位的消防安全责任人，真正把火灾预防措施落到实处，为化工企业的安全创造一个良好的环境。 3. 配全消防安全设施 化工企业要抓好防火工作，除了健全消防安全管理外，企业必须清醒地认识到做好安全工作产生的隐性效益，根据企业化工产品本身及生产工艺流程的火灾危险性，投入足够资金，配足配够消防器材设施，且设置并维护好消防设施。在消防设施方面要以早发现及有效控制为出发点，在容易产生易燃易爆化学危险品泄漏处应设置浓度报警设备，厂区内应保证充足的消防水源，设置室内外消防给水设施，在重要危险部位配备足够的灭火器等。同时企业在防止引火源方面应采取控制使用明火源，正确选用电气设备，设置良好接地等防止电火花、静电火花产生，为化工企业的安全打下基础。 4. 加强员工消防安全培训 化工企业的从业人员要有一定的文化基础，人员要相对稳定，对员工开展经常性消防安全教育，使之熟练把握本行业安全操作规程，持证上岗。同时，经常组织有针对性的灭火演练，使他们熟悉本行业火灾扑救和逃生的基本方法，可按一定的比例选拔精干力量，在不脱离各自生产、工作岗位的基础上，成立义务消防队。当火灾发生时，能快速有效地扑灭，避免小火酿成大灾

第二节　灭火的基本措施及灭火器的选择

考点 1　灭火的基本措施

项目	具体内容
控制可燃物	1. 原理 破坏燃烧爆炸的基础

续表

项目	具体内容
控制可燃物	2. 措施 (1)限制可燃物质储运量。 (2)用难燃或阻燃材料代替可燃材料。 (3)加强通风。 (4)降低可燃气体或蒸气、粉尘在空间的浓度。 (5)用阻燃剂对可燃材料进行阻燃处理,以提高耐火极限。 (6)及时清除撒漏地面的易燃、可燃物质等
隔绝空气	1. 原理 破坏助燃条件。 2. 措施 (1)充惰性气体保护生产或者储运有爆炸危险物品的容器、设备等。 (2)密闭有可燃介质的容器、设备
消除着火源	1. 原理 破坏燃烧的激发能源。 2. 措施 (1)具有火灾、爆炸的场所禁止一切烟火。 (2)经常润滑机械轴承,防止摩擦生热。 (3)安装避雷、接地设备,防止摩擦生热。 (4)玻璃涂白漆防日光辐射。 (5)铁质工具套上胶皮,防擦碰产生火星等
阻止火势蔓延	1. 原理 不使新的燃烧条件形成。 2. 措施 (1)在建筑之间留足防火间距、筑防火墙。 (2)在气体管道上安装阻火器、安全水封。 (3)有压力的容器设备,安装防爆膜(片)、安全阀。 (4)能形成爆炸介质的场所,设置泄压门窗、轻质屋盖等

考点2　化工生产中涉及的灭火方法及原理

项目	具体内容
窒息灭火法	(1)窒息灭火法即阻止空气进入燃烧区域,或用惰性气体稀释空气,使燃烧物质因得不到足够的氧气而熄灭的灭火方法。 (2)运用窒息灭火法时,可考虑选择以下措施: ①用石棉布、浸湿的棉被、帆布、沙土等不燃烧或难燃烧材料覆盖燃烧物或封闭孔洞

续表

项目	具体内容
窒息灭火法	②用水蒸气、惰性气体通入燃烧区域内。 ③利用建筑物上原来的门、窗以及生产、贮运设备上的盖、阀门等，封闭燃烧区。 ④在万不得已且条件许可的情况下，采取用水淹没（灌注）的方法灭火。 （3）采用窒息灭火法，需注意以下几个问题： ①窒息灭火法适用于扑救燃烧部位空间较小，容易堵塞封闭的房间、生产及贮运设备内发生的火灾，而且燃烧区域内没有氧化剂存在。 ②在采用水淹方法灭火时，必须考虑到水与可燃物质接触后是否会产生不良后果，如产生则不能采用。 ③采用窒息灭火法灭火时，必须在确认火已经熄灭后，方可打开孔洞进行检查。严防因过早打开封闭的空间或设备，导致"死灰复燃"
冷却灭火法	冷却灭火法即将灭火剂直接喷洒在燃烧着的物体上，将可燃物质的温度降到燃点以下，终止燃烧的灭火方法。也可将灭火剂喷洒在火场附近未燃的易燃物上起冷却作用，防止其受辐射热影响而起火。冷却灭火法是一种常见的灭火方法
隔离灭火法	（1）隔离灭火法即将燃烧物质与附近未燃的可燃物质隔离或疏散开，使燃烧因缺少可燃物质而停止。隔离灭火法也是一种常用的灭火方法。这种灭火方法适用于扑救各种固体、液体和气体火灾。 （2）隔离灭火法常用的具体措施有： ①将可燃、易燃、易爆物质和氧化剂从燃烧区移出至安全地点。 ②关闭阀门，阻止可燃气体、液体流入燃烧区。 ③用泡沫覆盖已燃烧的易燃液体表面，把燃烧区与液面隔开，阻止可燃蒸气进入燃烧区。 ④拆除与燃烧物相连的易燃、可燃建筑物。 ⑤用水流或用爆炸等方法封闭井口，扑救油气井喷火灾
化学抑制灭火法	化学抑制灭火法是使灭火剂参与到燃烧反应中去，起到抑制反应的作用。具体而言就是使燃烧反应中产生的自由基与灭火剂中的卤素离子相结合，形成稳定分子或低活性的自由基，从而切断了氢自由基与氧自由基的连锁反应链，使燃烧停止。 另外需要注意的是： （1）窒息、冷却、隔离灭火法，在灭火过程中，灭火剂不参与燃烧反应，因而属于物理灭火法。 （2）化学抑制灭火法则属于化学灭火方法。在灭火过程中，应根据可燃物的性质、燃烧特点、火灾大小、火场的具体条件以及消防技术装备的性能等实际情况，选择一种或几种灭火方法。 （3）一般情况下，综合运用几种灭火法效果较好

考点3　化工生产中常见的灭火剂类型

项目	具体内容
水(及蒸气)	灭火剂是能够有效地破坏燃烧条件,终止燃烧的物质。选择灭火剂的基本要求是灭火效能高、使用方便、来源丰富、成本低廉、对人和物基本无害。 1. 水的灭火原理 (1)冷却作用。水的比热容较大,蒸发潜热达539.9 cal/(g·℃)。当常温水与炽热的燃烧物接触时,在被加热和汽化过程中,就会大量吸收燃烧物的热量,使燃烧物的温度降低而灭火。 (2)窒息作用。在密闭的房间或设备中,此作用比较明显。水汽化成水蒸气,体积扩大,可稀释燃烧区中的可燃气与氧气,使它们的浓度下降,从而使可燃物因"缺氧"而停止燃烧。 (3)隔离作用。在密集水流的机械冲击作用下,将可燃物与火源分隔开而灭火。此外水对水溶性的可燃气体(蒸气)还有吸收作用,对灭火也起到很大的帮助。 2. 灭火用水的几种形式 (1)普通无压力水。用容器盛装,人工浇到燃烧物上。 (2)加压的密集水流。采用专用设备喷射,灭火效果比普通无压力水好。 (3)雾化水。采用专用设备喷射,因水成雾滴状,吸热量大,灭火效果更好。 3. 水灭火剂的优、缺点 (1)优点:与其他灭火剂相比,水的比热容及汽化潜热较大,冷却作用明显;价格便宜;易于远距离输送;水在化学上呈中性,对人无毒、无害。 (2)缺点:水在零摄氏度下会结冰,当泵暂时停止供水时会在管道中形成冰冻造成堵塞;水对很多物品(如:档案、图书、珍贵物品等)有破坏作用;用水扑救橡胶粉、煤粉等火灾时,由于水不能或很难浸透燃烧介质,因而灭火效率很低,必须向水中添加润湿剂才能弥补以上不足。 4. 水灭火剂的禁用范围 (1)忌水性物质,如轻金属、电石等不能用水扑救。因为它们能与水发生化学反应,生成可燃性气体并放热,扩大火势甚至引起爆炸。 (2)不溶于水,且密度比水小的易燃液体。如汽油、煤油等着火时不能用水扑救,但是原油、重油等可以用雾状水进行扑救。 (3)密集水流不能扑救带电设备火灾,也不能扑救可燃性粉尘聚集处的火灾。 (4)不能用密集水流扑救贮存大量浓硫酸、浓硝酸场所的火灾,因为水流能引起酸的飞溅、流散,遇可燃物质后,又有引起燃烧的危险。 (5)高温设备着火不宜用水扑救,因为这会使金属机械强度受到影响。 (6)精密仪器设备、贵重文物档案、图书着火,不宜用水扑救
泡沫灭火剂	凡能与水相溶,并可通过化学反应或机械方法产生灭火泡沫的灭火药剂称为泡沫灭火剂。 1. 泡沫灭火剂的分类 (1)化学泡沫灭火剂是由酸性或碱性物质及泡沫稳定剂相互作用而生成的膜状气泡

续表

项目	具体内容
泡沫灭火剂	群,气泡内主要是二氧化碳气。泡沫灭火剂种类有空气泡沫灭火剂、氟蛋白泡沫灭火剂、水成膜泡沫灭火剂和抗溶性泡沫灭火剂,以上泡沫灭火剂虽可以扑救A类火灾,但由于具有泡沫冲击量小、难以穿越燃烧区、泡沫不能覆盖燃料表面等缺点,所以泡沫灭火剂常用来扑救B、F类火灾。由于化学泡沫设备较为复杂、投资大、维护费用高,近年来多采用灭火简单、操作方便的空气机械泡沫灭火剂。 (2)空气泡沫灭火剂又称机械泡沫灭火剂,是由一定比例的泡沫液、水和空气在泡沫生成器中进行机械混合搅拌而成的膜状气泡群,泡内一般为空气。 空气泡沫灭火剂按泡沫的发泡倍数,又可以分为低倍数泡沫灭火剂(发泡倍数在20倍以下),中倍数泡沫灭火剂(发泡倍数在21~200倍之间)和高倍数泡沫灭火剂(发泡倍数在201~1 000倍之间)。 2. 泡沫灭火剂的灭火原理 (1)由于泡沫中填充大量气体,相对密度小,可漂浮于液体的表面或附着在一般可燃固体表面,形成一个泡沫覆盖层,使燃烧物表面与空气隔绝,同时阻断了火焰的热辐射,阻止燃烧物本身或附近可燃物质的蒸发,起到隔离和窒息作用。 (2)泡沫析出的水和其他液体有冷却作用。 (3)泡沫受热蒸发产生的水蒸气可降低燃烧物附近的氧浓度。 3. 泡沫灭火剂的适用范围 (1)泡沫灭火剂主要用于扑救不溶于水的可燃、易燃液体,如石油产品等的火灾。 (2)可用于扑救木材、纤维、橡胶等固体物的火灾。 (3)高倍数泡沫灭火剂可有特殊用途,如消除放射性污染等。 (4)由于泡沫灭火剂中含有一定量的水,所以不能用来扑救带电设备及忌水性物质引起的火灾
二氧化碳及惰性气体灭火剂	1. 二氧化碳灭火剂的灭火原理 二氧化碳灭火剂是以液态形式加压充装于钢瓶中,在消防工作中广泛应用。当从灭火器中喷出时,由于突然减压,一部分二氧化碳绝热膨胀、汽化,吸收大量的热量,另一部分二氧化碳迅速冷却成雪花状固体("干冰")。"干冰"温度为-78.5 ℃,喷向着火处时,立即汽化,起到稀释氧浓度的作用,同时又起到冷却作用;而且大量二氧化碳气笼罩在燃烧区域周围,还能起到隔离燃烧物与空气的作用。 2. 二氧化碳灭火剂的优、缺点 (1)优点:不导电、不含水,可以用于扑救电气设备和部分忌水性物质的火灾;二氧化碳比空气重,长期存放不变质,灭火后很快散逸,灭火后不留痕迹,对保护物无毒害,适用于A、B、E、F类火灾,扑救精密仪器、机械设备、图书、档案等的火灾;价格低廉。 (2)缺点:冷却作用较差,不能扑救阴燃火灾,且灭火后火焰有复燃的可能;二氧化碳与碱金属(钾、钠)和碱土金属(镁)在高温下会起化学反应,引起爆炸;二氧化碳膨胀时,能产生静电而可能成为点火源;二氧化碳能导致救火人员窒息。 除二氧化碳以外,其他惰性气体如氮气,也可作灭火剂使用

续表

项目	具体内容
卤代烷灭火剂	1. 卤代烷灭火剂的灭火原理 (1)化学抑制作用,是卤代烷灭火剂的主要灭火原理。卤代烷分子参与燃烧反应,卤素原子能与燃烧反应中的自由基结合生成较为稳定的化合物,从而使燃烧反应因缺少自由基而终止。 (2)冷却作用,卤代烷灭火剂通常经加压液化贮于钢瓶中,使用时因减压汽化而吸热,所以对燃烧物有冷却作用。 2. 卤代烷灭火剂的优、缺点 (1)优点:主要用来扑救各种易燃液体火灾;绝缘性好,可以用来扑救带电电气设备火灾;灭火后全部汽化而不留痕迹,可以用来扑救档案文件、图片资料、珍贵物品等的火灾。 (2)缺点:卤代烷灭火剂的主要缺点是毒性较高,因此在狭窄的、密闭的、通风条件不好的场所(地下室等),最好采用无毒灭火剂(如泡沫、干粉等)灭火;卤代烷灭火剂不能用来扑救阴燃火灾,因为此时会形成有毒的热分解产物;卤代烷灭火剂也不能扑救轻金属(如镁、氯、钠等)的火灾,因为它们能与这些轻金属起化学反应且发生爆炸。 由于卤代烷灭火剂有较高毒性,会破坏遮挡阳光中有害紫外线的臭氧层,目前卤代烷替代灭火剂主要有七氟丙烷灭火剂等
干粉灭火剂	干粉灭火剂是一种干燥的、易于流动的微细固体粉末,由能灭火的基料和防潮剂、流动促进剂、结块防止剂等添加剂组成。灭火时,干粉在气体压力的作用下从容器中喷出,以粉雾的形式灭火。 1. 干粉灭火剂的分类 (1)普通干粉灭火剂主要适用于扑救可燃液体、可燃气体及带电设备的火灾。它包括以碳酸氢钠为基料的小苏打干粉(钠盐干粉);以碳酸氢钠为基料,又添加增效基料的改性钠盐干粉;以碳酸氢钾为基料的紫钾盐干粉;以硫酸钾为基料的钾盐干粉;以氯化钾为基料的钾盐干粉;以尿素和以碳酸氢钾或以碳酸氢钠反应产物为基料的氨基干粉。 (2)多用型的干粉灭火剂不仅适用于扑救可燃液体、可燃气体及带电设备的火灾,还适用于扑救一般固体火灾。它包括以磷酸盐为基料的干粉;以硫酸铵与磷酸铵的混合物为基料的干粉;以聚磷酸铵为基料的干粉。 2. 干粉灭火剂的灭火原理 (1)化学抑制作用。当粉粒与火焰中的自由基接触时,自由基被瞬时吸附在粉粒表面并发生化学反应,并导致燃烧中断,使火焰熄灭。 (2)隔离作用,喷出的粉末覆盖在燃烧物表面,构成阻碍燃烧的隔离层。 (3)冷却与窒息作用,粉末在高温下,将放出结晶水或发生分解,这些都属于吸热反应,而分解生成的不活泼气体又可稀释燃烧区内的氧气浓度,起到冷却与窒息作用。 3. 干粉灭火剂的优、缺点 (1)优点:干粉灭火剂综合了泡沫、二氧化碳、卤代烷等灭火剂的特点,灭火效率高;化学干粉的物理化学性质稳定,无毒性、不腐蚀、不导电,易于长期贮存;干粉适用温度范

续表

项目	具体内容
干粉灭火剂	围广，能在 -50～60 ℃温度条件下贮存与使用；干粉雾能防止热辐射，因而在大型火灾中，即使不穿隔热服也能进行灭火；干粉可用管道进行输送。 由于干粉具有上述优点，它除了适用于扑救易燃液体、忌水性物质火灾，也适用于扑救油类、油漆、电气设备的火灾。 (2)缺点：在密闭房间内，使用干粉时会形成强烈的粉雾，且灭火后留有残渣，因而不适于扑救精密仪器设备、旋转电机等的火灾；干粉的冷却作用较弱，不能扑救阴燃火灾，不能迅速降低燃烧物品的表面温度，容易发生复燃。因此干粉若与泡沫或喷雾水配合使用，效果更佳
气溶胶灭火剂	1. 概念 气溶胶灭火剂是一种可悬浮于空气中的微米级干粉微粒，由氧化剂、还原剂及黏合剂构成，适用于 A，B，C，E 类火灾。 2. 优、缺点 气溶胶灭火剂灭火速度快、效率高、价格便宜、空间淹没性好，臭氧消耗潜在值和温室效应潜能值低，可常压贮存，但灭火后有残留。 3. 气溶胶灭火剂的灭火机理 主要在于物理降温和化学抑制两个方面的联合作用
七氟丙烷灭火剂	1. 运用 七氟丙烷灭火剂可以扑救 A，B，C，E 类火灾。 2. 优、缺点 具有灭火迅速，用量少，易存储，灭火后无残留，不击穿电子元件，无臭氧损耗等优点。但七氟丙烷会造成温室效应，灭火时发生分解释放有毒气体。 3. 七氟丙烷灭火剂的灭火机理 通过物理降温与窒息和化学抑制灭火
烟烙尽灭火剂	1. 运用 烟烙尽灭火剂可用于扑灭 A，B，C 类火灾。 2. 优、缺点 烟烙尽具有不污染环境，无臭氧损耗、无温室效应，对设备及资料无腐蚀、破坏作用，对人体无害等优点。但由于其灭火浓度高，喷射时间长，灭火速度较低，故而扑灭 B 类火灾的效果不如扑灭 A 类火灾的效果好。 3. 烟烙尽灭火剂的灭火机理 主要通过降低防护区内的氧气浓度，达到窒息灭火的效果，通常空气含有 21% 的氧气和小于 1% 的二氧化碳，如果氧气含量降低到 15% 以下，大部分普通可燃物将停止燃烧。将烟烙尽灭火剂释放后，可以在 1 min 内将燃烧区域内的氧气浓度迅速降至 12.5%，可燃物由于缺氧而停止燃烧，从而达到灭火的目的

续表

项目	具体内容
其他	用砂、土等作为覆盖物也可进行灭火，它们覆盖在燃烧物上，主要起到与空气隔绝的作用，其次砂、土等也可以从燃烧物中吸收热量，起到一定的冷却作用

考点4　灭火器的选择和配备

项目	具体内容
灭火器的种类及选择	1. 灭火器的种类 灭火器由筒体、器头、贮气瓶、喷嘴等部件组成，按其移动方式分为手提式、推车式和悬挂式；按驱动灭火剂的动力来源可分为储气瓶式、储压式、化学反应式；按所充装的灭火剂则又可分为清水、泡沫、酸碱、二氧化碳、干粉等。 2. 灭火器的选择 (1)灭火器选择的一般规定。 灭火器的选择应考虑下列因素：灭火器配置场所的火灾种类；灭火器配置场所的危险等级；灭火器的灭火效能和通用性；灭火剂对保护物品的污损程度；灭火器设置点的环境温度；使用灭火器人员的体能。 在同一灭火器配置场所，宜选用相同类型和操作方法的灭火器。当同一灭火器配置场所存在不同火灾种类时，应选用通用型灭火器。 在同一灭火器配置场所，当选用两种或两种以上类型灭火器时，应采用灭火剂相容的灭火器。 (2)灭火器选择的类型。 ①A类火灾(固体物质火灾)场所应选择水型灭火器、磷酸铵盐干粉灭火器、泡沫灭火器。 ②B类火灾(液体或可熔化的固体物质火灾)场所应选择泡沫灭火器、碳酸氢钠干粉灭火器、磷酸铵盐干粉灭火器、二氧化碳灭火器、灭B类火灾的水型灭火器。极性溶剂的B类火灾场所应选择灭B类火灾的抗溶性灭火器。 ③C类火灾(气体火灾)场所应选择磷酸铵盐干粉灭火器、碳酸氢钠干粉灭火器、二氧化碳灭火器。 ④D类火灾(金属火灾)场所应选择扑灭金属火灾的专用灭火器。 ⑤E类火灾(带电火灾)场所应选择磷酸铵盐干粉灭火器、碳酸氢钠干粉灭火器或二氧化碳灭火器，但不得选用装有金属喇叭喷筒的二氧化碳灭火器。 ⑥F类火灾(烹饪器具内的烹饪物火灾)场所可选用磷酸铵盐干粉灭火器、碳酸氢钠干粉灭火器或二氧化碳灭火器
灭火器设置的一般规定	(1)灭火器应设置在位置明显和便于取用的地点，且不得影响安全疏散。 (2)对有视线障碍的灭火器设置点，应设置指示其位置的发光标志。 (3)灭火器的摆放应稳固，其铭牌应朝外。手提式灭火器宜设置在灭火器箱内或挂钩、托架上，其顶部离地面高度应不大于1.50 m；底部离地面高度不宜小于0.08 m。灭

续表

项目	具体内容
灭火器设置的一般规定	火器箱不得上锁。 (4)灭火器不宜设置在潮湿或强腐蚀性的地点，当必须设置时，应有相应的保护措施。灭火器设置在室外时也应当有相应的保护措施。 (5)灭火器不得设置在超出其使用温度范围的地点
灭火器配置的一般规定	(1)一个计算单元内配置的灭火器数量不得少于2具。 (2)每个设置点的灭火器数量不宜多于5具。 (3)当住宅楼每层的公共部位建筑面积超过100 m^2 时，应配置1具1 A的手提式灭火器；每增加100 m^2 时，增配1具1 A的手提式灭火器

第三节　消防器材和消防设施

考点1　消防器材

项目	具体内容
主要消防器材	(1)火灾探测器的基本功能是对烟雾、温度、火焰和燃烧气体等火灾参量作出有效反应，通过敏感元件，将表征火灾参量的物理量转化为电信号，送到火灾报警控制器。根据对不同的火灾参量响应和不同的响应方法，分为若干种不同类型的火灾探测器。主要包括感光式火灾探测器、感烟式火灾探测器、感温式火灾探测器、复合式火灾探测器和可燃气体火灾探测器等。 (2)消防梯是消防队队员扑救火灾时，登高灭火，救人或翻越障碍物的工具。目前普通使用的有单杠梯、挂钩梯、拉梯三种。按使用的材料分为木梯、竹梯、铝合金梯等。 (3)消防水带是火场供水或输送泡沫混合液的必备器材，广泛应用于各种消防车、消防泵、消火栓等消防设备上。 (4)消防水枪是灭火时用来射水的工具。其作用是加快流速，增大和改变水流形状。 (5)消防车。目前我国的消防车有水罐泵浦车、消防泡沫车、干粉消防车、CO_2 消防车、干粉泡沫水罐泵浦联用消防车、火灾照明车、曲臂登高消防车

考点2　消防设施

项目	具体内容
消防站	(1)大中型化工厂及石油化工联合企业均应设置消防站。消防站是专门用于消除火灾的专业性机构，拥有相当数量的灭火设备和经过严格训练的消防队员。消防站的服务范围按行车距离计，不得大于2.5 km，且应保证在接到火警后，消防车到达火场的时

续表

项目	具体内容
消防站	间不超过5 min。超过服务范围的场所，应建立消防分站或设置其他消防设施，如泡沫发生站、手提式灭火器等。属于丁、戊类危险性场所的，消防站的服务范围可加大到4 km。 （2）消防站的规模应根据发生火灾时消防用水量、灭火剂用量、采用灭火设施的类型、高压或低压消防供水以及消防协作条件等因素综合考虑。 （3）采用半固定或移动式消防设施时，消防车辆应按扑救工厂最大火灾需要的用水量及泡沫、干粉等用量进行配备。当消防车超过六辆时，宜设置一辆指挥车。 （4）协作单位可供使用的消防车辆是指临近企业或城镇消防站在接到火警后，10 min内能对相邻贮罐进行冷却或20 min内能对着火贮罐进行灭火需要的消防车辆。 （5）特殊情况下，可向当地政府领导下的消防队报警（报警电话119），报警时应说清以下情况：火灾发生的单位和详细地址；燃烧物的种类名称；火势程度；附近有无消防给水设施；报警者姓名和单位
消防给水设施	专门为消防灭火而设置的给水设施，主要有消防给水管道和消火栓两种。 1. 消防管道 消防给水管道，简称消防管道。是一种能保证消防所需用水量的给水管道，一般可与生活用水或生产用水的上水管道合并。 消防管道有高压和低压两种。高压消防管道灭火时所需的水压是由固定的消防水泵提供的；低压消防管道灭火所需的水压是从室外消火栓用消防车或人力移动的水泵提供的。 室外消防管道应布置呈环状，输水干管不应少于两条。环状管道应用阀门分为若干独立管段，每段内消火栓数量不宜超过5个。地下水管为闭合的系统，水可以在管内朝各个方向流动，如管网的任何一段损坏，不会导致断水。室内消防管道应有通向室外的支管，支管上应带有消防速合螺母，以备万一发生故障时，可与移动式消防水泵的水龙带连接。 2. 消火栓 消火栓可供消防车吸水，也可直接连接水带放水灭火，是消防供水的基本设备。消火栓按其装置地点可分为室外和室内两类。室外消火栓又可分为地上式和地下式两种。 室外消火栓应沿道路设置，距路边不宜小于0.5 m，不得大于2 m，设置的位置应便于消防车吸水。室外消火栓的数量应按消火栓的保护半径和室外消防用水量确定，间距不应超过120 m。室内消火栓的配置，应保证两个相邻消火栓的充实水柱能够在建筑物最高、最远处相遇。室内消火栓一般设置在明显、易于取用的地点，离地面的距离宜为1.1 m。 3. 化工生产装置区消防给水设施 （1）消防供水竖管。用于框架式结构的露天生产装置区内，竖管沿梯子一侧装设。每层平台上均设有接口，并就近设有消防水带箱，便于冷却和灭火使用。 （2）冷却喷淋设备。高度超过30 m的炼制塔、蒸馏塔或容器，宜设置固定喷淋冷却设备，可用喷水头，也可用喷淋管，冷却水的供给强度可采用5 L/(min·m²)

续表

项目	具体内容
消防给水设施	(3)消防水幕。设置于化工露天生产装置区的消防水幕,可对设备或建筑物进行分隔保护,以阻止火势蔓延。 (4)带架水枪。在火灾危险性较大且高度较高的设备周围,应设置固定式带架水枪,并配备移动式带架水枪,以保护重点部位金属设备免受火灾热辐射的威胁
火灾自动报警系统	自动消防系统应包括探测、报警、联动、灭火、减灾等功能。火灾自动报警系统主要完成探测和报警功能,控制和联动等功能主要由联动控制系统来完成。 根据工程建设的规模、保护对象的性质、火灾报警区域的划分和消防管理机构的组织形式,将火灾自动报警系统划分为三种基本形式:区域火灾报警系统、集中报警系统和控制中心报警系统。 区域火灾报警系统一般适用于二级保护对象;集中报警系统一般适用于一、二级保护对象;控制中心报警系统一般适用于特级、一级保护对象
自动灭火系统	1. 水灭火系统 水灭火系统包括室内外消火栓系统、自动喷水灭火系统、水幕和水喷雾灭火系统。 2. 气体自动灭火系统 以气体作为灭火介质的灭火系统称为气体灭火系统。灭火剂应当具有的特性:化学稳定性好、耐储存、腐蚀性小、不导电、毒性低、蒸发后不留痕迹、适用于扑救多种类型火灾。 3. 泡沫灭火系统 泡沫灭火系统指空气机械泡沫系统。按发泡倍数,泡沫系统可分为低倍数泡沫灭火系统、中倍数泡沫灭火系统和高倍数泡沫灭火系统。发泡倍数在 20 倍以下的称低倍数泡沫,发泡倍数在 21 ~ 200 倍之间的称中倍数泡沫,发泡倍数在 201 ~ 1 000 倍之间的称高倍数泡沫
防排烟与通风空调系统	排烟有自然排烟和机械排烟两种形式。 排烟窗、排烟井是建筑物中常见的自然排烟形式,机械排烟可克服自然排烟的局限,有效地排出烟气

考点 3　消防器材和消防设施的管理要求

项目	具体内容
消防器材和消防设施的管理要求	(1)消防器材和消防设施是扑救各类火灾的先决条件和战斗武器,要求全体员工都要爱护消防器材、消防设施和安全标志。 (2)非火灾情况下,任何部门和个人都不准使用、试用和玩耍消防器材、消防设施和安全标志。特殊情况确需使用时,需经消防管理部门许可。 (3)严禁占用消防通道,堵塞安全出口;严禁圈占、堵塞消火栓、灭火器等消防器材和

续表

项目	具体内容
消防器材和消防设施的管理要求	消防设施,保证消防通道出口畅通,消防器材处于随时可用状态。 (4)严禁擅自挪用、拆除、停用消防设施和器材,对破坏消防设施、器材和标志的行为予以严肃处理,造成严重后果的送交公安部门处理,并对破坏消防器材、设施和标志的行为及时制止。 (5)按有关规范配备消防器材和消防设施。由专职人员对消防器材和消防设施的使用情况进行日常巡检,按照消防器材和消防设施的性能要求,每日、每月或每年进行一次检查,对达不到标准的消防器材和消防设施及时更换或维修
消防设施的保养与维护	(1)室外消火栓由于处在室外,经常受到自然和人为的损坏,所以要经常维护。 (2)室内消火栓给水系统,至少每半年要进行一次全面的检查。 (3)自动喷水灭火系统,每两个月应对水流指示器进行一次功能试验,每个季度应对报警阀进行一次功能试验。 (4)消防水泵是水消防系统的心脏,因此应每月启动运转一次,检查水泵运行是否正常,出水压力是否达到设计规定值。每年应对水消防系统进行一次模拟火警联动试验,以检验火灾发生时水消防系统是否迅速开通投入灭火作业。 (5)高、低倍数泡沫灭火系统,每半年应检查泡沫液及其贮存器、过滤器、产生泡沫的有关装置,对地下管道应至少5年检查一次。 (6)气体灭火系统,每年至少检修一次,自动检测、报警系统每年至少检查2次。 (7)火灾自动报警系统投入运行2年后,其中点型感温、感烟探测器应每隔3年由专门清洗单位全部清洗一遍,清洗后应作响应阈值及其他必要功能试验,不合格的严禁重新安装使用。 (8)灭火器应每半年检查一次,到期的应及时更换

考点4 消防安全事故的防范措施

项目	具体内容
消防安全事故的防范措施	消防安全事故的防范措施包括: (1)推动城市、县城、全国重点镇和经济发达镇修订城乡消防规划。 (2)开展消防队标准化建设,配齐配足灭火和应急救援车辆、器材和消防员个人防护装备。 (3)推动乡镇按标准建立专职或志愿消防队,构建覆盖城乡的灭火救援力量体系。 (4)开展易燃易爆单位、人员密集场所、高层建筑、大型综合体建筑、大型批发集贸市场、物流仓储等区域火灾隐患治理。 (5)推行消防安全标准化管理。 (6)提升大中小学、幼儿园、医院、养老机构、客运站(码头)等人员密集场所消防安全水平。 (7)依法推广家庭火灾报警和逃生装置

案例分析

2014年12月20日18时,66号高速公路因降雪封闭,21日7时重新开放。9时该高速公路Y路段M隧道内距入口20 m处,一辆以60 km/h速度自西向东行使的空载货车,与前方缓行的运输甲醇的罐车发生追尾碰撞,罐车失控前冲碰撞隧道内同方向行驶的小客车,造成连环追尾事故。

事故发生后,甲醇罐车押运员甲从右侧门下车,走到车后,发现甲醇罐车尾部防撞设施损坏,卸料管断裂,甲醇泄漏,为关闭卸料管根部球阀防止甲醇进一步泄漏。甲要求司机乙向前移动车辆,该车重新启动向前移动1 m后停止,司机乙熄火下车走到车身左侧罐体中部时,发现地面泄漏的甲醇已经起火燃烧,并形成流淌火,迅速引燃前后车辆,事发时受气象和地势影响,隧道内气流由西向东流动,且隧道东高西低,形成烟囱效应,甲醇和车辆燃烧产生的高温有毒烟气迅速在隧道内向东蔓延,继而在隧道内引起大火和浓烟,事故烧毁隧道内车辆12辆,造成25人死亡,6人受伤,隧道受损严重。

事故调查发现:甲醇罐车由轻型货车改装而成,车辆整备质量2.76 t,核定载货量2.24 t,实际装载甲醇3.7 t,司机乙持大货车驾驶证,驾驶证在有效期内,押运员甲为临时用工人员,空载货车为D物流运输公司零担货车,车辆和驾驶员手续齐全,均在有效期内。事发时,因长时间封路等待,零担货车驾驶员丙疲劳驾驶,未及时注意到前方路况变化,导致追尾碰撞。

甲醇罐车隶属E公司,该公司自2014年6月开始一直使用改装车运输甲醇。E公司为危险化学品经营企业,危险化学品经营许可证在有效期内,无危险化学品道路运输资质,该公司共有员工15名,其中安全生产管理人员1名,由公司出纳兼任。该公司实际控制人员丁,丁上一次接受安全生产培训时间为2012年12月。E公司安全生产管理制度不健全,相关员工从未接受过危险化学品道路运输事故应急培训。

根据上述内容,回答下列问题:

1. 根据《危险化学品安全管理条例》(国务院令第645号),指出E公司哪些人员应通过有关主管部门对其安全生产知识和管理能力的考核。

2. 简述甲醇罐车被追尾碰撞后,甲、乙应采取的应急处置措施。

3. 指出E公司在安全管理方面存在的问题。

参考答案及解析

1. E公司下列人员应通过有关主管部门对其安全生产知识和管理能力的考核:

(1)驾驶员、装卸管理人员、押运人员、申报人员、集装箱装箱现场检察员。

(2)公司主要负责人、安全管理人员、特种作业人员。

2. (1)司机乙将车辆立即熄火并关闭汽车电源总开关。

(2)押运员甲立即告知前后车辆的司机熄火和关闭自己车辆的电源,要求司机和乘客禁止烟火和拨打手机,要求其他车辆司机和乘客立即疏散到安全地带并协助警戒,阻止其他车辆和人员进入危险地带(原则:向上风向转移)。

(3)司机乙在事故车辆前后设置警示标识,提醒后面车辆停车熄火关闭电源开关。

(4)押运员甲远离泄漏位置拨打110、119报警(公安机关接到报告后,应当根据实际情况立即向安监部门、环保部门、卫生部门通报)。

(5)如果车上配有防护眼镜、自给式呼吸器、消防服、防毒面具、防护手套等劳保用品,甲和乙佩戴好劳保用品后,尝试关闭卸料管根部球阀,如无法关闭,利用车上防爆堵漏工具进行堵漏;如果没有劳保用品和堵漏工具,在确保安全的情况下,利用车上的水雾型灭火器喷水雾减少蒸发,用沙土覆盖泄漏的甲醇,处理过程中,必须禁止明火、防静电、不使用容易产生火花的工具。

(6)如果没有任何劳保用品和处理工具,撤离现场,在安全处等待消防等部门前来处理,做好配合工作。

3.(1)违反危险化学品安全法规。无危险化学品道路运输资质。使用改装车运输甲醇,并且超载。甲醇罐车由轻型货车改装而成,车辆整备质量2.76 t,核定载货量2.24 t,实际装载甲醇3.7 t。

(2)违反安全培训法律法规。公司实际控制人丁没有每年参加安全再教育,丁上一次接受安全生产培训时间为2012年12月。相关员工从未接受过危险化学品道路运输事故应急培训,导致驾驶员乙和押运员甲缺乏安全应急知识,违规操作。司机乙持大货车驾驶证,没有参加危险品运输培训,取得相应证书。

(3)违反《安全生产法》,安全管理制度不健全,没有配备专职的安全管理人员,安全生产管理人员1名,由公司出纳兼任。

第二部分

安全生产案例分析

第一章　安全生产管理制度与职责

知识框架

- 安全生产管理制度与职责
  - 国家安全生产法律、法规、规章、标准和政策
  - 企业安全生产规章制度
    - 安全生产规章制度建设的目的和意义
    - 安全规章制度建设的依据和原则
    - 安全规章制度的编制和管理
  - 安全生产责任制
  - 安全生产管理机构设置和人员配备
    - 安全生产管理机构设置和人员配备相关内容
    - 生产经营单位安全生产管理机构以及安全生产管理人员应履行的职责

考点精讲

第一节　国家安全生产法律、法规、规章、标准和政策

考点　国家安全生产法律、法规、规章、标准和政策

项目	具体内容
法律	(1)国家现行的有关安全生产的专门法律有： 《安全生产法》《消防法》《道路交通安全法》《海上交通安全法》《矿山安全法》等。 (2)与安全生产相关的法律主要有： 《劳动法》《职业病防治法》《工会法》《矿产资源法》《铁路法》《公路法》《民用航空法》《港口法》《建筑法》《煤炭法》《电力法》等
法规	安全生产法规分为： (1)行政法规。 (2)地方性法规

续表

项目	具体内容
规章	安全生产行政规章分为： (1)部门规章。 (2)地方政府规章
标准	法定安全生产标准分为： (1)国家标准。安全生产国家标准是指国家标准化行政主管部门依照《标准化法》制定的在全国范围内适用的安全生产技术规范。 (2)行业标准。安全生产行业标准是指国务院有关部门和直属机构依照《标准化法》制定的在安全生产领域内适用的安全生产技术规范。 行业安全生产标准对同一安全生产事项的技术要求，可以高于国家安全生产标准但不得与其相抵触

第二节 企业安全生产规章制度

考点1 安全生产规章制度建设的目的和意义

项目	具体内容
安全生产规章制度建设的目的和意义	安全生产规章制度建设的目的和意义： 安全规章制度是生产经营单位贯彻国家有关安全生产法律法规、国家和行业标准，贯彻国家安全生产方针政策的行动指南，是生产经营单位有效防范生产、经营过程安全生产风险，保障从业人员安全和健康，加强安全生产管理的重要措施。具体表现在： (1)建立、健全安全规章制度是生产经营单位的法定责任。 (2)建立、健全安全生产规章制度是生产经营单位落实主体责任的具体体现。 (3)建立、健全安全规章制度是生产经营单位安全生产的重要保障。 (4)建立、健全安全规章制度是生产经营单位保护从业人员安全与健康的重要手段

考点2 安全规章制度建设的依据和原则

项目	具体内容
依据	(1)以安全生产法律法规、国家和行业标准、地方政府的法规、标准为依据。 生产经营单位安全规章制度首先必须符合国家法律法规，国家和行业标准，以及生产经营单位所在地地方政府的相关法规、标准的要求。生产经营单位安全规章制度是一系列法律法规在生产经营单位生产、经营过程具体贯彻落实的体现。 (2)以生产、经营过程的危险有害因素辨识和事故教训为依据。 安全规章制度的建设，其核心就是危险有害因素的辨识和控制。通过危险有害因素的辨识，有效提高规章制度建设的目的性和针对性，保障生产安全。同时，生产经营单

续表

项目	具体内容
依据	位要积极借鉴相关事故教训，及时修订和完善规章制度，防范同类事故的重复发生。 (3)以国际、国内先进的安全管理方法为依据。 随着安全科学技术的迅猛发展，安全生产风险防范和控制的理论、方法不断完善。尤其是安全系统工程理论研究的不断深化，为生产经营单位的安全管理提供了丰富的工具，如职业安全健康管理体系、风险评估、安全性评价体系的建立等，都为生产经营单位安全规章制度的建设提供了宝贵的参考资料
原则	1. 主要负责人负责的原则 安全规章制度建设，涉及生产经营单位的各个环节和所有人员，只有生产经营单位主要负责人亲自组织，才能有效调动生产经营单位的所有资源，才能协调各个方面的关系。 2. "安全第一、预防为主、综合治理"的原则 "安全第一、预防为主、综合治理"是我国的安全生产方针，是我国经济社会发展现阶段安全生产客观规律的具体要求。安全第一，就是要求必须把安全生产放在各项工作的首位，正确处理好安全生产与工程进度、经济效益的关系。预防为主，就是要求生产经营单位的安全生产管理工作，要以危险、有害因素的辨识、评价和控制为基础，建立安全生产规章制度。通过制度的实施达到规范人员行为，消除物的不安全状态，实现安全生产的目标。综合治理，就是要求在管理上综合采取组织措施、技术措施，落实生产经营单位的各级主要负责人、专业技术人员、管理人员、从业人员等各级人员，以及党政工团有关管理部门的责任，各负其责，齐抓共管。 3. 系统性原则 风险来自生产、经营过程之中，只要生产、经营活动在进行，风险就客观存在。因而，要按照安全系统工程的原理，建立涵盖全员、全过程、全方位的安全规章制度。即涵盖生产经营单位每个环节、每个岗位、每个人；涵盖生产经营单位的规划设计、建设安装、生产调试、生产运行、技术改造的全过程；涵盖生产经营全过程的事故预防、应急处置、调查处理等全方位的安全规章制度。 4. 规范化和标准化原则 生产经营单位安全规章制度的建设应实现规范化和标准化管理，以确保安全规章制度建设的严密、完整、有序。建立安全规章制度起草、审核、发布、教育培训、修订的严密的组织管理程序，安全规章制度编制要做到目的明确，流程清晰，标准明确，具有可操作性，按照系统性原则的要求，建立完整的安全规章制度体系

考点 3　安全规章制度的编制和管理

项目	具体内容
制定、修订的工作计划	生产经营单位应每年编制安全规章制度制定、修订的工作计划，确保生产经营单位安全规章制度建设和管理的有序进行

续表

项目	具体内容
制定、修订的工作计划	计划的主要内容包括： (1)规章制度的名称。 (2)编制目的。 (3)主要内容。 (4)责任部门。 (5)进度安排等
制定的流程	安全生产规章制度制定的流程包括： (1)起草。 安全规章制度在起草前，应首先收集国家有关安全生产法律法规、国家行业标准、生产经营单位所在地地方政府的有关法规、标准等，作为制度起草的依据，同时结合生产经营单位安全生产的实际情况，进行起草。 (2)会签。 责任部门起草的规章制度草案，应在送交相关领导签发前征求有关部门的意见，意见不一致时，一般由生产经营单位主要负责人或分管安全的负责人主持会议，取得一致意见。 (3)审核。 安全规章制度在签发前，应进行审核。一是由生产经营单位负责法律事务的部门，对规章制度与相关法律法规的符合性及与生产经营单位现行规章制度一致性进行审查；二是提交生产经营单位的职工代表大会或安全生产委员会会议进行讨论，对各方面工作的协调性、各方利益的统筹性进行审查。 (4)签发。 技术规程规范、安全操作规程等一般技术性安全规章制度由生产经营单位分管安全生产的负责人签发，涉及全局性的综合管理类安全规章制度应由生产经营单位主要负责人签发。 签发后要进行编号，注明生效时间，以“自发布之日起执行”或“现予发布，自某年某月某日起施行”。 (5)发布。 生产经营单位的安全规章制度，应采用固定的发布方式，如通过红头文件形式、在生产经营单位内部办公网络发布等。发布的范围应覆盖与制度相关的部门及人员。 (6)培训和考试。 新颁布的安全规章制度应组织相关人员进行培训，对安全操作规程类制度，还应组织进行考试。 (7)修订。 生产经营单位应每年对安全规章制度进行一次修订，并公布现行有效的安全规章制度清单。对安全操作规程类安全规章制度，除每年进行一次修订外，3 至 5 年应组织进行一次全面修订，并重新印刷

第三节　安全生产责任制

考点　安全生产责任制

项目	具体内容
定义	安全生产责任制是经长期的安全生产、劳动保护管理实践证明的成功制度与措施
对企业实行安全生产责任制的要求	(1)企业单位的各级领导人员在管理生产的同时,必须负责管理安全工作,认真贯彻执行国家有关劳动保护的法令和制度,在计划、布置、检查、总结、评比生产的时候,同时计划、布置、检查、总结、评比安全工作。 (2)企业单位中的生产、技术、设计、供销、运输、财务等各有关专职机构,都应该在各自业务范围内,对实现安全生产的要求负责。 (3)企业单位都应该根据实际情况加强劳动保护工作机构或专职人员的工作。劳动保护工作机构或专职人员的职责是:协助领导组织推动生产中的安全工作,贯彻执行劳动保护的法令、制度;汇总和审查安全技术措施计划,并且督促有关部门切实按期执行;组织和协助有关部门制订或修订安全生产制度和安全技术操作规程,对这些制度、规程的贯彻执行进行监督检查;经常进行现场检查,协助解决问题,遇有特别紧急的不安全情况时,有权指令先行停止生产,并且立即报告领导上研究处理;总结和推广安全生产的先进经验;对职工进行安全生产的宣传教育;指导生产小组安全员工作;督促有关部门按规定及时分发和合理使用个人防护用品、保健食品和清凉饮料;参加审查新建、改建、大修工程的设计计划,并且参加工程验收和试运转工作;参加伤亡事故的调查和处理,进行伤亡事故的统计、分析和报告,协助有关部门提出防止事故的措施,并且督促他们按期实现;组织有关部门研究执行防止职业中毒和职业病的措施;督促有关部门做好劳逸结合和女工保护工作。 (4)企业单位各生产小组都应该设有不脱产的安全员。小组安全员在生产小组长的领导和劳动保护干部的指导下,首先应当在安全生产方面以身作则,起模范带头作用,并协助小组长做好下列工作:经常对本组工人进行安全生产教育;督促他们遵守安全操作规程和各种安全生产制度;正确地使用个人防护用品;检查和维护本组的安全设备;发现生产中有不安全情况的时候,及时报告;参加事故的分析和研究,协助领导上实现防止事故的措施。 (5)企业单位的职工应该自觉地遵守安全生产规章制度,不进行违章作业,并且要随时制止他人违章作业,积极参加安全生产的各种活动,主动提出改进安全工作的意见,爱护和正确使用机器设备、工具及个人防护用品

第四节　安全生产管理机构设置和人员配备

考点1　安全生产管理机构设置和人员配备相关内容

项目	具体内容
概念	(1)安全生产管理机构:是指对安全生产工作进行的管理和控制的部门。 (2)专职安全管理人员:是指经有关部门安全生产考核合格,并取得安全生产考核合格证书,在企业从事安全生产管理工作的专职人员
设置安全生产管理机构或配备专职安全管理人员的企业	(1)矿山、金属冶炼、建筑施工、道路运输单位和危险物品的生产、经营、储存单位,应当设置安全生产管理机构或配备专职安全生产管理人员。 (2)前款以外的其他生产经营单位,从业人员超过100人的,应当设置安全生产管理机构或者配置专职安全生产管理人员;从业人员在100人以下的,应当配备专职或者兼职的安全生产管理人员

考点2　企业安全生产管理机构以及安全生产管理人员应履行的职责

项目	具体内容
职责	企业安全生产管理机构以及安全生产管理人员应履行下列职责: (1)组织或者参与拟订本单位安全生产规章制度、操作规程和生产安全事故应急救援预案。 (2)组织或者参与本单位安全生产教育和培训,如实记录安全生产教育和培训情况。 (3)督促落实本单位重大危险源的安全管理措施。 (4)组织或者参与本单位应急救援演练。 (5)检查本单位的安全生产状况,及时排查生产安全事故隐患,提出改进安全生产管理的建议。 (6)制止和纠正违章指挥、强令冒险作业、违反操作规程的行为。 (7)督促落实本单位安全生产整改措施

第二章　危险因素辨识、隐患排查与安全评价

知识框架

- 危险因素辨识、隐患排查与安全评价
  - 危险、有害因素辨识
    - 人的因素
    - 物的因素
    - 环境因素
    - 管理因素
  - 危险化学品重大危险源管理
    - 危险化学品重大危险源管理相关内容
    - 危险化学品重大危险源安全管理
  - 安全生产检查
    - 安全生产检查工作重点
    - 安全生产检查的类型
    - 安全生产检查的内容
    - 安全生产检查的方法
    - 安全生产检查的工作程序
  - 事故隐患排查
    - 安全生产事故隐患定义及分类
    - 对企业事故隐患排查的要求
    - 监督管理
  - 安全评价
    - 安全评价的内容
    - 安全评价方法分类
    - 常用的安全评价方法
  - 安全技术措施
    - 安全技术措施的分类及编制原则
    - 安全技术措施的编制方法

考点精讲

第一节　危险、有害因素辨识

考点1　人的因素

项目	具体内容
心理、生理性危险和有害因素	心理、生理性危险和有害因素主要包括:(1)负荷超限。(2)健康状况异常。(3)从事禁忌作业。(4)心理异常。(5)辨识功能缺陷。(6)其他心理、生理性危险和有害因素
行为性危险和有害因素	行为性危险和有害因素主要包括: (1)指挥错误。(2)操作错误。(3)监护失误。(4)其他行为性危险和有害因素

考点2　物的因素

项目	具体内容
物理性危险和有害因素	物理性危险和有害因素主要包括:(1)设备、设施、工具、附件缺陷。(2)防护缺陷。(3)电伤害。(4)噪声。(5)振动危害。(6)电离辐射。(7)非电离辐射。(8)运动物危害。(9)明火。(10)高温物体。(11)低温物体。(12)信号缺陷。(13)标志标识缺陷。(14)有害光照。(15)信息系统缺陷。(16)其他物理性危险和危害因素
化学性危险和有害因素	化学性危险和有害因素主要包括:(1)理化危险。(2)健康危险。(3)其他化学性危险和有害因素
生物性危险和有害因素	生物性危险和有害因素主要包括: (1)致病微生物。(2)传染病媒介物。(3)致害动物。(4)致害植物。(5)其他生物性危险和有害因素

考点3　环境因素

项目	具体内容
室内作业场所环境不良	室内作业环境不良因素主要包括:(1)室内地面滑。(2)室内作业场所狭窄。(3)室内作业场所杂乱。(4)室内地面不平。(5)室内梯架缺陷。(6)地面、墙和天花板上的开口缺陷。(7)房屋地基下沉。(8)室内安全通道缺陷。(9)房屋安全出口缺陷。(10)采光照明不良。(11)作业场所空气不良。(12)室内温度、湿度、气压不适。(13)室内给排水不良。(14)室内涌水。(15)其他室内作业场所环境不良

续表

项目	具体内容
室外作业场所环境不良	室外作业环境不良因素主要包括:(1)恶劣气候与环境。(2)作业场所和交通设施湿滑。(3)作业场所狭窄。(4)作业场所杂乱。(5)作业场所不平。(6)交通环境不良。(7)脚手架、阶梯和活动梯架缺陷。(8)地面及地面开口缺陷。(9)建(构)筑物和其他结构缺陷。(10)门和周界设施缺陷。(11)作业场地基础下沉。(12)作业场地安全通道缺陷。(13)作业场地安全出口缺陷。(14)作业场地光照不良。(15)作业场地空气不良。(16)作业场地温度、湿度、气压不适。(17)作业场地涌水。(18)排水系统故障。(19)其他室外作业场所环境不良
地下(含水下)作业环境不良	地下(含水下)作业环境不良因素主要包括:(1)隧道/矿井顶板或巷帮缺陷。(2)隧道/矿井作业面缺陷。(3)隧道/矿井底板缺陷。(4)地下作业面空气不良。(5)地下火。(6)冲击地压。(7)地下水。(8)水下作业供氧不当。(9)其他地下(含水下)作业环境不良
其他作业环境不良	其他作业环境不良因素主要包括:(1)强迫体位。(2)综合性作业环境不良。(3)以上未包括的其他作业环境不良

考点 4　管理因素

项目	具体内容
管理因素	管理因素主要包括: (1)职业安全卫生组织机构和人员配备不健全。 (2)职业安全卫生责任制不完善或未落实。 (3)职业安全卫生管理规章制度不完善或未落实。 (4)职业安全卫生投入不足。 (5)应急管理缺陷。 (6)其他管理因素缺陷

第二节　危险化学品重大危险源管理

考点 1　危险化学品重大危险源管理相关内容

项目	具体内容
责任主体	危险化学品单位是本单位重大危险源安全管理的责任主体,其主要负责人对本单位的重大危险源安全管理工作负责,并保证重大危险源安全生产所必需的安全投入

续表

项目	具体内容
实行原则	重大危险源的安全监督管理实行属地监管与分级管理相结合的原则。 县级以上地方人民政府安全生产监督管理部门按照有关法律、法规、标准和本规定，对本辖区内的重大危险源实施安全监督管理
重大危险源安全监管的信息化建设	国家鼓励危险化学品单位采用有利于提高重大危险源安全保障水平的先进适用的工艺、技术、设备以及自动控制系统，推进安全生产监督管理部门重大危险源安全监管的信息化建设

考点2 危险化学品重大危险源安全管理

项目	具体内容
对危险化学品单位的要求	(1)危险化学品单位应当建立完善重大危险源安全管理规章制度和安全操作规程，并采取有效措施保证其得到执行。 (2)危险化学品单位应当根据构成重大危险源的危险化学品种类、数量、生产、使用工艺(方式)或者相关设备、设施等实际情况，按照下列要求建立健全安全监测监控体系，完善控制措施：①重大危险源配备温度、压力、液位、流量、组份等信息的不间断采集和监测系统以及可燃气体和有毒有害气体泄漏检测报警装置，并具备信息远传、连续记录、事故预警、信息存储等功能；一级或者二级重大危险源，具备紧急停车功能。记录的电子数据的保存时间不少于30天；②重大危险源的化工生产装置装备满足安全生产要求的自动化控制系统；一级或者二级重大危险源，装备紧急停车系统；③对重大危险源中的毒性气体、剧毒液体和易燃气体等重点设施，设置紧急切断装置；毒性气体的设施，设置泄漏物紧急处置装置。涉及毒性气体、液化气体、剧毒液体的一级或者二级重大危险源，配备独立的安全仪表系统(SIS)；④重大危险源中储存剧毒物质的场所或者设施，设置视频监控系统；⑤安全监测监控系统符合国家标准或者行业标准的规定。 (3)危险化学品单位应当按照国家有关规定，定期对重大危险源的安全设施和安全监测监控系统进行检测、检验，并进行经常性维护、保养，保证重大危险源的安全设施和安全监测监控系统有效、可靠运行。维护、保养、检测应当作好记录，并由有关人员签字。 (4)危险化学品单位应当明确重大危险源中关键装置、重点部位的责任人或者责任机构，并对重大危险源的安全生产状况进行定期检查，及时采取措施消除事故隐患。事故隐患难以立即排除的，应当及时制定治理方案，落实整改措施、责任、资金、时限和预案。 (5)危险化学品单位应当对重大危险源的管理和操作岗位人员进行安全操作技能培训，使其了解重大危险源的危险特性，熟悉重大危险源安全管理规章制度和安全操作规程，掌握本岗位的安全操作技能和应急措施。 (6)危险化学品单位应当在重大危险源所在场所设置明显的安全警示标志，写明紧急情况下的应急处置办法。 (7)危险化学品单位应当将重大危险源可能发生的事故后果和应急措施等信息，以适当方式告知可能受影响的单位、区域及人员

续表

项目	具体内容
对危险化学品单位的要求	(8)危险化学品单位应当依法制定重大危险源事故应急预案,建立应急救援组织或者配备应急救援人员,配备必要的防护装备及应急救援器材、设备、物资,并保障其完好和方便使用;配合地方人民政府安全生产监督管理部门制定所在地区涉及本单位的危险化学品事故应急预案。 (9)危险化学品单位应当制定重大危险源事故应急预案演练计划,并按照下列要求进行事故应急预案演练:①对重大危险源专项应急预案,每年至少进行一次;②对重大危险源现场处置方案,每半年至少进行一次。 应急预案演练结束后,危险化学品单位应当对应急预案演练效果进行评估,撰写应急预案演练评估报告,分析存在的问题,对应急预案提出修订意见,并及时修订完善。 (10)危险化学品单位应当对辨识确认的重大危险源及时、逐项进行登记建档。 重大危险源档案应当包括下列文件、资料:①辨识、分级记录;②重大危险源基本特征表;③涉及的所有化学品安全技术说明书;④区域位置图、平面布置图、工艺流程图和主要设备一览表;⑤重大危险源安全管理规章制度及安全操作规程;⑥安全监测监控系统、措施说明、检测、检验结果;⑦重大危险源事故应急预案、评审意见、演练计划和评估报告;⑧安全评估报告或者安全评价报告;⑨重大危险源关键装置、重点部位的责任人、责任机构名称;⑩重大危险源场所安全警示标志的设置情况;⑪其他文件、资料。 (11)危险化学品单位在完成重大危险源安全评估报告或者安全评价报告后15日内,应当填写重大危险源备案申请表,连同重大危险源档案材料,报送所在地县级人民政府安全生产监督管理部门备案。 县级人民政府安全生产监督管理部门应当每季度将辖区内的一级、二级重大危险源备案材料报送至设区的市级人民政府安全生产监督管理部门。设区的市级人民政府安全生产监督管理部门应当每半年将辖区内的一级重大危险源备案材料报送至省级人民政府安全生产监督管理部门。 (12)危险化学品单位新建、改建和扩建危险化学品建设项目,应当在建设项目竣工验收前完成重大危险源的辨识、安全评估和分级、登记建档工作,并向所在地县级人民政府安全生产监督管理部门备案

第三节　安全生产检查

考点1　安全生产检查工作重点

项目	具体内容
工作重点	(1)安全生产检查是生产经营单位安全生产管理的重要内容。 (2)工作重点:①辨识安全生产管理工作存在的漏洞和死角;②检查生产现场安全防护设施、作业环境是否存在不安全状态;③现场作业人员的行为是否符合安全规范;④设

续表

项目	具体内容
工作重点	备、系统运行状况是否符合现场规程的要求等。 (3)通过安全检查,不断堵塞管理漏洞,改善劳动作业环境,规范作业人员的行为,保证设备系统的安全、可靠运行,实现安全生产的目的

考点2 安全生产检查的类型

项目	具体内容
定期安全生产检查	定期安全生产检查一般是通过有计划、有组织、有目的的形式来实现,一般由生产经营单位统一组织实施。检查周期的确定,应根据生产经营单位的规模、性质以及地区气候、地理环境等确定。定期安全检查一般具有组织规模大、检查范围广、有深度,能及时发现并解决问题等特点。定期安全检查一般和重大危险源评估、现状安全评价等工作结合开展
经常性安全生产检查	(1)经常性安全生产检查是由生产经营单位的安全生产管理部门、车间、班组或岗位组织进行的日常检查。一般来讲,包括交接班检查、班中检查、特殊检查等几种形式。 (2)交接班检查是指在交接班前,岗位人员对岗位作业环境、管辖的设备及系统安全运行状况进行检查,交班人员要向接班人员说清楚,接班人员根据自己检查的情况和交班人员的交代,做好工作中可能发生问题及应急处置措施的预想。 班中检查包括岗位作业人员在工作过程中的安全检查,以及生产经营单位领导、安全生产管理部门和车间班组的领导或安全监督人员对作业情况的巡视或抽查等。 (3)特殊检查是针对设备、系统存在的异常情况,所采取的加强监视运行的措施。一般来讲,措施由工程技术人员制定,岗位作业人员执行。 交接班检查和班中岗位的自行检查,一般应制定检查路线、检查项目、检查标准,并设置专用的检查记录本。 (4)岗位经常性检查发现的问题记录在记录本上,并及时通过信息系统和电话逐级上报。 (5)一般来讲,对危及人身和设备安全的情况,岗位作业人员应根据操作规程、应急处置措施的规定,及时采取紧急处置措施,不需请示,处置后则立即汇报。有些生产经营单位如化工单位等习惯做法是,岗位作业人员发现危及人身、设备安全的情况,只需紧急报告,而不要求就地处置
季节性及节假日前后安全生产检查	(1)由生产经营单位统一组织,检查内容和范围则根据季节变化,按事故发生的规律对易发的潜在危险,突出重点进行检查。如冬季防冻保温、防火、防煤气中毒,夏季防暑降温、防汛、防雷电等检查。 (2)由于节假日(特别是重大节日,如元旦、春节、劳动节、国庆节)前后容易发生事故。因而应在节假日前后进行有针对性的安全检查

续表

项目	具体内容
专业(项)安全生产检查	(1)专业(项)安全生产检查是对某个专业(项)问题或在施工(生产)中存在的普遍性安全问题进行的单项定性或定量检查。 (2)如对危险性较大的在用设备、设施,作业场所环境条件的管理性或监督性定量检测检验则属专业(项)安全检查。专业(项)检查具有较强的针对性和专业要求,用于检查难度较大的项目
综合性安全生产检查	综合性安全生产检查一般是由上级主管部门或地方政府负有安全生产监督管理职责的部门,组织对生产单位进行的安全检查
职工代表不定期对安全生产的巡查	根据《工会法》及《安全生产法》的有关规定,生产经营单位的工会应定期或不定期组织职工代表进行安全检查。重点查国家安全生产方针、法规的贯彻执行情况,各级人员安全生产责任制和规章制度的落实情况,从业人员安全生产权利的保障情况,生产现场的安全状况等

考点3 安全生产检查的内容

项目	具体内容
内容	安全生产检查的内容包括:软件系统和硬件系统。 (1)软件系统主要是查思想、查意识、查制度、查管理、查事故处理、查隐患、查整改。 (2)硬件系统主要是查生产设备、查辅助设施、查安全设施、查作业环境
原则	安全生产检查具体内容应本着突出重点的原则进行确定。 (1)对于危险性大、易发事故、事故危害大的生产系统、部位、装置、设备等应加强检查。一般应重点检查:①易造成重大损失的易燃易爆危险物品、剧毒品、锅炉、压力容器、起重设备、运输设备、冶炼设备、电气设备、冲压机械、高处作业和本企业易发生工伤、火灾、爆炸等事故的设备、工种、场所及其作业人员;②易造成职业中毒或职业病的尘毒产生点及其岗位作业人员;③直接管理的重要危险点和有害点的部门及其负责人。 (2)对非矿山企业,目前国家有关规定要求强制性检查的项目有:①锅炉、压力容器、压力管道、高压医用氧舱、起重机、电梯、自动扶梯、施工升降机、简易升降机、防爆电器、厂内机动车辆、客运索道、游艺机及游乐设施等;②作业场所的粉尘、噪声、振动、辐射、高温低温和有毒物质的浓度等。 (3)对矿山企业,目前国家有关规定要求强制性检查的项目有:①矿井风量、风质、风速及井下温度、湿度、噪声;②瓦斯、粉尘;③矿山放射性物质及其他有毒有害物质;④露天矿山边坡;⑤尾矿坝;⑥提升、运输、装载、通风、排水、瓦斯抽放、压缩空气和起重设备;⑦各种防爆电器、电器安全保护装置;⑧矿灯;⑨钢丝绳等;⑩瓦斯、粉尘及其他有毒有害物质检测仪器、仪表;自救器;⑪救护设备;⑫安全帽;⑬防尘口罩或面罩;⑭防护服、防护鞋;⑮防噪声耳塞、耳罩

考点4 安全生产检查的方法

项目	具体内容
常规检查	(1)常规检查是常见的一种检查方法。 (2)通常是由安全管理人员作为检查工作的主体,到作业场所现场,通过感观或辅助一定的简单工具、仪表等,对作业人员的行为、作业场所的环境条件、生产设备设施等进行的定性检查。 (3)安全检查人员通过这一手段,及时发现现场存在的安全隐患并采取措施予以消除,纠正施工人员的不安全行为。 (4)常规检查主要依靠安全检查人员的经验和能力,检查的结果直接受安全检查人员个人素质的影响
安全检查表法	(1)为使安全检查工作更加规范,将个人的行为对检查结果的影响减少到最小,常采用安全检查表法。 (2)安全检查表一般由工作小组讨论制定。 (3)安全检查表一般包括检查项目、检查内容、检查标准、检查结果及评价、检查发现问题等内容。 (4)编制安全检查表应依据国家有关法律法规,生产经营单位现行有效的有关标准、规程、管理制度,有关事故教训,生产经营单位安全管理文化、理念,反事故技术措施和安全措施计划,季节性、地理、气候特点等
仪器检查及数据分析法	(1)有些生产经营单位的设备、系统运行数据具有在线监视和记录的系统设计,对设备、系统的运行状况可通过对数据的变化趋势进行分析得出结论。 (2)对没有在线数据检测系统的机器、设备、系统,只能通过仪器检查法来进行定量化的检验与测量

考点5 安全生产检查的工作程序

项目	具体内容
安全检查准备	(1)确定检查对象、目的、任务。 (2)查阅、掌握有关法规、标准、规程的要求。 (3)了解检查对象的工艺流程、生产情况、可能出现危险和危害的情况。 (4)制定检查计划,安排检查内容、方法、步骤。 (5)编写安全检查表或检查提纲。 (6)准备必要的检测工具、仪器、书写表格或记录本。 (7)挑选和训练检查人员并进行必要的分工等
实施安全检查	实施安全检查就是通过访谈、查阅文件和记录、现场观察、仪器测量的方式获取信息。 (1)访谈。通过与有关人员谈话来检查安全意识和规章制度执行情况等。 (2)查阅文件和记录。检查设计文件、作业规程、安全措施、责任制度、操作规程等是否齐全,是否有效;查阅相应记录,判断上述文件是否被执行

续表

项目	具体内容
实施安全检查	(3)现场观察。对作业现场的生产设备、安全防护设施、作业环境、人员操作等进行观察。寻找不安全因素、事故隐患、事故征兆等。 (4)仪器测量。利用一定的检测检验仪器设备,对在用的设施、设备、器材状况及作业环境条件等进行测量,以发现隐患
综合分析	经现场检查和数据分析后,检查人员应对检查情况进行综合分析,提出检查的结论和意见。一般来讲,生产经营单位自行组织的各类安全检查,应有安全管理部门会同有关部门对检查结果进行综合分析;上级主管部门或地方政府负有安全生产监督管理职责的部门组织的安全检查,统一研究得出检查意见或结论
结果反馈	现场检查和综合分析完成后,应将检查的结论和意见反馈至被检查对象。结果反馈形式可以是现场反馈,也可以是书面反馈
提出整改要求	检查结束后,针对检查发现的问题,应根据问题性质的不同,提出相应的整改措施和要求
整改落实	对安全检查发现的问题和隐患,生产经营单位应制定整改计划,建立安全生产问题隐患台账,定期跟踪隐患的整改落实情况,确保隐患按要求整改完成,形成隐患整改的闭环管理
信息反馈及持续改进	生产经营单位自行组织的安全检查,在整改措施计划完成后,安全管理部门应组织有关人员进行验收。对于上级主管部门或地方政府负有安全生产监督管理职责的部门组织的安全检查,在整改措施完成后,应及时上报整改完成情况,申请复查或验收。 对安全检查中经常发现的问题或反复发现的问题,生产经营单位应从规章制度的健全和完善、从业人员的安全教育培训、设备系统的更新改造、加强现场检查和监督等环节入手,做到持续改进,不断提高安全生产管理水平,防范生产安全事故的发生

第四节　事故隐患排查

考点1　安全生产事故隐患定义及分类

项目	具体内容
定义	安全生产事故隐患是指生产经营单位违反安全生产法律、法规、规章、标准、规程和安全生产管理制度的规定,或者因其他因素在生产经营活动中存在可能导致事故发生的物的危险状态、人的不安全行为和管理上的缺陷

续表

项目	具体内容
分类	事故隐患分为一般事故隐患和重大事故隐患。 (1)一般事故隐患,是指危害和整改难度较小,发现后能够立即整改排除的隐患。 (2)重大事故隐患,是指危害和整改难度较大,应当全部或者局部停产停业,并经过一定时间整改治理方能排除的隐患,或者因外部因素影响致使生产经营单位自身难以排除的隐患

考点2 对企业事故隐患排查的要求

项目	具体内容
要求	(1)生产经营单位应当依照法律、法规、规章、标准和规程的要求从事生产经营活动。严禁非法从事生产经营活动。 (2)生产经营单位是事故隐患排查、治理和防控的责任主体。 (3)生产经营单位应当建立健全事故隐患排查治理和建档监控等制度,逐级建立并落实从主要负责人到每个从业人员的隐患排查治理和监控责任制。 (4)生产经营单位应当保证事故隐患排查治理所需的资金,建立资金使用专项制度。 (5)生产经营单位应当定期组织安全生产管理人员、工程技术人员和其他相关人员排查本单位的事故隐患。对排查出的事故隐患,应当按照事故隐患的等级进行登记,建立事故隐患信息档案,并按照职责分工实施监控治理。 (6)生产经营单位应当建立事故隐患报告和举报奖励制度,鼓励、发动职工发现和排除事故隐患,鼓励社会公众举报。对发现、排除和举报事故隐患的有功人员,应当给予物质奖励和表彰。 (7)生产经营单位将生产经营项目、场所、设备发包、出租的,应当与承包、承租单位签订安全生产管理协议,并在协议中明确各方对事故隐患排查、治理和防控的管理职责。生产经营单位对承包、承租单位的事故隐患排查治理负有统一协调和监督管理的职责。 (8)安全监管监察部门和有关部门的监督检查人员依法履行事故隐患监督检查职责时,生产经营单位应当积极配合,不得拒绝和阻挠。 (9)生产经营单位应当每季、每年对本单位事故隐患排查治理情况进行统计分析,并分别于下一季度15日前和下一年1月31日前向安全监管监察部门和有关部门报送书面统计分析表。统计分析表应当由生产经营单位主要负责人签字。 对于重大事故隐患,生产经营单位除依照上述要求报送外,还应当及时向安全监管监察部门和有关部门报告。重大事故隐患报告内容应当包括:①隐患的现状及其产生原因;②隐患的危害程度和整改难易程度分析;③隐患的治理方案。 (10)对于一般事故隐患,由生产经营单位(车间、分厂、区队等)负责人或者有关人员立即组织整改。 对于重大事故隐患,由生产经营单位主要负责人组织制定并实施事故隐患治理方案。重大事故隐患治理方案应当包括以下内容:①治理的目标和任务;②采取的方法和措施;③经费和物资的落实;④负责治理的机构和人员;⑤治理的时限和要求;⑥安全措施和应急预案

续表

项目	具体内容
要求	(11)生产经营单位在事故隐患治理过程中，应当采取相应的安全防范措施，防止事故发生。事故隐患排除前或者排除过程中无法保证安全的，应当从危险区域内撤出作业人员。并疏散可能危及的其他人员，设置警戒标志，暂时停产停业或者停止使用；对暂时难以停产或者停止使用的相关生产储存装置、设施、设备，应当加强维护和保养，防止事故发生。 (12)生产经营单位应当加强对自然灾害的预防。对于因自然灾害可能导致事故灾难的隐患，应当按照有关法律、法规、标准和《安全生产事故隐患排查治理暂行规定》的要求排查治理，采取可靠的预防措施，制定应急预案。在接到有关自然灾害预报时。应当及时向下属单位发出预警通知；发生自然灾害可能危及生产经营单位和人员安全的情况时，应当采取撤离人员、停止作业、加强监测等安全措施，并及时向当地人民政府及其有关部门报告。 (13)地方人民政府或者安全监管监察部门及有关部门挂牌督办并责令全部或者局部停产停业治理的重大事故隐患，治理工作结束后，有条件的生产经营单位应当组织本单位的技术人员和专家对重大事故隐患的治理情况进行评估；其他生产经营单位应当委托具备相应资质的安全评价机构对重大事故隐患的治理情况进行评估。 经治理后符合安全生产条件的，生产经营单位应当向安全监管监察部门和有关部门提出恢复生产的书面申请，经安全监管监察部门和有关部门审查同意后，方可恢复生产经营。申请报告应包括治理方案的内容、项目和安全评价机构出具的评价报告等

考点3　监督管理

项目	具体内容
监督管理	(1)各级安全监管监察部门按照职责对所辖区域内生产经营单位排查治理事故隐患工作依法实施综合监督管理；各级人民政府有关部门在各自职责范围内对生产经营单位排查治理事故隐患工作依法实施监督管理。任何单位和个人发现事故隐患，均有权向安全监管监察部门和有关部门报告。安全监管监察部门接到事故隐患报告后，应当按照职责分工立即组织核实并予以查处；发现所报告事故隐患应当由其他有关部门处理的，应当立即移送有关部门并记录备查。 (2)安全监管监察部门应当指导、监督生产经营单位按照有关法律、法规、规章、标准和规程的要求，建立健全事故隐患排查治理等各项制度，定期组织对生产经营单位事故隐患排查治理情况开展监督检查。对检查过程中发现的重大事故隐患，应当下达整改指令书，并建立信息管理台账。必要时，报告同级人民政府并对重大事故隐患实行挂牌督办。 (3)安全监管监察部门应当配合有关部门做好对生产经营单位事故隐患排查治理情况开展的监督检查，依法查处事故隐患排查治理的非法和违法行为及其责任者。 (4)安全监管监察部门发现属于其他有关部门职责范围内的重大事故隐患的，应该及时将有关资料移送有管辖权的有关部门，并记录备案

续表

项目	具体内容
监督管理	(5)已经取得安全生产许可证的生产经营单位,在其被挂牌督办的重大事故隐患治理结束前,安全监管监察部门应当加强监督检查。必要时,可以提请原许可证颁发机关依法暂扣其安全生产许可证。 (6)对挂牌督办并采取全部或者局部停产停业治理的重大事故隐患,国家监察委员会收到生产经营单位恢复生产的申请报告后,应当在10日内进行现场审查。审查合格的,对事故隐患进行核销,同意恢复生产经营;审查不合格的,依法责令改正或者下达停产整改指令。对整改无望或者生产经营单位拒不执行整改指令的,依法实施行政处罚;不具备安全生产条件的,依法提请县级以上人民政府按照国务院规定的权限予以关闭

第五节　安全评价

考点1　安全评价的内容

项目	具体内容
安全评价	安全评价是指以实现安全为目的,应用安全系统工程原理和方法,辨识与分析工程、系统、生产经营活动中的危险和有害因素,预测发生事故或造成职业危害的可能性及其严重程度,提出科学、合理、可行的安全对策措施建议,作出评价结论的活动
安全预评价	安全预评价是指在项目建设前,根据建设项目可行性研究报告的内容,分析和预测该建设项目可能存在的危险和有害因素的种类和程度,提出合理、可行的安全对策措施和建议,用以指导建设项目的初步设计。 安全预评价内容: (1)前期准备工作:①明确评价对象和评价范围;②组建评价组;③收集法律、法规;④分析基础资料等。 (2)辨识和分析评价对象存在的各种危险和有害因素。 (3)评价单元划分,以自然条件、基本工艺条件、危险和有害因素分布及状况、便于实施评价为原则进行。 (4)定性、定量评价,对危险和有害因素导致事故发生的可能性及其严重程度进行评价。 (5)提出安全技术对策措施,提出安全管理对策措施及其他安全对策措施。 (6)评价结论,给出评价对象的符合性结论,给出危险和有害因素引发各类事故的可能性及其严重程度的预测性结论,明确评价对象建成或实施后能否安全运行的结论
安全验收评价	(1)在建设项目竣工后正式生产运行前或工业园区建设完成后,通过检查建设项目安全设施与主体工程同时设计、同时施工、同时投入生产和使用的情况或工业园区内的安全设施、设备、装置投入生产和使用的情况

续表

项目	具体内容
安全验收评价	(2)安全验收评价程序:①前期准备;②辨识与分析危险和有害因素;③划分评价单元;④定性、定量评价;⑤提出安全对策措施建议;⑥作出安全评价结论;⑦编制安全评价报告。 (3)安全验收评价包括:①危险、有害因素的辨识与分析;②符合性评价和危险危害程度的评价;③安全对策措施建议;④安全验收评价结论等内容
安全现状评价	(1)针对生产经营活动、工业园区的事故风险、安全管理等情况,辨识与分析其存在的危险和有害因素,审查确定其与安全生产法律、法规、规章、标准、规范要求的符合性,预测发生事故或造成职业危害的可能性及其严重程度,提出科学、合理、可行的安全对策措施建议,作出安全现状评价结论的活动。 (2)安全现状评价既适用于对一个生产经营单位或一个工业园区的评价,也适用于某一特定的生产方式、生产工艺、生产装置或作业场所的评价

考点2 安全评价方法分类

项目	具体内容
按照评价结果的量化程度分类	1. 定性安全评价方法 属于定性安全评价方法的有安全检查表、专家现场询问观察法、因素图分析法、事故引发和发展分析、作业条件危险性评价法、故障类型和影响分析、危险可操作性研究等。 2. 定量安全评价方法 (1)概率风险评价法。 故障类型及影响分析、事故树分析、逻辑树分析、概率理论分析、马尔可夫模型分析、模糊矩阵法、统计图表分析法等都可以由基本致因因素的事故发生概率计算整个评价系统的事故发生概率。 (2)伤害(或破坏)范围评价法。 液体泄漏模型、气体泄漏模型、气体绝热扩散模型、池火火焰与辐射强度评价模型、火球爆炸伤害模型、爆炸冲击波超压伤害模型、蒸气云爆炸超压破坏模型、毒物泄漏扩散模型和锅炉爆炸伤害 TNT 当量法。 (3)危险指数评价法。 道化学公司火灾、爆炸危险指数评价法;蒙德火灾爆炸毒性指数评价法;易燃、易爆、有毒重大危险源评价法
按照安全评价的逻辑推理过程分类	(1)归纳推理评价法。 (2)演绎推理评价法
按照安全评价要达到的目的分类	(1)事故致因因素安全评价方法。 (2)危险性分级安全评价方法。 (3)事故后果安全评价方法

续表

项目	具体内容
按照评价对象的不同分类	(1)设备(设施或工艺)故障率评价法。 (2)人员失误率评价法。 (3)物质系数评价法。 (4)系统危险性评价法等

考点3 常用的安全评价方法

项目	具体内容
安全检查表方法	为了查找工程、系统中各种设备设施、物料、工件、操作、管理和组织措施中的危险、有害因素,事先把检查对象加以分解,将大系统分割若干小的子系统,以提问或打分的形式,将检查项目列表逐项检查,避免遗漏
危险指数方法	(1)危险指数方法是通过评价人员对几种工艺现状及运行的固有属性(是以作业现场危险度、事故概率和事故严重度为基础,对不同作业现场的危险性进行鉴别)进行比较计算,确定工艺危险特性、重要性大小及是否需要进一步研究的安全评价方法。 (2)危险指数评价可以运用在工程项目的各个阶段(可行性研究、设计、运行等),可以在详细的设计方案完成之前运用,也可以在现有装置危险分析计划制定之前运用。 (3)也可用于在役装置,作为确定工艺操作危险的依据
预先危险分析法	预先危险分析法是一项实现系统安全危害分析的初步或初始工作,在设计、施工和生产前,首先对系统中存在的危险性类别、出现条件、导致事故的后果进行分析,目的是识别系统中的潜在危险,确定危险等级,防止危险发展成事故。 预先危险分析方法的步骤如下: (1)通过经验判断、技术诊断或其他方法确定危险源,对所需分析系统的生产目的、物料、装置及设备、工艺过程、操作条件以及周围环境等,进行充分详细的了解。 (2)根据以往的经验及同类行业生产中的事故情况,对系统的影响、损坏程度,类比判断所要分析的系统中可能出现的情况,查找能够造成系统故障、物质损失和人员伤害的危险性,分析事故的可能类型。 (3)对确定的危险源分类,制成预先危险性分析表。 (4)转化条件,即研究危险因素转变为危险状态的触发条件和危险状态转变为事故的必要条件,并进一步寻求对策措施,检验对策措施的有效性。 (5)进行危险性分级,排列出重点和轻、重、缓、急次序,以便处理。 (6)制定事故的预防性对策措施
故障假设分析方法	(1)故障假设分析方法是一种对系统工艺过程或操作过程的创造性分析方法。 (2)它一般要求评价人员用"what…if"作为开头对有关问题进行考虑,任何与工艺安全有关或与之不太相关的问题都可提出并加以讨论。 (3)通常,将所有的问题都记录下来,然后分门别类进行讨论

续表

项目	具体内容
故障假设分析方法	(4)所提出的问题要考虑到任何与装置有关的不正常的生产条件,而不仅是设备故障或工艺参数。 (5)评价结果一般以表格形式表示,主要内容有:①提出的问题;②回答可能的后果;③降低或消除危险性的安全措施 (6)故障假设分析方法可按分析准备、完成分析和编制分析结果报告3个步骤来完成
危险和可操作性研究	(1)危险和可操作性研究是一种定性的安全评价方法。 (2)它的基本过程是以关键词为引导,找出过程中工艺状态的变化(即偏差),然后分析找出偏差的原因、后果及可采取的对策。 (3)其侧重点是工艺部分或操作步骤各种具体值。 (4)危险和可操作性研究分析是对危险和可操作性问题进行详细识别的过程,由一个小组完成
故障类型和影响分析	(1)故障类型和影响分析是系统安全工程的一种方法。 (2)根据系统可以划分为子系统、设备和元件的特点,按实际需要将系统进行分割,然后分析各自可能发生的故障类型及其产生的影响,以便采取相应的对策,提高系统的安全可靠性。 (3)故障类型和影响分析步骤:①明确系统本身情况;②确定分析程度和水平;③绘制系统图和可靠性框图;④列出所有的故障类型并选出对系统有影响的故障类型;⑤理出造成故障的原因
故障树分析	(1)故障树分析是一种描述事故因果关系的有方向的"树",是系统安全工程中的重要的分析方法之一。 (2)它能对各种系统的危险性进行识别评价,既适用于定性分析,又能进行定量分析,具有简明、形象化的特点,体现了以系统工程方法研究安全问题的系统性、准确性和预测性。 (3)故障树分析的基本程序:①熟悉系统;②调查事故;③确定顶上事件;④确定目标值;⑤调查原因事件;⑥画出故障树;⑦定性分析;⑧确定事故发生概率;⑨比较;⑩分析
事件树分析	(1)事件树分析是用来分析普通设备故障或过程波动(称为初始事件)导致事故发生的可能性。 (2)在事件树分析中,事故是典型设备故障或工艺异常(称为初始事件)引发的结果。 (3)与故障树分析不同,事件树分析是使用归纳法(不是演绎法),可提供记录事故后果的系统性的方法,并能确定导致事件后果与初始事件的关系。 (4)事件树分析步骤:①确定初始事件;②判定安全功能;③发展事件树和简化事件树;④分析事件树;⑤事件树的定量分析

续表

项目	具体内容
作业条件危险性评价法	(1)美国的K.J.格雷厄姆和G.F.金尼研究了人们在具有潜在危险环境中作业的危险性,提出了以所评价的环境与某些作为参考环境的对比为基础,将作业条件的危险性作为因变量(D),事故或危险事件发生的可能性(L)、暴露于危险环境的频率(E)及危险严重程度(C)作为自变量,确定了它们之间的函数式。 (2)根据实际经验,他们给出了3个自变量的各种不同情况的分数值,采取对所评价的对象根据情况进行"打分"的办法,然后根据公式计算出其危险性分数值,再在按经验将危险性分数值划分的危险程度等级表或图上,查出其危险程度的一种评价方法。 (3)这是一种简单易行的评价作业条件危险性的方法
定量风险评价方法	(1)识别危险分析方面,定性和半定量的评估是非常有价值的,但是这些方法仅是定性分析,不能提供足够的定量分析,特别是不能对复杂的并存在危险的工艺流程等提供决策的依据和足够的信息。 (2)在这种情况下,必须能够提供完全的定量的计算和评价 (3)风险可以表征为事故发生的频率和事故的后果的乘积。 (4)定量风险评价对这两方面均进行评价,可以将风险的大小完全量化,并提供足够的信息,为业主、投资者、政府管理者提供定量化的决策依据

第六节 安全技术措施

考点1 安全技术措施的分类及编制原则

项目	具体内容
分类	防止事故发生的安全技术措施: (1)消除危险源。 (2)限制能量或危险物质。 (3)隔离。 (4)故障—安全设计。 (5)减少故障和失误。 减少事故损失的安全技术措施: (1)隔离。 (2)设置薄弱环节。 (3)个体防护。 (4)避难与救援

续表

项目	具体内容
编制原则	1. 必要性和可行性 要考虑安全生产的实际需要和技术可行性与经济承受能力。 2. 自力更生与勤俭节约 编制计划时，应注意充分利用现有的设备和设施，挖掘潜力，讲求实效。 3. 轻重缓急与统筹安排 对影响最大、危险性最大的项目应优先考虑，逐步有计划地解决。 4. 领导和群众相结合 加强领导，依靠群众，使计划切实可行，以便顺利实施

考点 2　安全技术措施的编制方法

项目	具体内容
确定编制时间	年度安全技术措施计划一般应与同年度的生产、技术、财务、物资采购等计划同时编制
布置编制工作	企业领导应根据本单位的具体情况向下属单位或职能部门提出编制措施计划的具体要求，并就有关工作进行布置
确定项目和内容	(1)下属单位在认真调查和分析本单位存在的问题，并征求群众意见的基础上，确定本单位的安全技术措施计划项目和主体内容，报上级安全生产管理部门。 (2)安全生产管理部门对上报的措施计划进行审查、平衡、汇总后，确定措施计划项目，并报有关领导审批
编制措施计划	安全技术措施计划项目经审批后，由安全生产管理部门和下属单位组织相关人员，编制具体的措施计划和方案，经讨论后，送上级安全生产管理部门和有关部门审查
审批措施计划	(1)上级安全、技术、计划部门对上报的安全技术措施计划进行联合会审后，报单位有关领导审批。 (2)安全技术措施计划一般由总工程师审批
下达措施计划	(1)单位主要负责人根据总工程师的审批意见，召集有关部门和下属单位负责人审查、核定措施计划。 (2)审查、核定通过后，与生产计划同时下达到有关部门贯彻执行
实施	(1)安全技术措施计划落实到各执行部门后，安全管理部门应定期对计划的完成情况进行监督检查，对已经完成的项目，应由验收部门负责组织验收。 (2)安全技术措施验收后，应及时补充、修订相关管理制度、操作规程，开展对相关人员的培训工作，建立相关的档案和记录

第三章　安全生产相关规定

知识框架

- 安全生产相关规定
  - 安全生产许可
    - 安全生产许可制度的适用范围
    - 取得安全生产许可证的条件
    - 取得安全生产许可证的程序
    - 违法行为应负的法律责任
  - 建设项目安全设施
    - 建设项目安全设施的相关内容
    - 建设项目安全设施“三同时”
    - 建设项目安全设施设计审查
    - 建设项目安全设施施工和竣工验收
  - 安全生产教育培训
    - 对安全生产教育培训的基本要求
    - 对单位主要负责人、安全生产管理人员及其他从业人员的培训、考核及认证
  - 安全文化
    - 安全文化的定义与内涵
    - 安全文化建设的基本内容
    - 安全文化建设的操作步骤
    - 企业安全文化建设评价
  - 安全生产标准化
    - 安全标准化建设的意义
    - 开展安全生产标准化建设的重点内容
  - 安全风险分级管控和隐患排查治理双重预防机制
    - 总体思路和工作目标
    - 着力构建企业双重预防机制
    - 健全完善双重预防机制的政府监管体系
    - 强化政策引导和技术支撑
    - 有关工作要求
    - 风险分级及管控原则

考点精讲

第一节　安全生产许可

考点1　安全生产许可制度的适用范围

项目	具体内容
设定范围	直接涉及国家安全、公共安全，有限自然资源开发利用、提供公共服务等
设定种类	行政许可包括5类：普通许可、特许、认可、核准、登记。 (1)空间：涵盖了在我国国家主权所及范围内从事矿产资源开发、建筑施工和危险化学品、烟花爆竹和民用爆炸物品生产等活动。 (2)主体及其行为：凡是在中华人民共和国领域内从事矿产资源开发、建筑施工和危险化学品、烟花爆竹、民用爆炸物品生产等活动的所有企业法人、非企业法人单位和中国人、外籍人、无国籍人

考点2　取得安全生产许可证的条件

项目	具体内容
三类企业	(1)矿山企业：①煤矿企业；②非煤矿企业。 (2)危险物品生产企业：①危险化学品生产企业；②烟花爆竹生产企业；③民用爆炸物品生产企业。 (3)建筑施工企业

考点3　取得安全生产许可证的程序

项目	具体内容
程序	1. 公开申请事项和要求 安全生产许可证颁发管理机关制定的安全生产许可证颁发管理的规章制度等具体规定应当公布。否则不能作为实施行政许可的具体依据。 2. 企业应当依法提出申请 企业依法向安全生产许可证颁发管理机关提出申请： (1)新设立生产企业的申请。 (2)已经进行生产企业的申请。 (3)申请人应当提交相关文件、资料

续表

项目	具体内容
程序	3. 受理申请及审查 (1)形式审查。 所谓形式审查,是指安全生产许可证颁发管理机关依法对申请人提交的申请文件、资料是否齐全、真实、合法,进行检查核实的工作。这时申请人提交的证明其具备法定安全生产条件的都是书面的文件、资料。 (2)实质性审查。 申请人提交的文件、资料通过形式审查以后,安全生产许可证颁发管理机关认为有必要的,应当对申请文件、资料和企业的实际安全生产条件进行实地审查或者核实。 安全生产许可证颁发管理机关进行实质性审查的主要方式:①委派本机关的工作人员直接进行审查或者核实;②委托其他行政机关代为进行审查或者核实;③委托安全中介机构对一些专业技术性很强的设施、设备和工艺进行专门检验。 4. 决定 (1)经审查或核实后,安全生产许可证颁发管理机关可以依法作出两种决定:①企业具备法定安全生产条件的,决定颁发安全生产许可证;②企业不具备法定安全生产条件的,决定不予颁发安全生产许可证,书面通知企业并说明理由。 (2)安全生产许可证颁发管理机关应当对有关人员提出的审查意见进行讨论,并在受理申请之日起45个工作日内作出颁发或者不予颁发安全生产许可证的决定。对决定颁发的,安全生产许可证颁发管理机关应当自决定之日起10个工作日内送达或者通知申请人领取安全生产许可证;对不予颁发的,应当在10个工作日内书面通知申请人并说明理由。 5. 期限与延续 (1)安全生产许可证的有效期为3年。 (2)延续有以下两种情形:①有效期满的例行延续。安全生产许可证的有效期为3年,企业应当于期满前3个月内向原安全生产许可证颁发管理机关办理延期手续。②有效期满的免审延续。安全生产状况良好、没有发生死亡生产安全事故的企业,不需经过审查即可延续3年,但不是自动延期,应当在有效期满前提出延期的申请,经原安全生产许可证颁发管理机关同意后方可免审延续3年。 6. 补办与变更 (1)安全生产许可证如遇损毁、丢失等情况,就需要向原安全生产许可证颁发管理机关申请补办。 (2)企业的有关事项发生变化,也需要及时办理安全生产许可证。 7. 公告 (1)安全生产许可证颁发管理机关定期向社会公布企业取得安全生产许可证情况。 (2)公布的具体形式可以多样但须规范,公布时间由安全生产许可证颁发管理机关决定

考点4　违法行为应负的法律责任

项目	具体内容
法律责任追究的原则	“谁持证谁负责”和“谁发证谁处罚”
违法行为的界定	1. 许可证颁发管理机关工作人员的安全生产许可违法行为 (1)向不符合安全生产条件的企业颁发安全生产许可证的。 (2)发现企业未依法取得安全生产许可证擅自从事生产活动，不依法处理的。 (3)发现取得安全生产许可证的企业不再具备本条例规定的安全生产条件，不依法处理的。 (4)接到对违反本条例规定行为的举报后，不及时处理的。 (5)在安全生产许可证颁发、管理和监督检查工作中，索取或者接受企业的财物，或者谋取其他利益的。 2. 企业的安全生产许可违法行为 (1)未取得安全生产许可证擅自进行生产的。 (2)取得安全生产许可证后不再具备安全生产条件的。这是一种持证违法行为。 (3)安全生产有效期满未办理延期手续，继续进行生产的。 (4)转让、冒用或者使用伪造安全生产许可证的。 (5)在《安全生产许可证条例》规定期限内逾期不办理安全生产许可证，或者经审查不具备本条例规定的安全生产条件，未取得安全生产许可证，继续进行生产的
行政处理的种类	(1)责令停止生产。 (2)没收违法所得。 (3)罚款。 (4)暂扣或吊销安全生产许可证

第二节　建设项目安全设施

考点1　建设项目安全设施的相关内容

项目	具体内容
定义	建设项目是指生产经营单位进行新建、改建、扩建工程项目的总称。 建设项目安全设施，是指生产经营单位在生产经营活动中用于预防生产安全事故的设备、设施、装置、构(建)筑物和其他技术措施的总称
责任主体	生产经营单位是建设项目安全设施建设的责任主体

考点2 建设项目安全设施“三同时”

项目	具体内容
概念	建设项目安全设施必须与主体工程同时设计、同时施工、同时投入生产和使用
相关规定	《建设项目安全设施“三同时”监督管理办法》规定： (1)国家安全生产监督管理总局(现改为应急管理部)对全国建设项目安全设施“三同时”实施综合监督管理,并在国务院规定的职责范围内承担有关建设项目安全设施“三同时”的监督管理。 (2)县级以上地方各级安全生产监督管理部门对本行政区域内的建设项目安全设施“三同时”实施综合监督管理,并在本级人民政府规定的职责范围内承担本级人民政府及其有关主管部门审批、核准或者备案的建设项目安全设施“三同时”的监督管理。 (3)跨两个及两个以上行政区域的建设项目安全设施“三同时”由其共同的上一级人民政府安全生产监督管理部门实施监督管理。 (4)上一级人民政府安全生产监督管理部门根据工作需要,可以将其负责监督管理的建设项目安全设施“三同时”工作委托下一级人民政府安全生产监督管理部门实施监督管理。 安全生产监督管理部门应当加强建设项目安全设施建设的日常安全监管,落实有关行政许可及其监管责任,督促生产经营单位落实安全设施建设责任

考点3 建设项目安全设施设计审查

项目	具体内容
建设项目安全设施设计的内容	建设项目安全设施设计应当包括下列内容： (1)设计依据。 (2)建设项目概述。 (3)建设项目潜在的危险、有害因素和危险、有害程度及周边环境安全分析。 (4)建筑及场地布置。 (5)重大危险源分析及检测监控。 (6)安全设施设计采取的防范措施。 (7)安全生产管理机构设置或者安全生产管理人员配备要求。 (8)从业人员教育培训要求。 (9)工艺、技术和设备、设施的先进性和可靠性分析。 (10)安全设施专项投资概算。 (11)安全预评价报告中的安全对策及建议采纳情况。 (12)预期效果以及存在的问题与建议。 (13)可能出现的事故预防及应急救援措施。 (14)法律、法规、规章、标准规定需要说明的其他事项

续表

项目	具体内容
申请审查需提供的资料	建设项目安全设施设计完成后，生产经营单位应当向安全生产监督管理部门提出审查申请，并提交下列文件资料： (1)建设项目审批、核准或者备案的文件。 (2)建设项目安全设施设计审查申请。 (3)设计单位的设计资质证明文件。 (4)建设项目安全设施设计。 (5)建设项目安全预评价报告及相关文件资料。 (6)法律、行政法规、规章规定的其他文件资料
相关规定	(1)安全生产监督管理部门收到申请后，对属于本部门职责范围内的，应当及时进行审查，并在收到申请后5个工作日内作出受理或者不予受理的决定，书面告知申请人；对不属于本部门职责范围内的，应当将有关文件资料转送有审查权的管理部门，并书面告知申请人。 (2)对已经受理的建设项目安全设施设计审查申请，安全生产监督管理部门应当自受理之日起20个工作日内作出是否批准的决定，并书面告知申请人。20个工作日内不能作出决定的，经本部门负责人批准，可以延长10个工作日，并将延长期限的理由书面告知申请人
不得开工的情形	建设项目安全设施设计有下列情形之一的，不予批准，并不得开工建设： (1)无建设项目审批、核准或者备案文件的。 (2)未委托具有相应资质的设计单位进行设计的。 (3)安全预评价报告由未取得相应资质的安全评价机构编制的。 (4)设计内容不符合有关安全生产的法律、法规、规章和国家标准或者行业标准、技术规范的规定的。 (5)未采纳安全预评价报告中的安全对策和建议，且未作充分论证说明的。 (6)不符合法律、行政法规规定的其他条件的。 建设项目安全设施设计审查未予批准的，生产经营单位经过整改后可以向原审查部门申请再审。 已经批准的建设项目及其安全设施设计有下列情形之一的，生产经营单位应当报原批准部门审查同意；未经审查同意的，不得开工建设： (1)建设项目的规模、生产工艺、原料、设备发生重大变更的。 (2)改变安全设施设计且可能降低安全性能的。 (3)在施工期间重新设计的

考点4　建设项目安全设施施工和竣工验收

项目	具体内容
各单位的职责	1. 施工单位 (1)施工单位应当在施工组织设计中编制安全技术措施和施工现场临时用电方案，同

续表

项目	具体内容
各单位的职责	时对危险性较大的分部分项工程依法编制专项施工方案，并附具安全验算结果，经施工单位技术负责人、总监理工程师签字后实施。 (2)施工单位应当严格按照安全设施设计和相关施工技术标准、规范施工，并对安全设施的工程质量负责。 (3)施工单位发现安全设施设计文件有错漏的，应当及时向生产经营单位、设计单位提出。生产经营单位、设计单位应当及时处理。 (4)施工单位发现安全设施存在重大事故隐患时，应当立即停止施工并报告生产经营单位进行整改。整改合格后，方可恢复施工。 2. 监理单位 (1)工程监理单位应当审查施工组织设计中的安全技术措施或者专项施工方案是否符合工程建设强制性标准。 (2)工程监理单位在实施监理过程中，发现存在事故隐患的，应当要求施工单位整改；情况严重的，应当要求施工单位暂时停止施工，并及时报告生产经营单位。施工单位拒不整改或者不停止施工的，工程监理单位应当及时向有关主管部门报告。 (3)工程监理单位、监理人员应当按照法律、法规和工程建设强制性标准实施监理，并对安全设施工程的工程质量承担监理责任。 3. 建设单位 (1)建设项目安全设施建成后，生产经营单位应当对安全设施进行检查，对发现的问题及时整改。 (2)建设项目竣工投入生产或者使用前，生产经营单位应当组织对安全设施进行竣工验收，并形成书面报告备查。安全设施竣工验收合格后，方可投入生产和使用

第三节　安全生产教育培训

考点 1　对安全生产教育培训的基本要求

项目	具体内容
基本要求	(1)生产经营单位的主要负责人和安全生产管理人员必须具备与本单位所从事的生产经营活动相应的安全生产知识和管理能力。 (2)危险物品的生产、经营、储存、装卸单位以及矿山、金属冶炼、建筑施工、运输单位的主要负责人和安全生产管理人员，应当由有关主管部门对其安全生产知识和管理能力考核合格后方可任职。 (3)生产经营单位应当对从业人员进行安全生产教育和培训，保证从业人员具备必要的安全生产知识，熟悉有关的安全生产规章制度和安全操作规程，掌握本岗位的安全操作技能。未经安全生产教育和培训合格的从业人员，不得上岗作业

续表

项目	具体内容
基本要求	(4)生产经营单位采用新工艺、新技术、新材料或者使用新设备,必须了解、掌握其安全技术特性,采取有效的安全防护措施,并对从业人员进行专门的安全教育和培训。 (5)生产经营单位的特种作业人员必须按照国家有关规定经专门的安全作业培训,取得相应资格,方可上岗作业,特种作业人员的范围由国务院应急管理部门会同国务院有关部门确定。 (6)生产经营单位应当教育和督促从业人员严格执行本单位的安全生产规章制度和安全操作规程;并向从业人员如实告知作业场所和工作岗位存在的危险因素、防范措施以及事故应急措施。 (7)从业人员应当接受安全生产教育和培训,掌握本职工作所需的安全生产知识,提高安全生产技能,增强事故预防和应急处理能力

考点 2　对单位主要负责人、安全生产管理人员及其他从业人员的培训、考核及认证

项目	具体内容
对单位主要负责人的培训要求	1. 初次培训的主要内容 (1)国家安全生产方针、政策和有关安全生产的法律、法规、规章及标准。 (2)安全生产管理基本知识、安全生产技术、安全生产专业知识。 (3)重大危险源管理、重大事故防范、应急管理和救援组织以及事故调查处理的有关规定。 (4)职业危害及其预防措施。 (5)国内外先进的安全生产管理经验。 (6)典型事故和应急救援案例分析。 (7)其他需要培训的内容。 2. 再培训内容 对已经取得上岗资格证书的有关领导,应定期进行再培训,再培训的主要内容: (1)新知识、新技术和新颁布的政策、法规。 (2)有关安全生产的法律、法规、规章、规程、标准和政策。 (3)安全生产的新技术、新知识。 (4)安全生产管理经验。 (5)典型事故案例。 3. 培训时间 (1)危险物品的生产经营、储存单位以及矿山、烟花爆竹、建筑施工单位主要负责人安全资格培训时间不得少于 48 学时,每年再培训时间不得少于 16 学时。 (2)其他单位主要负责人安全生产管理培训时间不得少于 32 学时,每年再培训时间不得少于 12 学时

续表

项目	具体内容
对安全生产管理人员的培训要求	1. 初次培训的主要内容 (1)国家安全生产方针、政策和有关安全生产的法律、法规、规章及标准。 (2)安全生产管理、安全生产技术、职业卫生等知识。 (3)伤亡事故统计、报告及职业危害的调查处理方法。 (4)应急管理、应急预案编制以及应急处置的内容和要求。 (5)国内外先进的安全生产管理经验。 (6)典型事故和应急救援案例分析。 (7)其他需要培训的内容。 2. 培训时间 (1)危险物品的生产、经营、储存单位以及矿山、烟花爆竹、建筑施工单位安全生产管理人员安全资格培训时间不得少于 48 学时;每年再培训时间不得少于 16 学时。 (2)其他单位安全生产管理人员安全生产管理培训时间不得少于 32 学时;每年再培训时间不得少于 12 学时
特种作业人员的培训	(1)特种作业的范围:电工作业、焊接与热切割作业、高处作业、制冷与空调作业、煤矿安全作业、金属非金属矿山安全作业、石油天然气安全作业、冶金(有色)生产安全作业、危险化学品安全作业、烟花爆竹安全作业、安全监管总局(现改为应急管理部)认定的其他作业。 (2)特种作业人员的安全技术培训、考核、发证、复审工作实行统一监管、分级实施、教考分离的原则。 (3)特种作业人员应当接受与其所从事的特种作业相应的安全技术理论培训和实际操作培训。 (4)跨省、自治区、直辖市从业的特种作业人员,可以在户籍所在地或者从业所在地参加培训。 (5)特种作业操作证有效期为 6 年,在全国范围内有效。 (6)特种作业操作证由安全监管总局(现改为应急管理部)统一式样、标准及编号。 (7)特种作业操作证每 3 年复审 1 次。 (8)特种作业人员在特种作业操作证有效期内,连续从事本工种 10 年以上,严格遵守有关安全生产法律法规的,经原考核发证机关或者从业所在地考核发证机关同意,特种作业操作证的复审时间可以延长至每 6 年 1 次。 (9)特种作业操作证申请复审或者延期复审前,特种作业人员应当参加必要的安全培训并考试合格。 (10)安全培训时间不少于 8 个学时
其他从业人员的培训	(1)生产单位其他从业人员(简称从业人员)是指除主要负责人和安全生产管理人员以外,该单位从事生产经营活动的所有人员,包括其他负责人、管理人员、技术人员和各岗

续表

<table>
<tr><th>项目</th><th>具体内容</th></tr>
<tr><td>其他从业人员的培训</td><td>位的工人，以及临时聘用的人员。
（2）单位对新从业人员，应进行厂（矿）、车间（工段、区、队）、班组三级安全生产教育培训。
厂（矿）级岗前安全培训内容：
①本单位安全生产情况及安全生产基本知识；
②本单位安全生产规章制度和劳动纪律；
③从业人员安全生产权利和义务；
④有关事故案例等；
⑤煤矿、非煤矿山、危险化学品、烟花爆竹、金属冶炼等生产经营单位厂（矿）级安全培训除包括上述内容外，应当增加事故应急救援、事故应急预案演练及防范措施等内容。
车间级安全生产教育培训是在从业人员工作岗位、工作内容基本确定后进行，由车间一级组织。
车间（工段、区、队）级岗前安全培训内容：
①工作环境及危险因素；
②所从事工种可能遭受的职业伤害和伤亡事故；
③所从事工种的安全职责、操作技能及强制性标准；
④自救互救、急救方法、疏散和现场紧急情况的处理；
⑤安全设备设施、个人防护用品的使用和维护；
⑥本车间（工段、区、队）安全生产状况及规章制度；
⑦预防事故和职业危害的措施及应注意的安全事项；
⑧有关事故案例；
⑨其他需要培训的内容。
班组安全教育培训的重点是岗位安全操作规程、岗位之间工作衔接配合、作业过程的安全风险分析方法和控制对策、事故案例等等。
班组级岗前安全培训内容：
①岗位安全操作规程；
②岗位之间工作衔接配合的安全与职业卫生事项；
③有关事故案例；
④其他需要培训的内容。
（3）生产经营单位新上岗的从业人员，岗前安全培训时间不得少于 24 学时。
（4）煤矿、非煤矿山、危险化学品、烟花爆竹、金属冶炼等生产经营单位新上岗的从业人员安全培训时间不得少于 72 学时，每年再培训的时间不得少于 20 学时。
（5）从业人员在本生产经营单位内调整工作岗位或离岗一年以上重新上岗时，应当重新接受车间（工段、区、队）和班组级的安全培训。
（6）调整工作岗位或离岗后重新上岗安全教育培训：培训工作原则上应由车间级组织。
（7）岗位安全教育培训是指连续在岗位工作的安全教育培训工作，主要包括：</td></tr>
</table>

续表

项目	具体内容
其他从业人员的培训	①日常安全教育培训； ②定期安全考试； ③专题安全教育培训。 (8)生产经营单位实施新工艺、新技术、新设备(新材料)时，组织相关岗位对从业人员进行有针对性的安全生产教育培训。 法律法规及规章制度培训是指国家颁布的有关安全生产法律法规，或生产经营单位制定新的有关安全生产规章制度后，组织开展的培训活动。 事故案例培训是指在生产经营单位发生生产安全事故或获得与本单位生产经营活动相关的事故案例信息后，开展的安全教育培训活动

第四节　安全文化

考点1　安全文化的定义与内涵

项目	具体内容
现状	杜邦企业安全文化建设过程可以使用员工安全行为模型描述四个不同阶段：自然本能、严格监督、独立自主管理、团队互助管理
定义	(1)安全文化有广义和狭义之分。狭义的安全文化是指企业安全文化，一个单位的安全文化是个人和集体的价值观、态度、能力和行为方式的综合产物。 (2)安全文化分为三个层次：直观的表层文化，如企业的安全文明生产环境与秩序；企业安全管理体制的中层文化，包括企业内部的组织机构、管理网络、部门分工和安全生产法规与制度建设；安全意识形态的深层文化。 (3)企业安全文化是企业安全物质因素和安全精神因素的总和。 (4)《企业安全文化建设导则》给出了企业安全文化的定义：被企业组织的员工群体所共享的安全价值观、态度、道德和行为规范的统一体
内涵	(1)一个单位的安全文化是企业在长期安全生产和经营活动中逐步培育形成的、具有本企业特点、为全体员工认可遵循并不断创新的观念、行为、环境、物态条件的总和。 (2)企业安全文化包括保护员工在从事生产经营活动中的身心安全与健康，既包括无损、无害、不伤、不亡的物质条件和作业环境，也包括员工对安全的意识、信念、价值观、经营思想、道德规范、企业安全激励进取精神等安全的精神因素。 (3)企业安全文化是“以人为本”多层次的复合体，由安全物质文化、安全行为文化、安全制度文化、安全精神文化组成。企业文化是“以人为本”，提倡对人的“爱”与“护”，以“灵性管理”为中心，以员工安全文化素质为基础所形成的

续表

项目	具体内容
内涵	（4）安全文化教育，从法制、制度上保障员工受教育的权利，不断创造和保证提高员工安全技能和安全文化素质的机会
基本特征	（1）安全文化是指企业生产经营过程中，为保障企业安全生产，保护员工身心安全与健康所涉及的各种文化实践及活动。 （2）企业安全文化与企业文化目标是基本一致的，即“以人为本”，以人的“灵性管理”为基础。 （3）企业安全文化更强调企业的安全形象、安全奋斗目标、安全激励精神、安全价值观和安全生产及产品安全质量、企业安全风貌及“商誉”效应等，是企业凝聚力的体现，对员工有很强的吸引力和无形的约束作用，能激发员工产生强烈的责任感。 （4）企业安全文化对员工有很强的潜移默化的作用，能影响人的思维，改善人们的心智模式，改变人的行为
主要功能	（1）导向功能。企业安全文化所提出的价值观为企业的安全管理决策活动提供了为企业大多数职工所认同的价值取向，它们能将价值观内化为个人的价值观，将企业目标“内化”为自己的行为目标，使个体的目标、价值观、理想与企业的目标、价值观、理想有了高度一致性和同一性。 （2）凝聚功能。当企业安全文化所提出的价值观被企业职工内化为个体的价值观和目标后就会产生一种积极而强大的群体意识，将每个职工紧密地联系在一起。这样就形成了一种强大的凝聚力和向心力。 （3）激励功能。①用企业的宏观理想和目标激励职工奋发向上。②为职工个体指明了成功的标准与标志，使其有了具体的奋斗目标。 （4）辐射和同化功能。企业安全文化一旦在一定的群体中形成，便会对周围群体产生强大的影响作用，迅速向周边辐射。而且，企业安全文化还会保持一个企业稳定的、独特的风格和活力，同化一批又一批新来者，使他们接受这种文化并继续保持与传播，使企业安全文化的生命力得以持久

考点 2　安全文化建设的基本内容

项目	具体内容
总体要求	企业在安全文化建设过程中，应充分考虑自身内部和外部的文化特征，引导全体员工的安全态度和安全行为，实现在法律和政府监管要求基础上的安全自我约束，通过全员参与实现企业安全生产水平持续提高
基本要素	（1）安全承诺：企业应建立包括安全价值观、安全愿景、安全使命和安全目标等在内的安全承诺

续表

项目	具体内容
基本要素	企业安全承诺应做到： ①切合企业特点和实际，反映共同安全志向； ②明确安全问题在组织内部具有最高优先权； ③声明所有与企业安全有关的重要活动都追求卓越； ④含义清晰明了，并被全体员工及相关方所知晓和理解。 领导者应做到： ①提供安全工作的领导力，坚持保守决策，以有形的方式表达对安全的关注； ②在安全生产上真正投入时间和资源； ③制定安全发展的战略规划，以推动安全承诺的实施； ④接受培训，在与企业相关的安全事务上具有必要的能力； ⑤授权组织的各级管理者和员工参与安全生产工作，积极质疑安全问题； ⑥安排对安全实践或实施过程的定期审查； ⑦与相关方进行沟通和合作。 各级管理者应做到： ①清晰界定全体员工的岗位安全责任； ②确保所有与安全相关的活动均采用了安全的工作方法； ③确保全体员工充分理解并胜任所承担的工作； ④鼓励和肯定在安全方面的良好态度，注重从差错中学习和获益； ⑤在追求卓越的安全绩效、质疑安全问题方面以身作则； ⑥接受培训，在推进和辅导员工改进安全绩效上具有必要的能力； ⑦保持与相关方的交流合作，促进组织部门之间的沟通与协作。 每个员工应做到： ①在本职工作上始终采取安全的方法； ②对任何与安全相关的工作保持质疑的态度； ③对任何安全异常和事件保持警觉并主动报告； ④接受培训，在岗位工作中具有改进安全绩效的能力； ⑤与管理者和其他员工进行必要的沟通。 (2)行为规范与程序。 企业内部的行为规范是企业安全承诺的具体体现和安全文化建设的基础要求。行为规范的建立和执行应做到： ①体现企业的安全承诺； ②明确各级各岗位人员在安全生产工作中的职责与权限； ③细化有关安全生产的各项规章制度和操作程序； ④行为规范的执行者参与规范系统的建立，熟知自己在组织中的安全角色和责任； ⑤由正式文件予以发布

续表

项目	具体内容
基本要素	⑥引导员工理解和接受建立行为规范的必要性，知晓由于不遵守规范所引发的潜在不利后果； ⑦通过各级管理者或被授权者观测员工行为，实施有效监控和缺陷纠正； ⑧广泛听取员工意见，建立持续改进机制。 程序是行为规范的重要组成部分。程序的建立和执行应做到：①识别并说明主要的风险，简单易懂，便于操作；②程序的使用者(必要时包括承包商)参与程序的制定和改进过程，并应清楚理解不遵守程序可导致的潜在不利后果；③由正式文件予以发布；④通过强化培训，向员工阐明在程序中给出特殊要求的原因；⑤对程序的有效执行保持警觉，即使在生产经营压力很大时，也不能容忍走捷径和违反程序；⑥鼓励员工对程序的执行保持质疑的安全态度，必要时采取更加保守的行动并寻求帮助。 (3)安全行为激励。 (4)安全信息传播与沟通。 沟通应满足： ①确认有关安全事项的信息已经发送，并被接收方所接收和理解。 ②涉及安全事件的沟通信息应真实、开放。 ③每个员工都应认识到沟通对安全的重要性，从他人处获取信息和向他人传递信息。 (5)自主学习与改进。 (6)安全事务参与。 (7)审核与评估。 企业应对自身安全文化建设情况进行定期的全面审核，审核内容包括： (1)领导者应定期组织各级管理者评审企业安全文化建设过程的有效性和安全绩效结果。 (2)领导者应根据审核结果确定并落实整改不符合、不安全实践和安全缺陷的优先次序，并识别新的改进机会。 (3)必要时，应鼓励相关方实施这些优先次序和改进机会，以确保其安全绩效与企业协调一致
推进与保障	(1)规划与计划：由企业最高领导人组织制定推动本企业安全文化建设的长期规划和阶段性计划。 (2)保障条件：①明确安全文化建设的领导职能，建立领导机制；②确定负责推动安全文化建设的组织机构与人员，落实其职能；③保证必需的建设资金投入；④配置适用的安全文化信息传播系统。 (3)推动骨干的选拔和培养

考点3 安全文化建设的操作步骤

项目	具体内容
建立机构	(1)领导机构可以定为“安全文化建设委员会”,必须由生产经营单位主要负责人亲自担任委员会主任,同时要确定一名生产经营单位高层领导人担任委员会的常务副主任。 (2)其他高层领导可以任副主任,有关管理部门负责人任委员。其下还必须建立一个安全文化办公室,办公室可以由生产(经营)、宣传、党群、团委、安全管理等部门的人员组成,负责日常工作
制定规划	(1)对本单位的安全生产观念、状态进行初始评估。 (2)对本单位的安全文化理念进行定格设计。 (3)制定出科学的时间表及推进计划
培训骨干	(1)培养骨干是推动企业安全文化建设不断更新、发展,非做不可的事情。 (2)训练内容可包括理论、事例、经验和本企业应该如何实施的方法等
宣传教育	宣传、教育、激励、感化是传播安全文化、促进精神文明的重要手段
努力实践	(1)安全文化建设是安全管理中高层次的工作,是实现零事故目标的必由之路,是超越传统安全管理来解决安全生产问题的根本途径。 (2)在安全文化建设过程中,紧紧围绕“安全—健康—文明—环保”的理念,通过采取管理控制、精神激励、环境感召、心理调适、习惯培养等一系列方法,既推进安全文化建设的深入发展,又丰富安全文化的内涵

考点4 企业安全文化建设评价

项目	具体内容
评价指标	1. 基础特征 (1)企业状态特征。 企业自身的成长、发展、经营、市场状态,主要从企业历史、企业规模、市场地位、盈利状况等方面进行评价。 (2)企业文化特征。 企业文化层面的突出特征,主要评估企业文化的开放程度、员工凝聚力的强弱、学习型组织的构建情况、员工执行力状况等。 (3)企业形象特征。 员工、社会公众对企业整体形象的认识和评价。 (4)企业员工特征。 充分明确员工的整体状况,总体教育水平、工作经验和操作技能、道德水平等

续表

<table>
<tr><th>项目</th><th>具体内容</th></tr>
<tr><td>评价指标</td><td>(5)企业技术特征。
企业在工程技术方面的使用、改造情况,比如技术设备的先进程度、技术改造状况、工艺流程的先进性以及人机工程建设情况。
(6)监管环境。
企业所在地政府安监及相关部门的职能履行情况,包括监管人员的业务素质、监管力度、法律法规的公布及执行情况。
(7)经营环境。
主要反映企业所在地的经济发展、市场经营状况等商业环境,诸如人力资源供给程度、信息交流情况、地区整体经济实力等。
(8)文化环境。
反映企业所在地域的社会文化环境,主要包括民族传统、地域文化特征等。
2. 企业安全承诺
(1)安全承诺内容。
综合考量承诺内容的涉及范围,表述理念的先进性、时代性,与企业实际的契合程度。
(2)安全承诺表述。
企业安全承诺在阐述和表达上应完整准确,具有较强的普适性、独特性和感召力。
(3)安全承诺传播。
企业的安全承诺需要在内部及外部进行全面、及时、有效的传播,涉及不同的传播方式,选择适当的传播频度,达到良好的认知效果。
(4)安全承诺认同。
考察企业内部对企业安全承诺的共鸣程度,主要包括:安全承诺能否得到全体员工特别是基层员工的深刻理解和广泛认同,企业领导能否做到身体力行、率先垂范,全体员工能否切实把承诺内容应用于安全管理和安全生产的实践当中。
3. 企业安全管理
(1)安全权责。
企业的安全管理权责分配依据的原则、权责对应或背离程度以及在实际工作当中的执行效果。
(2)管理机构。
企业应设置专人专职专责的安全管理机构,并配备充足的、符合要求的人力、物力资源,保障其独立履职的管理效果。企业安全管理部门及人员应当具有明确的管理权力与责任,在权责的分配上应充分考虑企业安全工作实际,有效保证管理权责的匹配性、一致性和平衡性。
(3)制度执行。
企业安全管理的制度执行力度与障碍情况。
(4)管理效果。
结合企业实际,从安全绩效改善程度、应急机制完善程度、事故与事件管理水平等方</td></tr>
</table>

续表

<table>
<tr><th>项目</th><th>具体内容</th></tr>
<tr><td>评价指标</td><td>面，客观评估企业安全管理工作在一定时期内的实施效果。
4. 企业安全环境
(1)安全指引。
企业应综合运用各种途径和方法，有效引导员工安全生产。主要从安全标识运用、安全操作指示、安全绩效引导、应激调适机制等方面进行评估。
(2)安全防护。
企业应依据生产作业环境特点，做好安全防护工作，安装有效的防护设施和设备，提供充足的个体防护用品。
(3)环境感受。
环境感受是员工对一般作业环境和特殊作业环境的综合感观和评价，是对作业环境的安全保障效果的主观性评估。主要从作业现场的清洁、安全、人性化等方面，考察员工的安全感、舒适感和满意度。
5. 企业安全培训与学习
(1)重要性体现。
企业各级人员对安全培训工作重要性的认识程度，直接体现在培训资源投入力度、培训工作的优先保证程度及企业用人制度等方面。
(2)充分性体现。
企业应向员工提供充足的培训机会，根据实际需要和长远目标规范培训内容，科学设置培训课时，竭力开发、运用员工喜闻乐见的有效培训方式。
(3)有效性体现。
科学判断企业安全培训的实施效果，主要从员工安全态度的端正程度、安全技能的提升幅度、安全行为和安全绩效的改善程度等方面进行评估。
6. 企业安全信息传播
(1)信息资源。
根据安全文化传播需要，企业应分别建立和完善安全管理信息库、安全技术信息库、安全事故信息库和安全知识信息库等各种安全信息库，储备大量的安全信息资源。
(2)信息系统。
企业围绕安全信息传播工作，设置专职操作机构，建立完备的管理机制，搭建稳定的信息传播与管理平台，创造完善齐全的信息传播载体。
(3)效能体现。
根据员工获取和交流企业安全信息的便捷程度，企业安全信息传播的有效到达率、知晓率和开放程度，综合衡量企业安全信息传播的实际效果。
7. 安全行为激励
(1)激励机制。
围绕安全发展这一激励目标，企业应建立一套理性化的管理制度以规范安全激励工作，实现安全激励制度化，保证安全绩效的优先权</td></tr>
</table>

续表

项目	具体内容
评价指标	(2)激励方式。 根据企业实际兼顾精神和物质两个层面,采取最可靠、最有效的安全激励方式。 (3)激励效果。 员工对企业安全激励机制、激励方式的响应体现为绩效改善与行为改善的正负效应。 8. 安全事务参与 (1)安全会议与活动。 企业应根据实际需要,定期举办以安全为主题的各种会议和活动,鼓励并邀请相关员工积极参与。 (2)安全报告。 企业应建立渠道通畅的各级安全报告制度,确保报告反馈的及时、高效,注重各种报告、处理等信息的公开、共享。 (3)安全建议。 企业应建立科学有效的安全建议制度,疏通各种安全建议渠道,以及时反馈、择优采纳等实际行动鼓励员工积极参与安全建议。 (4)沟通交流。 在企业内部和外部创造良好的安全信息沟通氛围,实现企业各层级员工有效的纵向沟通和横向交流,同时及时与企业不同层面的合作伙伴互通安全信息。 9. 决策层行为 (1)公开承诺。 企业决策层应适时亲自公布企业相关安全承诺与政策,参与安全责任体系的建立,做出重大安全决策。 (2)责任履行。 在企业人事政策、安全投入、员工培训等方面,企业决策层应充分履行自己的安全职责,确保安全在各工作环节的重要地位。 (3)自我完善。 企业决策层应接受充分的安全培训,加强与外部进行安全信息沟通交流,全面提高自身安全素质,做好遵章守制、安全生产的表率。 10. 管理层行为 (1)责任履行。 企业管理层应明确所担负的建立并完善制度、加强监督管理、改善安全绩效等重要安全责任,并严格履行职责。 (2)指导下属。 企业管理层应对员工进行资格审定,有效组织安全培训和现场指导。 (3)自我完善。 企业管理层应注重安全知识和技能的更新,积极完善自我,加强沟通交流

续表

项目	具体内容
评价指标	11. 员工层行为 (1)安全态度。 主要从安全责任意识、安全法律意识和安全行为意向等方面，判断员工对待安全的态度。 (2)知识技能。 除熟练掌握岗位安全技能外，员工还应具备充分的辨识风险、应急处置等各种安全知识和操作能力。 (3)行为习惯。 员工应养成良好的安全行为习惯，积极交流安全信息，主动参与各种安全培训和活动，严格遵守规章制度。 (4)团队合作。 在安全生产过程中，同事之间要增进了解，彼此信任，加强互助合作，主动关心、保护同伴，共同促进团队安全绩效的提升
减分指标	1. 死亡事故 在进行安全评价的前 1 年内，如发生死亡事故，则视情况(事故性质、伤亡人数)扣减安全文化评价得分 5 ~ 15 分。 2. 重伤事故 在进行安全评价的前 1 年内，如发生重伤事故，则视情况扣减安全文化评价得分 3 ~ 10 分。 3. 违章记录 在进行安全评价的前 1 年内，根据企业的“违章指挥、违章操作、违反劳动纪律”记录情况，视程度扣减安全文化评价得分 1 ~ 8 分
评价程序	1. 建立评价组织机构与评价实施机构 (1)企业开展安全文化评价工作时，首先应成立评价组织机构，并由其确定评价工作的实施机构。 (2)企业实施评价时，由评价组织机构负责确定评价工作人员并成立评价工作组。必要时可选聘有关咨询专家或咨询专家组。咨询专家(组)的工作任务和工作要求由评价组织机构明确。 评价工作人员应具备以下基本条件： ①熟悉企业安全文化评价相关业务，有较强的综合分析判断能力与沟通能力。 ②具有较丰富的企业安全文化建设与实施专业知识。 ③坚持原则、秉公办事。 (3)评价项目负责人应有丰富的企业安全文化建设经验，熟悉评价指标及评价模型

续表

项目	具体内容
评价程序	2. 制定评价工作实施方案 评价实施机构应参照本标准制定《评价工作实施方案》。方案中应包括所用评价方法、评价样本、访谈提纲、测评问卷、实施计划等内容,并应报送评价组织机构批准。 3. 下达《评价通知书》 在实施评价前,由评价组织机构向选定的样本单位下达《评价通知书》。《评价通知书》中应当明确评价的目的、用途、要求、应提供的资料及对所提供资料应负的责任、其他需在《评价通知书》中明确的事项。 4. 调研、收集与核实基础资料 根据本标准设计评价的调研问卷,根据《评价工作方案》收集整理评价基础数据和基础资料。资料收集可以采取访谈、问卷调查、召开座谈会、专家现场观测、查阅有关资料和档案等形式进行。评价人员要对评价基础数据和基础资料进行认真检查、整理,确保评价基础资料的系统性和完整性。评价工作人员应对接触的资料内容履行保密义务。 5. 数据统计分析 对调研结果和基础数据核实无误后,可借助 EXCEL、SPSS、SAS 等统计软件进行数据统计,然后根据本标准建立的数学模型和实际选用的调研分析方法,对统计数据进行分析。 6. 撰写评价报告 统计分析完成后,评价工作组应按照规范的格式,撰写《企业安全文化建设评价报告》报告评价结果。 7. 反馈企业征求意见 评价报告提出后,应反馈企业征求意见并作必要修改。 8. 提交评价报告 评价工作组修改完成评价报告后,经评价项目负责人签字,报送评价组织机构审核确认。 9. 进行评价工作总结 评价项目完成后,评价工作组要进行评价工作总结,将工作背景、实施过程、存在的问题和建议等形成书面报告,报送评价组织机构。同时建立好评价工作档案

第五节 安全生产标准化

考点 1 安全标准化建设的意义

项目	具体内容
意义	(1)安全生产标准化是指通过建立安全生产责任制,制订安全管理制度和操作规程,排查治理隐患和监控重大危险源,建立预防机制,规范生产行为,使各生产环节符合有

续表

项目	具体内容
意义	关安全生产法律法规和标准规范的要求，人、机、物、环境处于良好的生产状态，并持续改进，不断加强企业安全生产规范化建设。 (2)安全生产标准化建设就是用科学的方法和手段，提高人的安全意识，创造人的安全环境，规范人的安全行为，使人—机—环境达到最佳统一，从而实现最大限度地防止和减少伤亡事故的目的。 (3)安全生产标准化工作实行自主评定和外部评审的方式
等级评审	(1)生产经营单位根据有关评分准则，进行自主评定；自主评定后，申请外部评审定级。 (2)安全生产标准化评审分为：一级、二级、三级，一级为最高

考点2　开展安全生产标准化建设的重点内容

项目	具体内容
确定目标	(1)生产经营单位根据自身安全生产实际，制定总体和年度安全生产目标。 (2)按照所辖部门在生产经营中的职能，制定安全生产指标和考核办法
作业安全	1. 生产现场管理和生产过程控制 (1)对生产过程及物料、设备设施、器材、通道、作业环境等存在的隐患，应进行分析和控制。 (2)对动火作业、起重作业、受限空间作业、临时用电作业、高处作业等危险性较高的作业活动实施作业许可管理，严格履行审批手续。作业许可证应包含危害因素分析和安全措施等内容。 (3)对于吊装、爆破等危险作业，应当安排专人进行现场安全管理，确保安全规程的遵守和安全措施的落实。 2. 作业行为管理 3. 安全警示标志 (1)在有较大危险因素的作业场所和设备设施上，设置明显的安全警示标志，进行危险提示、警示，告知危险的种类、后果及应急措施等。 (2)在进行设备设施检维修、施工、吊装等作业现场设置警戒区和警示标志；在检维修现场的坑、井、洼、沟、陡坡等场所设置围栏和警示标志。 (3)安全色： ①传递安全信息含义的颜色，包括红、蓝、黄、绿四种颜色。 ②安全色适用于工矿企业、交通运输、建筑业以及仓库、医院、剧场等公共场所。但不包括灯光、荧光颜色和航空、航海、内河航运所用的颜色。 ③统一使用安全色，能使人们在紧急情况下，借助所熟悉的安全色含义，识别危险部

续表

<table>
<tr><th>项目</th><th>具体内容</th></tr>
<tr><td>作业安全</td><td>位，尽快采取措施，提高自控能力，有助于防止发生事故。
④安全色用途广泛，如用于安全标志牌、交通标志牌、防护栏杆及机器上不准乱动的部位等。安全色的应用必须是以表示安全为目的和有规定的颜色范围。
⑤红色表示禁止、停止、消防和危险的意思。禁止、停止和有危险的器件设备或环境涂以红色的标记。如禁止标志、交通禁令标志、消防设备、停止按钮和停车、刹车装置的操纵把手、仪表刻度盘上的极限位置刻度、机器转动部件的裸露部分、液化石油气槽车的条带及文字，危险信号旗等。
⑥黄色表示注意、警告的意思。需警告人们注意的器件、设备或环境涂以黄色标记。如警告标志、交通警告标志、道路交通路面标志、皮带轮及其防护罩的内壁、砂轮机罩的内壁、楼梯的第一级和最后一级的踏步前沿、防护栏杆及警告信号旗等。
⑦蓝色表示指令、必须遵守的规定。如指令标志、交通指示标志等。
⑧绿色表示通行、安全和提供信息的意思。可以通行或安全情况涂以绿色标记。如表示通行、机器启动按钮、安全信号旗等。
（4）对比色：
①是安全色更加醒目的反衬色。包括黑、白两种颜色。
②主要用作上述各种安全色的背景色。例如安全标志牌上的底色一般采用白色或黑色。
4. 相关方管理
（1）应执行承包商、供应商等相关方管理制度，对其资格预审、选择、服务前准备、作业过程、提供的产品、技术服务、表现评估、续用等进行管理。
（2）不得将项目委托给不具备相应资质或条件的相关方。
（3）生产经营单位和相关方的项目协议应明确规定双方的安全生产责任和义务，或签订专门的安全协议，明确双方的安全责任。
5. 变更管理
生产经营单位应执行变更管理制度，履行审批及验收程序，并对变更过程及变更所产生的隐患进行分析和控制</td></tr>
<tr><td>隐患排查和治理</td><td>（1）法律法规、标准规范发生变更或有新的公布，以及操作条件或工艺改变，新建、改建、扩建项目建设，相关方进入、撤出或改变，对事故、事件或其他信息有新的认识，组织机构发生大的调整的，应及时组织隐患排查。
（2）隐患排查的范围应包括所有与生产经营相关的场所、环境、人员、设备设施和活动。
（3）根据隐患排查结果，制订隐患治理方案，对隐患及时进行治理。治理完成后，应对治理情况进行验证和效果评估。
（4）生产经营单位应根据生产经营状况及隐患排查治理情况，运用定量的安全生产预测预警技术，建立体现本单位安全生产状况及发展趋势的预警指数系统</td></tr>
</table>

续表

项目	具体内容
应急救援	1. 应急机构和队伍 (1)生产经营单位应建立安全生产应急管理机构,或指定专人负责安全生产应急管理工作。 (2)建立与本单位生产特点相适应的专兼职应急救援队伍,或指定专兼职应急救援人员,并组织训练。 (3)无须建立应急救援队伍的,可与附近具备专业资质的应急救援队伍签订服务协议。 2. 应急预案 生产经营单位应按规定制订生产安全事故应急预案,并针对重点作业岗位制订应急处置方案或措施,形成安全生产应急预案体系。 3. 应急设施、装备、物资 生产经营单位应按规定建立应急设施,配备应急装备,储备应急物资,并进行经常性的检查、维护、保养,确保其完好、可靠。 4. 应急演练 (1)生产经营单位应组织生产安全事故应急演练,并对演练效果进行评估。 (2)根据评估结果,修订、完善应急预案,改进应急管理工作。 5. 事故救援 发生事故后,应立即启动相关应急预案,积极开展事故救援

第六节　安全风险分级管控和隐患排查治理双重预防机制

考点 1　总体思路和工作目标

项目	具体内容
总体思路	准确把握安全生产的特点和规律,坚持风险预控、关口前移,全面推行安全风险分级管控,进一步强化隐患排查治理,推进事故预防工作科学化、信息化、标准化,实现把风险控制在隐患形成之前、把隐患消灭在事故前面
工作目标	尽快建立健全安全风险分级管控和隐患排查治理的工作制度和规范,完善技术工程支撑、智能化管控、第三方专业化服务的保障措施,实现企业安全风险自辨自控、隐患自查自治,形成政府领导有力、部门监管有效、企业责任落实、社会参与有序的工作格局,提升安全生产整体预控能力,夯实遏制重特大事故的坚强基础

考点 2　着力构建企业双重预防机制

项目	具体内容
着力构建企业双重预防机制	(1)全面开展安全风险辨识。 (2)科学评定安全风险等级。 (3)有效管控安全风险。 (4)实施安全风险公告警示。 (5)建立完善隐患排查治理体系

考点 3　健全完善双重预防机制的政府监管体系

项目	具体内容
健全完善双重预防机制的政府监管体系	(1)健全完善标准规范。 (2)实施分级分类安全监管。 (3)有效管控区域安全风险。 (4)加强安全风险源头管控

考点 4　强化政策引导和技术支撑

项目	具体内容
强化政策引导和技术支撑	(1)完善相关政策措施。 (2)深入推进企业安全生产标准化建设。 (3)充分发挥第三方服务机构作用。 (4)强化智能化、信息化技术的应用

考点 5　有关工作要求

项目	具体内容
有关工作要求	(1)强化组织领导。 (2)强化示范带动。 (3)强化舆论引导。 (4)强化督促检查

考点 6　风险分级及管控原则

项目	具体内容
基本原则	安全风险等级从高到低划分为 4 级： A 级：重大风险/红色风险，评估属不可容许的危险；必须建立管控档案，明确不可容许的危险内容及可能触发事故的因素，采取安全措施，并制定应急措施；当风险涉及正

续表

项目	具体内容
基本原则	在进行中的作业时,应暂停作业。 B级:较大风险/橙色风险,评估属高度危险:必须建立管控档案,明确高度危险内容及可能触发事故的因素,采取安全措施;当风险涉及正在进行中的作业时,应采取应急措施。 C级:一般风险/黄色风险,评估属中度危险;必须明确中度危险内容及可能触发事故的因素,综合考虑伤害的可能性并采取安全措施,完成控制管理。 D级:低风险/蓝色风险,评估属轻度危险和可容许的危险;需要跟踪监控,综合考虑伤害的可能性并采取安全措施,完成控制管理
升级管控	涉及下列情形的B级、C级风险,应直接确定为A级: (1)构成危险化学品一级、二级重大危险源的场所和设施。 (2)涉及重点监管化工工艺的主要装置。 (3)危险化学品长输管道。 (4)同一作业单元内现场作业人员10人以上的。 涉及下列情形的C级风险,应直接确定为B级: (1)构成危险化学品三级、四级重大危险源的场所和设施。 (2)涉及剧毒化学品的场所和设施。 (3)化工企业开停车作业或者非正常工况操作。 (4)同一作业单元内现场作业人员3人以上的

第四章　安全生产与劳动防护

知识框架

- 安全生产与劳动防护
  - 劳动防护用品选用与配备
    - 按防护性能分类
    - 按劳动防护用品防护部位分类
    - 按劳动防护用品用途分类
    - 劳动防护用品的配置
    - 劳动防护用品的使用管理
    - 特种劳动防护用品安全标志管理
  - 特种设备安全管理
  - 特种作业安全管理
    - 特种作业的定义和种类
    - 特种作业人员的安全技术培训、考核、发证、复审
    - 监督管理
  - 工伤保险
    - 工伤保险的相关内容
    - 工伤认定及相关规定
    - 劳动能力鉴定及相关规定
    - 工伤保险待遇
  - 安全生产投入
    - 安全生产投入的基本要求
    - 安全生产费用的使用和管理
    - 安全生产责任保险

考点精讲

第一节　劳动防护用品选用与配备

考点1　按防护性能分类

项目	具体内容
特种劳动防护用品	头部护具类、呼吸护具类、眼(面)护具类、防护服类、防护鞋类、防坠落护具类

续表

项目	具体内容
一般劳动防护用品	未列入特种劳动防护用品目录的劳动防护用品为一般劳动防护用品

考点2 按劳动防护用品防护部位分类

项目	具体内容
头部防护用品	头部防护用品指为防御头部不受外来物体打击、挤压伤害和其他因素危害配备的个体防护装备，如安全帽、防静电工作帽等。
呼吸器官防护用品	呼吸器官防护用品指为防御有害气体、蒸气、粉尘、烟、雾由呼吸道吸入，或向使用者供氧或新鲜空气，保证尘、毒污染或缺氧环境中作业人员正常呼吸的个体防护装备，是预防尘肺病和职业中毒的重要护具，如长管呼吸器、动力送风过滤式呼吸器、自给闭路式压缩氧气呼吸器、自给闭路式氧气逃生呼吸器、自给开路式压缩空气呼吸器、自给开路式压缩空气逃生呼吸器、自吸过滤式防毒面具、自吸过滤式防颗粒物呼吸器（又称防尘口罩）等。
眼面部防护用品	眼面部防护用品指用于防护作业人员的眼睛及面部免受粉尘、颗粒物、金属火花、飞屑、烟气、电磁辐射、化学飞溅物等外界有害因素的个体防护装备，如焊接眼护具、激光防护镜、强光源防护镜、职业眼面部防护具等。
听力防护用品	听力防护用品指能够防止过量的声能侵入外耳道，使人耳避免噪声的过度刺激，减少听力损失，预防由噪声对人身引起的不良影响的个体防护装备，如耳塞、耳罩等。
手部防护用品	手部防护用品指保护手和手臂，供作业者劳动时戴用的个体防护装备，如带电作业用绝缘手套、防寒手套、防化学品手套、防静电手套、防热伤害手套、焊工防护手套、机械危害防护手套、电离辐射及放射性污染物防护手套等。
足部防护用品	足部防护用品指防止生产过程中有害物质和能量损伤劳动者足部的护具，通常人们称劳动防护鞋，如安全鞋、防化学品鞋等。
躯干防护用品	躯干防护用品即通常讲的防护服，如防电弧服、防静电服、职业用防雨服、高可视性警示服、隔热服、焊接服、化学防护服、抗油易去污防静电防护服、冷环境防护服、熔融金属飞溅防护服、微波辐射防护服、阻燃服等。
坠落防护用品	坠落防护用品指防止高处作业坠落或高处落物伤害的个体防护装备，如安全带、安全绳、缓冲器、缓降装置、连接器、水平生命线装置、速差自控器、自锁器、安全网、登杆脚扣、挂点装置等。
劳动护肤用品	劳动护肤用品指用于防止皮肤（主要是面、手等外露部分）免受化学、物理、生物等有害因素危害的个体防护用品，如防油型护肤剂、防水型护肤剂、遮光护肤剂、洗涤剂等。
其他个体防护装备	（略）

考点3　按劳动防护用品用途分类

项目	具体内容
防止伤亡事故	防坠落用品、防冲击用品、防触电用品、防机械外伤用品、防酸碱用品、耐油用品、防水用品、防寒用品
预防职业病	防尘用品、防毒用品、防噪声用品、防振动用品、防辐射用品、防高低温用品等

考点4　劳动防护用品的配置

项目	具体内容
劳动防护用品的配置要求	(1)生产经营单位应根据本单位安全生产和防止职业性危害的需要，按照工种、环境和作业者身体条件等，为作业人员配备相应的防护装备。个体防护装备的分类、分级及使用范围见《个体防护装备配备规范　第1部分：总则》(GB 39800.1—2020)。 (2)存在物体打击、机械伤害、高处坠落等可能对作业者头部产生碰撞伤害的作业场所，应为作业人员配备安全帽等头部防护装备。 (3)存在飞溅物体、化学性物质、非电离辐射等可能对作业者眼、面部产生伤害的作业场所，应配备眼、面部防护装备，如：安全眼镜，化学飞溅防护镜、面罩，焊接护目镜、面罩或防护面具等。 (4)在有噪声(暴露级 $L_{EX,8h}\geq 85$ dB)的作业场所，作业人员应佩戴护听器进行听力防护，如：耳塞、耳罩、防噪音头盔等。 (5)接触粉尘的作业人员应配备防尘口罩、防颗粒物呼吸器、防尘眼镜等面部防护装备。 (6)接触有毒、有害物质的作业人员应根据可能接触毒物的种类选择配备相应的防毒面具、空气呼吸器等呼吸防护装备。 (7)从事有可能被传动机械绞碾、夹卷伤害的作业人员应穿戴紧口式防护服，长发应佩戴防护帽，不能戴防护手套。 (8)从事接触腐蚀性化学品的作业人员应穿戴耐化学品防护服、耐化学品防护鞋、耐化学品防护手套等防护装备。 (9)水上作业人员应穿浸水服、救生衣等水上作业防护装备。 (10)在易燃、易爆场所的作业人员应穿戴具有防静电性能的防静电服、防静电鞋、防静电手套等防护装备。 (11)从事电气作业的作业人员应穿戴绝缘防护装备，从事高压带电作业应穿屏蔽服等防护装备。 (12)从事高温、低温作业的作业人员应穿戴耐高温或防寒防护装备。 (13)作业场所存在极端温度、电伤害、腐蚀性化学物质、机械砸伤等可能对作业者足部产生伤害，应选配足部防护装备，如：保护足趾安全鞋、防刺穿鞋、电绝缘鞋、防静电鞋、耐油防护鞋、矿工安全鞋等。 (14)在距坠落高度基准面2 m及2 m以上，有发生坠落危险的作业场所应为作业人员配备安全带，并加装安全网等防护装备。 (15)同一工作地点存在不同种类的危险、有害因素的，应当为劳动者同时提供防御各

续表

项目	具体内容
劳动防护用品的配置要求	类危害的劳动防护用品。需要同时配备的劳动防护用品,还应考虑其可兼容性。 (16)劳动者在不同地点工作,并接触不同的危险、有害因素,或接触不同的危害程度的有害因素的,为其选配的劳动防护用品应满足不同工作地点的防护需求。劳动防护用品的选择还应当考虑其佩戴的合适性和基本舒适性,根据个人特点和需求选择适合号型、式样。 (17)用人单位应当在可能发生急性职业损伤的有毒、有害工作场所配备应急劳动防护用品,放置于现场临近位置并有醒目标识。应当为巡检等流动性作业的劳动者配备随身携带的个人应急防护用品
生产经营单位发放劳动防护用品的责任	(1)用人单位应根据工作场所中的职业危害因素及其危害程度,按照法律、法规、标准的规定,为从业人员免费提供符合国家规定的劳动防护用品。不得以货币或其他物品替代应当配备的护品。 (2)用人单位应到定点经营单位或生产企业购买特种劳动防护用品。特种劳动防护用品必须具有"三证"和"一标志",即生产许可证、产品合格证、安全鉴定证和安全标志。 (3)用人单位应教育从业人员,按照劳动防护用品的使用规则和防护要求正确使用劳动防护用品。使从业人员做到"三会":会检查护品的可靠性,会正确使用劳动防护用品,会正确维护保养劳动防护用品。用人单位应定期进行监督检查。 (4)用人单位应按照产品说明书的要求,及时更换、报废过期和失效的劳动防护用品。 (5)用人单位应建立健全劳动防护用品的购买、验收、保管、发放、使用、更换、报废等管理制度和使用档案,并进行必要的监督检查

考点5 劳动防护用品的使用管理

项目	具体内容
生产经营单位的管理	(1)采购验收:生产经营单位应统一进行劳动防护用品的采购,到货后应由安全管理部门组织相关人员按标准进行验收,一是验收"三证一标志"是否齐全有效;二是对相关劳动防护用品作外观检查,必要时应进行试验验收。 (2)使用前检查:从业人员每次使用劳动防护用品前应对其进行检查,生产经营单位可制定相应检查表,供从业人员检查使用,防止使用功能损坏的劳动防护用品。 (3)使用中检查:安全生产管理部门在组织开展安全检查时,应将劳动防护用品的检查列入检查表,进行经常性的检查。重点是必须在其性能范围内使用,不超极限使用等。 (4)正确使用:从业人员应严格按照使用说明书正确使用劳动防护用品。生产经营单位的领导及安全生产管理人员应经常深入现场,检查指导从业人员正确使用劳动防护用品
政府有关部门的管理	(1)安全生产监督管理部门、煤矿安全监察机构对配发无安全标志的特种劳动防护用品的生产经营单位,有权依法进行查处。 (2)生产经营单位未按国家有关规定为从业人员提供符合国家标准或者行业标准的劳动防护用品,配发无安全标志的特种劳动防护用品的,安全生产监督管理部门或者煤

续表

项目	具体内容
政府有关部门的管理	矿安全监察机构有权责令限期改正;逾期未改正的,可责令停产停业整顿,可以并处5万元以下的罚款;对于造成严重后果,构成犯罪的,有权依法追究刑事责任。 (3)生产或者经营劳动防护用品的企业生产或经营假冒伪劣劳动防护用品和无安全标志的特种劳动防护用品的,安全生产监督管理部门或者煤矿安全监察机构责令停止违法行为,可以并处3万元以下的罚款。 (4)进口的一般劳动防护用品的安全防护性能不得低于我国相关标准,并向国家安全生产监督管理总局(现已并入应急管理部)指定的特种劳动防护用品安全标志管理机构申请办理准用手续;进口的特种劳动防护用品应当按照规定取得安全标志

考点6 特种劳动防护用品安全标志管理

项目	具体内容
特种劳动防护用品安全标志管理	(1)对特种劳动防护用品实行安全标志管理。特种劳动防护用品安全标志管理工作由国家安全生产监督管理总局(现已并入应急管理部)指定的特种劳动防护用品安全标志管理机构实施,受指定的特种劳动防护用品安全标志管理机构对其核发的安全标志负责。 (2)对生产经营单位的要求。①生产劳动防护用品的企业生产的特种劳动防护用品,必须取得特种劳动防护用品安全标志。②经营劳动防护用品的单位应有工商行政管理部门(现为市场监督管理部门)核发的营业执照、有满足需要的固定场所和了解相关防护用品知识的人员。经营劳动防护用品的单位不得经营假冒伪劣劳动防护用品和无安全标志的特种劳动防护用品。③生产经营单位不得采购和使用无安全标志的特种劳动防护用品;购买的特种劳动防护用品须经本单位的安全生产技术部门或者管理人员检查验收。 (3)监督检查:安全生产监督管理部门、煤矿安全监察机构依法对劳动防护用品使用情况和特种劳动防护用品安全标志进行监督检查,督促生产经营单位按照国家有关规定为从业人员配备符合国家标准或者行业标准的劳动防护用品
特种劳动防护用品目录	(1)头部护具类:安全帽。 (2)呼吸护具类:防尘口罩、过滤式防毒面具、自给式空气呼吸器、长管面具。 (3)眼(面)护具类:焊接眼面防护具、防冲击眼护具。 (4)防护服类:阻燃防护服、防酸工作服、防静电工作服。 (5)防护鞋类:保护足趾安全鞋、防静电鞋、导电鞋、防刺穿鞋、胶面防砸安全靴、电绝缘鞋、耐酸碱皮鞋、耐酸碱胶靴、耐酸碱塑料模压靴。 (6)防坠落护具类:安全带、安全网、密目式安全立网
特种劳动防护用品安全标志标识	1. 特种劳动防护用品安全标志标识 (1)劳动防护用品生产企业所生产的特种劳动防护用品,必须取得特种劳动防护用品安全标志,否则不得生产和销售。使用特种劳动防护用品的生产经营单位也不得购买、配发和使用无安全标志的特种劳动防护用品

续表

项目	具体内容
特种劳动防护用品安全标志标识	(2)特种劳动防护用品安全标志是确认特种劳动防护用品安全防护性能符合国家标准、行业标准,准许生产经营单位配发和使用该劳动防护用品的凭证。 (3)特种劳动防护用品安全标志由特种劳动防护用品安全标志证书和特种劳动防护用品安全标志标识两部分组成。 (4)特种劳动防护用品安全标志证书由国家安全生产监督管理总局(现已并入应急管理部)监制,加盖特种劳动防护用品安全标志管理中心印章。 (5)取得特种劳动防护用品安全标志的产品应在产品的明显位置加施特种劳动防护用品安全标志标识,标识加施应牢固耐用。 (6)特种劳动防护用品安全标志标识由盾牌图形和特种劳动防护用品安全标志的编号组成。不同尺寸的图形用于不同类型的特种劳动防护用品。 2. 特种劳动防护用品安全标志标识的说明 (1)本标识采用古代盾牌之形状,取"防护"之意。 (2)盾牌中间采用字母"LA"表示"劳动安全"之意。 (3)"××－××－××××××"是标识的编号。编号采用3层数字和字母组合编号方法编制。第一层的两位数字代表获得标识使用授权的年份;第二层的两位数字代表获得标识使用授权的生产企业所属的省级行政地区的区划代码(进口产品,第二层的代码则以两位英文字母缩写表示该进口产品产地的国家代码);第三层代码的前三位数字代表产品的名称代码,后三位数字代表获得标识使用授权的顺序。 (4)参照《安全色》的规定,标识边框、盾牌及"安全防护"为绿色,"LA"及背景为白色,标识编号为黑色。 (5)标识规格与适用范围。①焊接护目镜、焊接面罩、防冲击护眼具:18 mm(包括编号)×12 mm。②安全帽、防尘口罩、过滤式防毒面具面罩、过滤式防毒面具滤毒罐(盒)、自给式空气呼吸器、长管面具:27 mm(包括编号)×18 mm。③阻燃防护服、防酸工作服、防静电工作服、防静电鞋、导电鞋、保护足趾安全鞋、胶面防砸安全鞋、耐酸碱皮鞋、耐酸碱胶靴、耐酸碱塑料膜压靴、防穿刺鞋、电绝缘鞋:39 mm(包括编号)×26 mm。④安全带、安全网、密目式安全立网:69 mm(包括编号)×46 mm。 3. 特种劳动防护用品安全标志的申请、受理、核发和日常管理 申请特种劳动防护用品安全标志的生产单位(以下简称申请单位)应具备下列条件: (1)具有工商行政管理部门(现为市场监督管理部门)核发的营业执照。 (2)具有能满足生产需要的生产场所和技术力量。 (3)具有能保证产品安全防护性能的生产设备。 (4)具有能满足产品安全防护性能要求的检测检验设备。 (5)具有完善的质量保证体系。 (6)具有产品标准和相关技术文件。 (7)其产品符合国家标准或行业标准要求。 (8)法律、法规规定的其他条件

第二节　特种设备安全管理

考点　特种设备安全管理

项目	具体内容
锅炉压力容器使用安全管理	锅炉压力容器使用安全管理措施包括： (1)使用许可厂家合格产品。 (2)登记建档。 (3)专责管理。 (4)建立制度。 (5)持证上岗。 (6)照章运行。 (7)定期检验。在设备的设计使用期限内，每隔一定的时间对其承压部件和安全装置进行检测检查或做必要的试验是及早发现缺陷、消除隐患、保证设备安全运行的一项行之有效的措施。 (8)监控水质。 (9)报告事故
锅炉正常运行中的监督调节	1. 锅炉水位的监督调节 (1)锅炉水位保持在正常水位线处，允许在正常水位线上下 50 mm 内波动。 (2)水位的调节通常与气压、蒸发量的调节联系在一起。 (3)锅炉低负荷运行，水位稍高于正常水位。 (4)高负荷运行，则稍低于正常水位。 2. 锅炉气压的监督调节 (1)锅炉运行中，蒸汽压力应基本上保持稳定。 (2)负荷小于蒸发量，气压就上升。 (3)负荷大于蒸发量，气压就下降。 (4)根据负荷的变化，相应增减锅炉的燃料量、风量、给水量。 (5)间断上水的锅炉，上水应均匀。 (6)上水间隔时间不宜过长，一次上水不宜过多。 (7)燃烧减弱时不宜上水，人工烧炉在投煤、扒渣时不宜上水。 3. 燃烧的监督调节 (1)使燃料燃烧供热适应负荷的要求，维持气压稳定。 (2)使燃烧完好正常，减少未完全燃烧损失，减轻金属腐蚀和大气污染。 (3)对负压燃烧锅炉，维持引风和鼓风的均衡，保持炉膛一定的负压，以保证操作安全和减少排烟损失。 4. 气温的调节 (1)锅炉负荷、燃料及给水温度的改变会造成过热气温的改变

续表

项目	具体内容
锅炉正常运行中的监督调节	(2)过热器本身的传热特性不同,上述因素改变时气温变化规律不同。 **5. 排污和吹灰** (1)排污:保持受热面内部清洁,避免锅水发生汽水共腾及蒸汽品质恶化。 (2)吹灰:避免积灰影响锅炉传热,降低锅炉效率,产生安全隐患
停炉	**1. 正常停炉次序** (1)先停燃料供应,随之停止送风,减少引风。 (2)与此同时,逐渐降低锅炉负荷,相应地减少锅炉上水,但应维护锅炉水位稍高于正常水位,对燃气、燃油锅炉,炉膛停火后引风机至少要继续引风 5 min 以上。 (3)锅炉停止供汽后,应隔断与蒸汽母管的连接,排气降压,为保护过热器,防止其金属超温,可打开过热器出口集箱疏水阀适当放气。 **2. 紧急停炉次序** (1)立即停止添加燃料和送风,减弱引风。 (2)与此同时,设法熄灭炉膛内的燃料,对于一般层燃炉可以用沙土或湿灰灭火,链条炉可以开快挡使炉排快速运转,把红火送入灰坑。 (3)灭火后即把炉门、灰门及烟道挡板打开,以加强通风冷却。 (4)锅内可以较快降压并更换锅水,锅水冷却至 70 ℃左右允许排水,因缺水紧急停炉时,严禁给锅炉上水,并不得开启空气阀及安全阀快速降压。 **3. 紧急停炉情况** 锅炉水位低于水位表的下部可见边缘,不断加大向锅炉进水及采取其他措施,但水位仍继续下降,锅炉水位超过最高可见水位(满水),经放水仍不能见到水位,给水泵全部失效或给水系统故障,不能向锅炉进水,水位表或安全阀全部失效,设置在汽空间的压力表全部失效,锅炉元件损坏,危及操作人员安全,燃烧设备损坏、炉墙倒塌或锅炉构件被烧红等,其他异常情况危及锅炉安全运行。 **4. 停炉保养** (1)主要指锅内保养,即汽水系统内部为避免或减轻腐蚀而进行的防护保养。 (2)常用的保养方式:①压力保养。②湿法保养。③干法保养。④充气保养
锅炉定期检验	(1)类别。外部检验;内部检验;水压试验。 (2)检验周期。①外部检验一般每年进行一次。②内部检验一般每两年进行一次。③水压试验一般每六年进行一次。 (3)检验内容。①锅炉管理检查、本体检验、安全附件、自控调节及保护装置检验、辅机和附件检验、水质管理和水处理设备检验等。②以宏观检验为主,配合对一些安全装置、设备的功能;确认水压试验:试验压力至少保持 20 min。 (4)检验结论。①内部:允许运行、整改后运行、限制条件下运行、停止运行。②外部:允许运行、监督运行、停止运行。③水压试验:合格、不合格
压力容器定期检验	(1)压力容器一般于投用后 3 年内进行首次定期检验。以后的检验周期由检验机构根据压力容器的安全状况等级,按照以下要求确定:①安全状况等级为 1、2 级的,一般

续表

项目	具体内容
压力容器定期检验	每6年检验一次。②安全状况等级为3级的,一般每3年至6年检验一次。③安全状况等级为4级的,监控使用,其检验周期由检验机构确定,累计监控使用时间不得超过3年,在监控使用期间,使用单位应当采取有效的监控措施。④安全状况等级为5级的,应当对缺陷进行处理,否则不得继续使用。 (2)有下列情况之一的压力容器,定期检验周期可以适当缩短:①介质对压力容器材料的腐蚀情况不明或者腐蚀情况异常的。②具有环境开裂倾向或者产生机械损伤现象,并且已经发现开裂的。③改变使用介质并且可能造成腐蚀现象恶化的。④材质劣化现象比较明显的。⑤使用单位没有按照规定进行年度检查的;⑥检验中对其他影响安全的因素有怀疑的。 (3)安全状况等级为1、2级的压力容器,符合下列条件之一的,定期检验周期可以适当延长:①介质腐蚀速率每年低于0.1 mm、有可靠的耐腐蚀金属衬里或者热喷质涂金属涂层的压力容器,通过1次至2次定期检验,确认腐蚀轻微或者衬里完好的,其检验周期最长可以延长至12年。②装有催化剂的反应容器以及装有充填物的压力密器,其检验周期根据设计图样和实际使用情况,自使用单位和检验机构协商确定(必要时征求设计单位的意见),报办理《特种设备使用登记证》的质量技术监督部门备案

第三节 特种作业安全管理

考点1 特种作业的定义和种类

项目	具体内容
定义	特种作业,是指容易发生事故,对操作者本人、他人的安全健康及设备、设施的安全可能造成重大危害的作业
种类	1. 电工作业 电工作业指对电气设备进行运行、维护、安装、检修、改造、施工、调试等作业(不含电力系统进网作业)。 (1)高压电工作业,指对1千伏(kV)及以上的高压电气设备进行运行、维护、安装、检修、改造、施工、调试、试验及绝缘工、器具进行试验的作业。 (2)低压电工作业,指对1千伏(kV)以下的低压电器设备进行安装、调试、运行操作、维护、检修、改造施工和试验的作业。 (3)防爆电气作业,指对各种防爆电气设备进行安装、检修、维护的作业。 适用于除煤矿井下以外的防爆电气作业。 2. 焊接与热切割作业 焊接与热切割作业指运用焊接或者热切割方法对材料进行加工的作业(不含《特种设

续表

项目	具体内容
种类	备安全监察条例》规定的有关作业)。 (1)熔化焊接与热切割作业,指使用局部加热的方法将连接处的金属或其他材料加热至熔化状态而完成焊接与切割的作业。适用于气焊与气割、焊条电弧焊与碳弧气刨、埋弧焊、气体保护焊、等离子弧焊、电渣焊、电子束焊、激光焊、氧熔剂切割、激光切割、等离子切割等作业。 (2)压力焊作业,指利用焊接时施加一定压力而完成的焊接作业。适用于电阻焊、气压焊、爆炸焊、摩擦焊、冷压焊、超声波焊、锻焊等作业。 (3)钎焊作业,指使用比母材熔点低的材料作钎料,将焊件和钎料加热到高于钎料熔点,但低于母材熔点的温度,利用液态钎料润湿母材,填充接头间隙并与母材相互扩散而实现连接焊件的作业。适用于火焰钎焊作业、电阻钎焊作业、感应钎焊作业、浸渍钎焊作业、炉中钎焊作业,不包括烙铁钎焊作业。 3. 高处作业 高处作业指专门或经常在坠落高度基准面2米及以上有可能坠落的高处进行的作业。 (1)登高架设作业,指在高处从事脚手架、跨越架架设或拆除的作业。 (2)高处安装、维护、拆除作业,指在高处从事安装、维护、拆除的作业。适用于利用专用设备进行建筑物内外装饰、清洁、装修,电力、电信等线路架设,高处管道架设,小型空调高处安装、维修,各种设备设施与户外广告设施的安装、检修、维护以及在高处从事建筑物、设备设施拆除作业。 4. 制冷与空调作业 制冷与空调作业指对大中型制冷与空调设备运行操作、安装与修理的作业。 (1)制冷与空调设备运行操作作业。指对各类生产经营企业和事业等单位的大中型制冷与空调设备运行操作的作业。适用于化工类(石化、化工、天然气液化、工艺性空调)生产企业,机械类(冷加工、冷处理、工艺性空调)生产企业,食品类(酿造、饮料、速冻或冷冻调理食品、工艺性空调)生产企业,农副产品加工类(屠宰及肉食品加工、水产加工、果蔬加工)生产企业,仓储类(冷库、速冻加工、制冰)生产经营企业,运输类(冷藏运输)经营企业,服务类(电信机房、体育场馆、建筑的集中空调)经营企业和事业等单位的大中型制冷与空调设备运行操作作业。 (2)制冷与空调设备安装修理作业,指对4.(1)所指制冷与空调设备整机、部件及相关系统进行安装、调试与维修的作业。 5. 煤矿安全作业 (1)煤矿井下电气作业,指从事煤矿井下机电设备的安装、调试、巡检、维修和故障处理,保证本班机电设备安全运行的作业。适用于与煤共生、伴生的坑探、矿井建设、开采过程中的井下电钳等作业。 (2)煤矿井下爆破作业,指在煤矿井下进行爆破的作业。 (3)煤矿安全监测监控作业,指从事煤矿井下安全监测监控系统的安装、调试、巡检、维修,保证其安全运行的作业。适用于与煤共生、伴生的坑探、矿井建设、开采过程中的

续表

项目	具体内容
种类	安全监测监控作业。 (4)煤矿瓦斯检查作业,指从事煤矿井下瓦斯巡检工作,负责管辖范围内通风设施的完好及通风、瓦斯情况检查,按规定填写各种记录,及时处理或汇报发现的问题的作业。适用于与煤共生、伴生的矿井建设、开采过程中的煤矿井下瓦斯检查作业。 (5)煤矿安全检查作业,指从事煤矿安全监督检查,巡检生产作业场所的安全设施和安全生产状况,检查并督促处理相应事故隐患的作业。 (6)煤矿提升机操作作业,指操作煤矿的提升设备运送人员、矿石、矸石和物料,并负责巡检和运行记录的作业。适用于操作煤矿提升机,包括立井、暗立井提升机,斜井、暗斜井提升机以及露天矿山斜坡卷扬提升的提升机作业。 (7)煤矿采煤机(掘进机)操作作业,指在采煤工作面、掘进工作面操作采煤机、掘进机,从事落煤、装煤、掘进工作,负责采煤机、掘进机巡检和运行记录,保证采煤机、掘进机安全运行的作业。适用于煤矿开采、掘进过程中的采煤机、掘进机作业。 (8)煤矿瓦斯抽采作业,指从事煤矿井下瓦斯抽采钻孔施工、封孔、瓦斯流量测定及瓦斯抽采设备操作等,保证瓦斯抽采工作安全进行的作业。适用于煤矿、与煤共生和伴生的矿井建设、开采过程中的煤矿地面和井下瓦斯抽采作业。 (9)煤矿防突作业,指从事煤与瓦斯突出的预测预报、相关参数的收集与分析、防治突出措施的实施与检查、防突效果检验等,保证防突工作安全进行的作业。适用于煤矿、与煤共生和伴生的矿井建设、开采过程中的煤矿井下煤与瓦斯防突作业。 (10)煤矿探放水作业,指从事煤矿探放水的预测预报、相关参数的收集与分析、探放水措施的实施与检查、效果检验等,保证探放水工作安全进行的作业。适用于煤矿、与煤共生和伴生的矿井建设、开采过程中的煤矿井下探放水作业。 6. 金属非金属矿山安全作业 (1)金属非金属矿井通风作业,指安装井下局部通风机,操作地面主要扇风机、井下局部通风机和辅助通风机,操作、维护矿井通风构筑物,进行井下防尘,使矿井通风系统正常运行,保证局部通风,以预防中毒窒息和除尘等的作业。 (2)尾矿作业,指从事尾矿库放矿、筑坝、巡坝、抽洪和排渗设施的作业。适用于金属非金属矿山的尾矿作业。 (3)金属非金属矿山安全检查作业,指从事金属非金属矿山安全监督检查,巡检生产作业场所的安全设施和安全生产状况,检查并督促处理相应事故隐患的作业。 (4)金属非金属矿山提升机操作作业,指操作金属非金属矿山的提升设备运送人员、矿石、矸石和物料,及负责巡检和运行记录的作业。适用于金属非金属矿山的提升机,包括竖井、盲竖井提升机,斜井、盲斜井提升机以及露天矿山斜坡卷扬提升的提升机作业。 (5)金属非金属矿山支柱作业,指在井下检查井巷和采场顶、帮的稳定性,撬浮石,进行支护的作业。 (6)金属非金属矿山井下电气作业,指从事金属非金属矿山井下机电设备的安装、调试、巡检、维修和故障处理,保证机电设备安全运行的作业

续表

项目	具体内容
种类	(7)金属非金属矿山排水作业，指从事金属非金属矿山排水设备日常使用、维护、巡检的作业。 (8)金属非金属矿山爆破作业，指在露天和井下进行爆破的作业。 7. 石油天然气安全作业 司钻作业，指石油、天然气开采过程中操作钻机起升钻具的作业。适用于陆上石油、天然气司钻（含钻井司钻、作业司钻及勘探司钻）作业。 8. 冶金（有色）生产安全作业 煤气作业，指冶金、有色企业内从事煤气生产、储存、输送、使用、维护检修的作业。 9. 危险化学品安全作业 危险化学品安全作业指从事危险化工工艺过程操作及化工自动化控制仪表安装、维修、维护的作业。 (1)光气及光气化工艺作业，指光气合成以及厂内光气储存、输送和使用岗位的作业。 (2)氯碱电解工艺作业，指氯化钠和氯化钾电解、液氯储存和充装岗位的作业。适用于氯化钠（食盐）水溶液电解生产氯气、氢氧化钠、氢气，氯化钾水溶液电解生产氯气、氢氧化钾、氢气等工艺过程的操作作业。 (3)氯化工艺作业，指液氯储存、气化和氯化反应岗位的作业。适用于取代氯化，加成氯化，氧氯化等工艺过程的操作作业。 (4)硝化工艺作业，指硝化反应、精馏分离岗位的作业。适用于直接硝化法，间接硝化法，亚硝化法等工艺过程的操作作业。 (5)合成氨工艺作业，指压缩、氨合成反应、液氨储存岗位的作业。适用于节能氨五工艺法（AMV），德士古水煤浆加压气化法、凯洛格法，甲醇与合成氨联合生产的联醇法，纯碱与合成氨联合生产的联碱法，采用变换催化剂、氧化锌脱硫剂和甲烷催化剂的“三催化”气体净化法工艺过程的操作作业。 (6)裂解（裂化）工艺作业，指石油系的烃类原料裂解（裂化）岗位的作业。 (7)氟化工艺作业，指氟化反应岗位的作业。适用于直接氟化，金属氟化物或氟化氢气体氟化，置换氟化以及其他氟化物的制备等工艺过程的操作作业。 (8)加氢工艺作业，指加氢反应岗位的作业。 (9)重氮化工艺作业，指重氮化反应、重氮盐后处理岗位的作业。适用于顺法、反加法、亚硝酰硫酸法、硫酸铜触媒法以及盐析法等工艺过程的操作作业。 (10)氧化工艺作业，指氧化反应岗位的作业。 (11)过氧化工艺作业，指过氧化反应、过氧化物储存岗位的作业。 (12)胺基化工艺作业，指胺基化反应岗位的作业。 (13)磺化工艺作业，指磺化反应岗位的作业。 (14)聚合工艺作业，指聚合反应岗位的作业。 (15)烷基化工艺作业，指烷基化反应岗位的作业。 (16)化工自动化控制仪表作业，指化工自动化控制仪表系统安装、维修、维护的作业

续表

项目	具体内容
种类	10. 烟花爆竹安全作业 烟花爆竹安全作业指从事烟花爆竹生产、储存中的药物混合、造粒、筛选、装药、筑药、压药、搬运等危险工序的作业。 (1)烟火药制造作业，指从事烟火药的粉碎、配药、混合、造粒、筛选、干燥、包装等作业。 (2)黑火药制造作业，指从事黑火药的潮药、浆硝、包片、碎片、油压、抛光和包浆等作业。 (3)引火线制造作业，指从事引火线的制引、浆引、漆引、切引等作业。 (4)烟花爆竹产品涉药作业，指从事烟花爆竹产品加工中的压药、装药、筑药、褙药剂、已装药的钻孔等作业。 (5)烟花爆竹储存作业，指从事烟花爆竹仓库保管、守护、搬运等作业。 除此之外，还包括安全监管总局认定的其他作业

考点 2　特种作业人员的安全技术培训、考核、发证、复审

项目	具体内容
原则	特种作业人员的安全技术培训、考核、发证、复审工作实行统一监管、分级实施、教考分离的原则
培训	(1)特种作业人员应当接受与其所从事的特种作业相应的安全技术理论培训和实际操作培训。 ①已经取得职业高中、技工学校及中专以上学历的毕业生从事与其所学专业相应的特种作业，持学历证明经考核发证机关同意，可以免予相关专业的培训。 ②跨省、自治区、直辖市从业的特种作业人员，可以在户籍所在地或者从业所在地参加培训。 (2)对特种作业人员的安全技术培训，具备安全培训条件的生产经营单位应当以自主培训为主，也可以委托具备安全培训条件的机构进行培训。 ①不具备安全培训条件的生产经营单位，应当委托具备安全培训条件的机构进行培训。 ②生产经营单位委托其他机构进行特种作业人员安全技术培训的，保证安全技术培训的责任仍由本单位负责。 ③从事特种作业人员安全技术培训的机构(以下统称培训机构)，应当制定相应的培训计划、教学安排，并按照安全监管总局、煤矿安监局制定的特种作业人员培训大纲和煤矿特种作业人员培训大纲进行特种作业人员的安全技术培训
考核发证	(1)特种作业人员的考核包括考试和审核两部分。考试由考核发证机关或其委托的单位负责；审核由考核发证机关负责。①安全监管总局、煤矿安监局分别制定特种作业

续表

项目	具体内容
考核发证	人员、煤矿特种作业人员的考核标准,并建立相应的考试题库。②考核发证机关或其委托的单位应当按照安全监管总局、煤矿安监局统一制定的考核标准进行考核。 (2)参加特种作业操作资格考试的人员,应当填写考试申请表,由申请人或者申请人的用人单位持学历证明或者培训机构出具的培训证明向申请人户籍所在地或者从业所在地的考核发证机关或其委托的单位提出申请。①考核发证机关或其委托的单位收到申请后,应当在60日内组织考试。②特种作业操作资格考试包括安全技术理论考试和实际操作考试两部分。考试不及格的,允许补考1次。经补考仍不及格的,重新参加相应的安全技术培训。 (3)考核发证机关委托承担特种作业操作资格考试的单位应当具备相应的场所、设施、设备等条件,建立相应的管理制度,并公布收费标准等信息。 (4)考核发证机关或其委托承担特种作业操作资格考试的单位,应当在考试结束后10个工作日内公布考试成绩。 (5)符合本规定第四条规定并经考试合格的特种作业人员,应当向其户籍所在地或者从业所在地的考核发证机关申请办理特种作业操作证,并提交身份证复印件、学历证书复印件、体检证明、考试合格证明等材料。 (6)收到申请的考核发证机关应当在5个工作日内完成对特种作业人员所提交申请材料的审查,作出受理或者不予受理的决定。能够当场作出受理决定的,应当当场作出受理决定;申请材料不齐全或者不符合要求的,应当当场或者在5个工作日内一次告知申请人需要补正的全部内容,逾期不告知的,视为自收到申请材料之日起即已被受理。 (7)对已经受理的申请,考核发证机关应当在20个工作日内完成审核工作。符合条件的,颁发特种作业操作证;不符合条件的,应当说明理由。 (8)特种作业操作证有效期为6年,在全国范围内有效。 特种作业操作证由安全监管总局统一式样、标准及编号。 (9)特种作业操作证遗失的,应当向原考核发证机关提出书面申请,经原考核发证机关审查同意后,予以补发。 特种作业操作证所记载的信息发生变化或者损毁的,应当向原考核发证机关提出书面申请,经原考核发证机关审查确认后,予以更换或者更新
复审	(1)特种作业操作证每3年复审1次。特种作业人员在特种作业操作证有效期内,连续从事本工种10年以上,严格遵守有关安全生产法律法规的,经原考核发证机关或者从业所在地考核发证机关同意,特种作业操作证的复审时间可以延长至每6年1次。 (2)特种作业操作证需要复审的,应当在期满前60日内,由申请人或者申请人的用人单位向原考核发证机关或者从业所在地考核发证机关提出申请,并提交下列材料:①社区或者县级以上医疗机构出具的健康证明;②从事特种作业的情况;③安全培训考试合格记录。特种作业操作证有效期届满需要延期换证的,应当按照前款的规定申请延期复审

续表

项目	具体内容
复审	(3)特种作业操作证申请复审或者延期复审前，特种作业人员应当参加必要的安全培训并考试合格。安全培训时间不少于8个学时，主要培训法律、法规、标准、事故案例和有关新工艺、新技术、新装备等知识。 (4)申请复审的，考核发证机关应当在收到申请之日起20个工作日内完成复审工作。复审合格的，由考核发证机关签章、登记，予以确认；不合格的，说明理由。 申请延期复审的，经复审合格后，由考核发证机关重新颁发特种作业操作证。 (5)特种作业人员有下列情形之一的，复审或者延期复审不予通过：①健康体检不合格的。②违章操作造成严重后果或者有2次以上违章行为，并经查证确实的。③有安全生产违法行为，并给予行政处罚的。④拒绝、阻碍安全生产监管监察部门监督检查的。⑤未按规定参加安全培训，或者考试不合格的。 (6)申请人对复审或者延期复审有异议的，可以依法申请行政复议或者提起行政诉讼

考点3　监督管理

项目	具体内容
监督管理	(1)考核发证机关或其委托的单位及其工作人员应当忠于职守、坚持原则、廉洁自律，按照法律、法规、规章的规定进行特种作业人员的考核、发证、复审工作，接受社会的监督。 (2)考核发证机关应当加强对特种作业人员的监督检查，发现其具有下述第(3)条规定情形的，及时撤销特种作业操作证；对依法应当给予行政处罚的安全生产违法行为，按照有关规定依法对生产经营单位及其特种作业人员实施行政处罚。 考核发证机关应当建立特种作业人员管理信息系统，方便用人单位和社会公众查询；对于注销特种作业操作证的特种作业人员，应当及时向社会公告。 (3)有下列情形之一的，考核发证机关应当撤销特种作业操作证：①超过特种作业操作证有效期未延期复审的。②特种作业人员的身体条件已不适合继续从事特种作业的。③对发生生产安全事故负有责任的。④特种作业操作证记载虚假信息的。⑤以欺骗、贿赂等不正当手段取得特种作业操作证的。 特种作业人员违反上述第④项、第⑤项规定的，3年内不得再次申请特种作业操作证。 (4)有下列情形之一的，考核发证机关应当注销特种作业操作证：①特种作业人员死亡的。②特种作业人员提出注销申请的。③特种作业操作证被依法撤销的。 (5)离开特种作业岗位6个月以上的特种作业人员，应当重新进行实际操作考试，经确认合格后方可上岗作业。 (6)省、自治区、直辖市人民政府安全生产监督管理部门和负责煤矿特种作业人员考核发证工作的部门或者指定的机构应当每年分别向安全监管总局、煤矿安监局报告特种作业人员的考核发证情况。 (7)生产经营单位应当加强对本单位特种作业人员的管理，建立健全特种作业人员培

续表

项目	具体内容
监督管理	训、复审档案，做好申报、培训、考核、复审的组织工作和日常的检查工作。 (8)特种作业人员在劳动合同期满后变动工作单位的，原工作单位不得以任何理由扣押其特种作业操作证。 跨省、自治区、直辖市从业的特种作业人员应当接受从业所在地考核发证机关的监督管理。 (9)生产经营单位不得印制、伪造、倒卖特种作业操作证，或者使用非法印制、伪造、倒卖的特种作业操作证。 特种作业人员不得伪造、涂改、转借、转让、冒用特种作业操作证或者使用伪造的特种作业操作证

第四节 工伤保险

考点 1 工伤保险的相关内容

项目	具体内容
工伤保险的定义	(1)工伤保险，是指劳动者在工作中或在规定的特殊情况下，遭受意外伤害或患职业病导致暂时或永久丧失劳动能力以及死亡时，劳动者或其遗属从国家和社会获得物质帮助的一种社会保险制度。 (2)工伤保险，又称职业伤害保险。 (3)工伤保险是通过社会统筹的办法，集中用人单位缴纳的工伤保险费，建立工伤保险基金，对劳动者在生产经营活动中遭受意外伤害或职业病，并由此造成死亡、暂时或永久丧失劳动能力时，给予劳动者及其实用性法定的医疗救治以及必要的经济补偿的一种社会保障制度。这种补偿既包括医疗、康复所需费用，也包括保障基本生活的费用
工伤保险的特点	(1)工伤保险对象的范围是在生产劳动过程中的劳动者。由于职业危害无所不在，无时不在，任何人都不能完全避免职业伤害。因此工伤保险作为抗御职业危害的保险制度适用于所有职工，任何职工发生工伤事故或遭受职业疾病，都应毫无例外地获得工伤保险待遇。 (2)工伤保险的责任具有赔偿性。也就是说劳动者的生命健康权、生存权和劳动权受到影响、损害甚至被剥夺了。因此工伤保险是基于对工伤职工的赔偿责任而设立的一种社会保险制度，其他社会保险是基于对职工生活困难的帮助和补偿责任而设立的。统一专属工伤保险方案与社保完全对接，补充了一次性伤残就业补助金的赔偿。 (3)工伤保险实行无过错责任原则。无论工伤事故的责任归于用人单位还是职工个人或第三者，用人单位均应承担保险责任

续表

项目	具体内容
工伤保险的特点	(4)工伤保险不同于养老保险等险种,劳动者不缴纳保险费,全部费用由用人单位负担。即工伤保险的投保人为用人单位。 (5)工伤保险待遇相对优厚,标准较高,但因工伤事故的不同而有所差别。 (6)工伤保险作为社会福利,其保障内容比商业意外保险要丰富。除了在工作时的意外伤害,也包括职业病的报销、急性病猝死保险金、丧葬补助(工伤身故)
工伤保险的原则	工伤保险遵循以下十个原则: (1)无责任补偿(无过失补偿)原则。 (2)国家立法、强制实施原则。 (3)风险分担、互助互济原则。 (4)个人不缴费原则。 (5)区别因工与非因工原则。 (6)经济赔偿与事故预防、职业病防治相结合原则。 (7)一次性补偿与长期补偿相结合原则。 (8)确定伤残和职业病等级原则。 (9)区别直接经济损失与间接经济损失原则。 (10)集中管理原则

考点 2 工伤认定及相关规定

项目	具体内容
工伤认定	根据《工伤保险条例》第十四条规定,职工有下列情形之一的,应当认定为工伤: (1)在工作时间和工作场所内,因工作原因受到事故伤害的。 (2)工作时间前后在工作场所内,从事与工作有关的预备性或者收尾性工作受到事故伤害的。 (3)在工作时间和工作场所内,因履行工作职责受到暴力等意外伤害的。 (4)患职业病的。 (5)因工外出期间,由于工作原因受到伤害或者发生事故下落不明的。 (6)在上下班途中,受到非本人主要责任的交通事故或者城市轨道交通、客运轮渡、火车事故伤害的。 (7)法律、行政法规规定应当认定为工伤的其他情形。 同时,根据《工伤保险条例》第十五条的规定,职工有下列情形之一的,视同工伤: (1)在工作时间和工作岗位,突发疾病死亡或者在48小时之内经抢救无效死亡的。 (2)在抢险救灾等维护国家利益、公共利益活动中受到伤害的。 (3)职工原在军队服役,因战、因公负伤致残,已取得革命伤残军人证,到用人单位后旧伤复发的。 职工有前款第(1)项、第(2)项情形的,按照本条例的有关规定享受工伤保险待遇;职

续表

项目	具体内容
工伤认定	工有前款第(3)项情形的,按照本条例的有关规定享受除一次性伤残补助金以外的工伤保险待遇。 职工符合《工伤保险条例》第十四条、第十五条的规定,但是有下列情形之一的,不得认定为工伤或者视同工伤: (1)故意犯罪的。 (2)醉酒或者吸毒的。 (3)自残或者自杀的
工伤认定申请	提出工伤认定申请应当提交下列材料: (1)工伤认定申请表。 (2)与用人单位存在劳动关系(包括事实劳动关系)的证明材料。 (3)医疗诊断证明或者职业病诊断证明书(或者职业病诊断鉴定书)。 工伤认定申请表应当包括事故发生的时间、地点、原因以及职工伤害程度等基本情况。 工伤认定申请人提供材料不完整的,社会保险行政部门应当一次性书面告知工伤认定申请人需要补正的全部材料。申请人按照书面告知要求补正材料后,社会保险行政部门应当受理
相关规定	(1)社会保险行政部门受理工伤认定申请后,根据审核需要可以对事故伤害进行调查核实,用人单位、职工、工会组织、医疗机构以及有关部门应当予以协助。职业病诊断和诊断争议的鉴定,依照职业病防治法的有关规定执行。对依法取得职业病诊断证明书或者职业病诊断鉴定书的,社会保险行政部门不再进行调查核实。 职工或者其近亲属认为是工伤,用人单位不认为是工伤的,由用人单位承担举证责任。 (2)社会保险行政部门应当自受理工伤认定申请之日起60日内作出工伤认定的决定,并书面通知申请工伤认定的职工或者其近亲属和该职工所在单位。 (3)社会保险行政部门对受理的事实清楚、权利义务明确的工伤认定申请,应当在15日内作出工伤认定的决定。 (4)作出工伤认定决定需要以司法机关或者有关行政主管部门的结论为依据的,在司法机关或者有关行政主管部门尚未作出结论期间,作出工伤认定决定的时限中止。 (5)社会保险行政部门工作人员与工伤认定申请人有利害关系的,应当回避

考点3 劳动能力鉴定及相关规定

项目	具体内容
定义	劳动能力鉴定是指劳动功能障碍程度和生活自理障碍程度的等级鉴定。 (1)劳动功能障碍分为十个伤残等级,最重的为一级,最轻的为十级。 (2)生活自理障碍分为三个等级:生活完全不能自理、生活大部分不能自理和生活部分不能自理

续表

项目	具体内容
相关规定	(1)劳动能力鉴定标准由国务院社会保险行政部门会同国务院卫生行政部门等部门制定。 (2)劳动能力鉴定由用人单位、工伤职工或者其近亲属向设区的市级劳动能力鉴定委员会提出申请，并提供工伤认定决定和职工工伤医疗的有关资料。 (3)省、自治区、直辖市劳动能力鉴定委员会和设区的市级劳动能力鉴定委员会分别由省、自治区、直辖市和设区的市级社会保险行政部门、卫生行政部门、工会组织、经办机构代表以及用人单位代表组成。 (4)设区的市级劳动能力鉴定委员会收到劳动能力鉴定申请后，应当从其建立的医疗卫生专家库中随机抽取3名或者5名相关专家组成专家组，由专家组提出鉴定意见。设区的市级劳动能力鉴定委员会根据专家组的鉴定意见作出工伤职工劳动能力鉴定结论；必要时，可以委托具备资格的医疗机构协助进行有关的诊断。 (5)设区的市级劳动能力鉴定委员会应当自收到劳动能力鉴定申请之日起60日内作出劳动能力鉴定结论，必要时，作出劳动能力鉴定结论的期限可以延长30日。劳动能力鉴定结论应当及时送达申请鉴定的单位和个人。 (6)申请鉴定的单位或者个人对设区的市级劳动能力鉴定委员会作出的鉴定结论不服的，可以在收到该鉴定结论之日起15日内向省、自治区、直辖市劳动能力鉴定委员会提出再次鉴定申请。省、自治区、直辖市劳动能力鉴定委员会作出的劳动能力鉴定结论为最终结论。 (7)劳动能力鉴定工作应当客观、公正。劳动能力鉴定委员会组成人员或者参加鉴定的专家与当事人有利害关系的，应当回避。 (8)自劳动能力鉴定结论作出之日起1年后，工伤职工或者其近亲属、所在单位或者经办机构认为伤残情况发生变化的，可以申请劳动能力复查鉴定

考点4 工伤保险待遇

项目	具体内容
工伤保险待遇	职工因工致残被鉴定为一级至四级伤残的，保留劳动关系，退出工作岗位，享受以下待遇： (1)从工伤保险基金按伤残等级支付一次性伤残补助金，标准为：一级伤残为27个月的本人工资，二级伤残为25个月的本人工资，三级伤残为23个月的本人工资，四级伤残为21个月的本人工资。 (2)从工伤保险基金按月支付伤残津贴，标准为：一级伤残为本人工资的90%，二级伤残为本人工资的85%，三级伤残为本人工资的80%，四级伤残为本人工资的75%。伤残津贴实际金额低于当地最低工资标准的，由工伤保险基金补足差额。 (3)工伤职工达到退休年龄并办理退休手续后，停发伤残津贴，按照国家规定享受基本养老保险待遇，基本养老保险待遇低于伤残津贴的由工伤保险基金补足差额

续表

项目	具体内容
工伤保险待遇	职工因工致残被鉴定为一级至四级伤残的,由用人单位和职工个人以伤残津贴为基数,缴纳基本医疗保险费。 职工因工致残被鉴定为五级、六级伤残的,享受以下待遇: (1)从工伤保险基金按伤残等级支付一次性伤残补助金,标准为:五级伤残为18个月的本人工资,六级伤残为16个月的本人工资。 (2)保留与用人单位的劳动关系,由用人单位安排适当工作。难以安排工作的,由用人单位按月发给伤残津贴,标准为:五级伤残为本人工资的70%,六级伤残为本人工资的60%,并由用人单位按照规定为其缴纳应缴纳的各项社会保险费。伤残津贴实际金额低于当地最低工资标准的,由用人单位补足差额。 经工伤职工本人提出,该职工可以与用人单位解除或者终止劳动关系,由工伤保险基金支付一次性工伤医疗补助金,由用人单位支付一次性伤残就业补助金。一次性工伤医疗补助金和一次性伤残就业补助金的具体标准由省、自治区、直辖市人民政府规定。 职工因工致残被鉴定为七级至十级伤残的,享受以下待遇: (1)从工伤保险基金按伤残等级支付一次性伤残补助金,标准为:七级伤残为13个月的本人工资,八级伤残为11个月的本人工资,九级伤残为9个月的本人工资,十级伤残为7个月的本人工资。 (2)劳动、聘用合同期满终止,或者职工本人提出解除劳动、聘用合同的,由工伤保险基金支付一次性工伤医疗补助金,由用人单位支付一次性伤残就业补助金。一次性工伤医疗补助金和一次性伤残就业补助金的具体标准由省、自治区、直辖市人民政府规定

第五节　安全生产投入

考点1　安全生产投入的基本要求

项目	具体内容
基本要求	(1)《安全生产法》规定:生产经营单位应当具备的安全生产条件所必需的资金投入,由生产经营单位的决策机构、主要负责人或者个人经营的投资人予以保证,并对由于安全生产所必需的资金投入不足导致的后果承担责任。 (2)《国务院关于进一步加强安全生产工作的决定》规定:建立企业提取安全费用制度。为保证安全生产所需资金投入,形成企业安全生产投入的长效机制,借鉴煤矿提取安全费用的经验,在条件成熟后,逐步建立对高危行业生产企业提取安全费用制度。企业安全费用的提取,要根据地区和行业的特点,分别确定提取标准,由企业自行提取,专户储存,专项用于安全生产。 (3)生产经营单位是安全生产的责任主体,也是安全生产费用提取、使用和管理的主体

考点2　安全生产费用的使用和管理

项目	具体内容
责任主体	(1)保证必要的安全生产投入是实现安全生产的重要基础。 (2)安全生产投入资金具体由谁来保证,应根据企业的性质而定。一般说来,股份制企业、合资企业等安全生产投入资金由董事会予以保证;一般国有企业由厂长或者经理予以保证;个体工商户等个体经济组织由投资人予以保证。 (3)上述保证人承担由于安全生产所必需的资金投入不足而导致事故后果的法律责任
安全生产费用的使用	(1)完善、改造和维护安全防护设备、设施的支出。其中:①矿山企业安全设备设施是指矿山综合防尘、地质监控、防灭火、防治水、危险气体监测、通风系统,支护及防治片帮滑坡设备、机电设备、供配电系统、运输(提升)系统以及尾矿库(坝)等。②危险品生产企业安全设备设施是指车间、库房等作业场所的监控、监测、通风、防晒、调温、防火、灭火、防爆、泄压、防毒、消毒、中和、防潮、防雷、防静电、防腐、防渗漏、防护围堤或者隔离操作等设施设备。③道路交通运输企业安全设备设施是指运输工具安全状况检测及维护系统、运输工具附属安全设备等。 (2)配备必要的应急救援器材、设备和现场作业人员安全防护物品支出。 (3)安全生产检查与评价支出。 (4)重大危险源、重大事故隐患的评估、整改、监控支出。 (5)安全技能培训及进行应急救援演练支出。 (6)其他与安全生产直接相关的支出
安全生产费用的管理	(1)生产经营单位应制定安全生产投入的管理制度,明确具体的使用范围、管理程序、监督程序,每年完成后应及时总结项目和费用的完成情况。 (2)在年度财务会计报告中,生产经营单位应当披露安全费用提取和使用的具体情况,接受安全生产监督管理部门和财政部门的监督。 (3)生产经营单位违规提取和使用安全费用的,政府安全生产监督管理部门应当会同财政部门责令其限期改正,予以警告。 (4)逾期不改正的,由安全生产监督管理部门按照相关法规进行处理

考点3　安全生产责任保险

项目	具体内容
安全生产责任保险概述	安全生产责任保险是生产经营单位在发生生产安全事故以后对死亡、伤残者履行赔偿责任的保险,对维护社会安定和谐具有重要作用。对于高危行业分布广泛、伤亡事故时有发生的地区,发展安全生产责任保险,用责任保险等经济手段加强和改善安全生产管理,是强化安全事故风险管控的重要措施。安全生产责任保险有利于增强安全生产意识,防范事故发生,促进地区安全生产形势稳定好转;有利于预防和化解社会矛盾,减

续表

项目	具体内容
安全生产责任保险概述	轻各级政府在事故发生后的救助负担；有利于维护人民群众根本利益，促进经济健康运行，保持社会稳定。 针对高危行业开办的险别，不仅可承保因企业在生产经营过程中，发生生产安全事故所造成的伤亡或者下落不明，还可对应附加医疗费用、第三者责任及事故应急救援和善后处理费用。 保险费根据被保险人营业性质及参保人数对应选择不同的赔偿限额计收。 1. 主险责任 在保险期间，被保险人的工作人员在中华人民共和国境内因下列情形导致伤残或死亡依法应由被保险人承担的经济赔偿责任，保险人应按照保险合同的约定负责赔偿： (1)在工作时间和工作场所内，因工作原因受到安全生产事故伤害。 (2)工作时间前后在工作场所内，从事与履行其工作职责有关的预备性或者收尾性工作受到安全生产事故伤害。 (3)在工作时间和工作场所内，因履行工作职责受到暴力等意外伤害。 (4)因工外出期间，由于工作原因受到伤害或者发生事故下落不明。 (5)在上下班途中，受到交通及意外事故伤害。 (6)在工作时间和工作岗位，突发疾病死亡或者在48 h之内经抢救无效死亡。 (7)根据法律、行政法规规定应当认定为安全生产事故的其他情形。 2. 附加第三者责任 在保险期间，被保险人合法聘用的工作人员在被保险人的工作场所内，受雇从事保险单明细表所载明的被保险人的业务过程中，发生安全生产事故，造成第三者死亡，依法应由被保险人承担的经济赔偿责任，保险人按照附加险合同和主险合同的约定负责赔偿。 3. 附加施救及事故善后处理费用保险责任 在保险期间，被保险人的工作人员因主险条款所列情形导致的伤残或死亡，被保险人因采取必要、合理的施救及事故善后处理措施而支出的下列费用，保险人按照附加险合同和主险合同的约定负责赔偿： (1)现场施救费用。 (2)参与事故处理人员的加班费、住宿费、交通费、餐费以及生活补助费。 4. 附加医疗费用保险责任 在保险期间，被保险人的工作人员因主险条款所列情形导致的伤残或死亡，依照中华人民共和国法律应由被保险人承担的医疗费用，保险人按照附加险合同和主险合同的约定负责赔偿
《安全生产责任保险实施办法》的相关规定	2017年12月12日，《关于印发〈安全生产责任保险实施办法〉的通知》（安监总办〔2017〕140号）明确规定，根据《中共中央国务院关于推进安全生产领域改革发展的意见》关于建立健全安全生产责任保险制度的要求，为进一步规范安全生产责任保险工

续表

项目	具体内容
《安全生产责任保险实施办法》的相关规定	作，切实发挥保险机构参与风险评估管控和事故预防功能，国家安全监管总局（现已并入应急管理部）、保监会（现合并为银保监会）、财政部制定了《安全生产责任保险实施办法》。 第一章　总则 第一条　为了规范安全生产责任保险工作，强化事故预防，切实保障投保的生产经营单位及有关人员的合法权益，根据相关法律法规和规定，制定《安全生产责任保险实施办法》。 第二条　安全生产责任保险是指保险机构对投保的生产经营单位发生的生产安全事故造成的人员伤亡和有关经济损失等予以赔偿，并且为投保的生产经营单位提供生产安全事故预防服务的商业保险。 第三条　按照《安全生产责任保险实施办法》请求的经济赔偿，不影响参保的生产经营单位从业人员（含劳务派遣人员，下同）依法请求工伤保险赔偿的权利。 第四条　坚持风险防控、费率合理、理赔及时的原则，按照政策引导、政府推动、市场运作的方式推行安全生产责任保险工作。 第五条　安全生产责任保险的保费由生产经营单位缴纳，不得以任何方式摊派给从业人员个人。 第六条　煤矿、非煤矿山、危险化学品、烟花爆竹、交通运输、建筑施工、民用爆炸物品、金属冶炼、渔业生产等高危行业领域的生产经营单位应当投保安全生产责任保险。鼓励其他行业领域生产经营单位投保安全生产责任保险。各地区可针对本地区安全生产特点，明确应当投保的生产经营单位。对存在高危粉尘作业、高毒作业或其他严重职业病危害的生产经营单位，可以投保职业病相关保险。对生产经营单位已投保的与安全生产相关的其他险种，应当增加或将其调整为安全生产责任保险，增强事故预防功能。 第二章　承保与投保 第七条　承保安全生产责任保险的保险机构应当具有相应的专业资质和能力，主要包含以下方面： (1)商业信誉情况。 (2)偿付能力水平。 (3)开展责任保险的业绩和规模。 (4)拥有风险管理专业人员的数量和相应专业资格情况。 (5)为生产经营单位提供事故预防服务情况。 第八条　根据实际需要，鼓励保险机构采取共保方式开展安全生产责任保险工作。 第九条　安全生产责任保险的保险责任包括投保的生产经营单位的从业人员人身伤亡赔偿，第三者人身伤亡和财产损失赔偿，事故抢险救援、医疗救护、事故鉴定、法律诉讼等费用。保险机构可以开发适应各类生产经营单位安全生产保障需求的个性化保险产品

续表

项目	具体内容
《安全生产责任保险实施办法》的相关规定	第十条　除被依法关闭取缔、完全停止生产经营活动外，应当投保安全生产责任保险的生产经营单位不得延迟续保、退保。 第十一条　制定各行业领域安全生产责任保险基准指导费率，实行差别费率和浮动费率。建立费率动态调整机制，费率调整根据以下因素综合确定： (1)事故记录和等级。费率调整根据生产经营单位是否发生事故、事故次数和等级确定，可以根据发生人员伤亡的一般事故、较大事故、重大及以上事故次数进行调整。 (2)其他。投保生产经营单位的安全风险程度、安全生产标准化等级、隐患排查治理情况、安全生产诚信等级、是否被纳入安全生产领域联合惩戒“黑名单”、赔付率等。 各地区可以参考以上因素，根据不同行业领域实际情况进一步确定具体的费率浮动。 第十二条　生产经营单位投保安全生产责任保险的保障范围应当覆盖全体从业人员。 第三章　事故预防与理赔 第十三条　保险机构应当建立生产安全事故预防服务制度，协助投保的生产经营单位开展以下工作： (1)安全生产和职业病防治宣传教育培训。 (2)安全风险辨识、评估和安全评价。 (3)安全生产标准化建设。 (4)生产安全事故隐患排查。 (5)安全生产应急预案编制和应急救援演练。 (6)安全生产科技推广应用。 (7)其他有关事故预防工作。 第十四条　保险机构应当按照上述规定的服务范围，在安全生产责任保险合同中约定具体服务项目及频次。保险机构开展安全风险评估、生产安全事故隐患排查等服务工作时，投保的生产经营单位应当予以配合，并对评估发现的生产安全事故隐患进行整改；对拒不整改重大事故隐患的，保险机构可在下一投保年度上浮保险费率，并报告安全生产监督管理部门和相关部门。 第十五条　保险机构应当严格按照合同约定及时赔偿保险金；建立快速理赔机制，在事故发生后按照法律规定或者合同约定先行支付确定的赔偿保险金。生产经营单位应当及时将赔偿保险金支付给受伤人员或者死亡人员的受益人(以下统称受害人)，或者请求保险机构直接向受害人赔付。生产经营单位怠于请求的，受害人有权就其应获赔偿部分直接向保险机构请求赔付。 第十六条　同一生产经营单位的从业人员获取的保险金额应当实行同一标准，不得因用工方式、工作岗位等差别对待。 第十七条　各地区根据实际情况确定安全生产责任保险中涉及人员死亡的最低赔偿金额，每死亡1人按不低于30万元赔偿，并按本地区城镇居民上一年度人均可支配收入的变化进行调整。对未造成人员死亡事故的赔偿保险金额度在保险合同中约定

续表

项目	具体内容
《安全生产责任保险实施办法》的相关规定	第四章 激励与保障 第十八条 安全生产监督管理部门和有关部门应当将安全生产责任保险投保情况作为生产经营单位安全生产标准化、安全生产诚信等级等评定的必要条件，作为安全生产与职业健康风险分类监管，以及取得安全生产许可证的重要参考。安全生产和职业病预防相关法律法规另有规定的，从其规定。 第十九条 各地区应当在安全生产相关财政资金投入、信贷融资、项目立项、进入工业园区以及相关产业扶持政策等方面，在同等条件下优先考虑投保安全生产责任保险的生产经营单位。 第二十条 对赔付及时、事故预防成效显著的保险机构，纳入安全生产诚信管理体系，实行联合激励。 第二十一条 各地区将推行安全生产责任保险情况，纳入对本级政府有关部门和下级人民政府安全生产工作巡查和考核内容。 第二十二条 鼓励安全生产社会化服务机构为保险机构开展生产安全事故预防提供技术支撑。 第五章 监督与管理 第二十三条 建立安全生产监督管理部门和保险监督管理机构信息共享机制。安全生产监督管理部门和有关部门应当建立安全生产责任保险信息管理平台，并与安全生产监管信息平台对接，对保险机构开展生产安全事故预防服务及服务费用支出使用情况定期进行分析评估。安全生产监督管理部门可以引入第三方机构对安全生产责任保险信息管理平台进行建设维护及对保险机构开展预防服务情况开展评估，并依法保守有关商业秘密。 第二十四条 支持投保的生产经营单位、保险机构和相关社会组织建立协商机制，加强自主管理。 第二十五条 安全生产监督管理部门、保险监督管理机构和有关部门应当依据工作职责依法加强对生产经营单位和保险机构的监督管理，对实施安全生产责任保险情况开展监督检查。 第二十六条 对生产经营单位应当投保但未按规定投保或续保、将保费以各种形式摊派给从业人员个人、未及时将赔偿保险金支付给受害人的，保险机构预防费用投入不足、未履行事故预防责任、委托不合法的社会化服务机构开展事故预防工作的，安全生产监督管理部门、保险监督管理机构及有关部门应当提出整改要求；对拒不整改的，应当将其纳入安全生产领域联合惩戒“黑名单”管理，对违反相关法律法规规定的，依法追究其法律责任。 第二十七条 相关部门及其工作人员在对安全生产责任保险的监督管理中收取贿赂、滥用职权、玩忽职守、徇私舞弊的，依法依规对相关责任人严肃追责；涉嫌犯罪的，移交司法机关依法处理

第五章　应急管理

知识框架

- 应急管理
  - 应急管理体系建设
    - 事故应急救援的基本任务和特点
    - 事故应急救援体系的基本构建
  - 应急预案制定和演练
    - 事故应急预案的作用
    - 事故应急预案的基本要求
    - 事故应急预案的主要内容
    - 应急演练的定义、目的与原则
    - 应急演练的类型
  - 应急准备与响应

考点精讲

第一节　应急管理体系建设

考点1　事故应急救援的基本任务和特点

项目	具体内容
基本任务	1. 总目标 总目标是通过有效的应急救援行动，尽可能地降低事故的后果，包括人员伤亡、财产损失和环境破坏等。 2. 基本任务 (1)立即组织营救受害人员，组织撤离或者采取其他措施保护危害区域内的其他人员。抢救受害人员是应急救援的首要任务。 (2)迅速控制事态，并对事故造成的危害进行检测、监测，测定事故的危害区域、危害性质及危害程度。 (3)消除危害后果，做好现场恢复。 (4)查清事故原因，评估危害程度

续表

项目	具体内容
特点	(1)不确定性和突发性。 (2)应急活动的复杂性。 (3)后果影响易猝变、激化和放大

考点2 事故应急救援体系的基本构建

项目	具体内容
相关法规要求	1.《安全生产法》规定 (1)生产经营单位的主要负责人具有组织制定并实施本单位的生产安全事故应急救援预案的职责。 (2)生产经营单位对重大危险源应当登记建档,进行定期检测、评估、监控,并制定应急预案,告知从业人员和相关人员在紧急情况下应当采取的应急措施。 2.《危险化学品安全管理条例》规定 (1)县级以上地方人民政府安全生产监督管理部门应当会同工业和信息化、环境保护、公安、卫生、交通运输、铁路、质量监督检验检疫等部门,根据本地区实际情况,制定危险化学品事故应急预案,报本级人民政府批准。 (2)危险化学品单位应当制定本单位危险化学品事故应急预案,配备应急救援人员和必要的应急救援器材、设备,并定期组织应急救援演练。危险化学品单位应当将其危险化学品事故应急预案报所在地设区的市级人民政府安全生产监督管理部门备案。 3. 国务院《特种设备安全监察条例》规定 特种设备使用单位应当制定事故应急专项预案,并定期进行事故应急演练。 4. 国务院《关于特大安全事故行政责任追究的规定》规定 市(地、州)、县(市、区)人民政府必须制定本地区特大安全事故应急处理预案
事故应急管理理论框架	应急管理是一个动态的过程,包括预防、准备、响应和恢复4个阶段。 自然灾害、事故灾难或者公共卫生事件发生后,履行统一领导职责的人民政府可以采取下列一项或者多项应急处置措施: (1)组织营救和救治受害人员,疏散、撤离并妥善安置受到威胁的人员以及采取其他救助措施。 (2)迅速控制危险源,标明危险区域,封锁危险场所,划定警戒区,实行交通管制以及其他控制措施。 (3)立即抢修被损坏的交通、通信、供水、排水、供电、供气、供热等公共设施,向受到危害的人员提供避难场所和生活必需品,实施医疗救护和卫生防疫以及其他保障措施。 (4)禁止或者限制使用有关设备、设施,关闭或者限制使用有关场所,中止人员密集的活动或者可能导致危害扩大的生产经营活动以及采取其他保护措施

续表

<table>
<tr><th>项目</th><th colspan="2">具体内容</th></tr>
<tr><td>事故应急管理理论框架</td><td colspan="2">(5)启用本级人民政府设置的财政预备费和储备的应急救援物资,必要时调用其他急需物资、设备、设施、工具。
(6)组织公民参加应急救援和处置工作,要求具有特定专长的人员提供服务。
(7)保障食品、饮用水、燃料等基本生活必需品的供应。
(8)依法从严惩处囤积居奇、哄抬物价、制假售假等扰乱市场秩序的行为,稳定市场价格,维护市场秩序。
(9)依法从严惩处哄抢财物、干扰破坏应急处置工作等扰乱社会秩序的行为,维护社会治安。
(10)采取防止发生次生、衍生事件的必要措施</td></tr>
<tr><td rowspan="4">事故应急响应机制</td><td>一级紧急情况</td><td>(1)一级紧急情况是指必须利用所有有关部门及一切资源的紧急情况,或者需要各个部门同外部机构联合处理的各种紧急情况,通常要宣布进入紧急状态。
(2)在该级别中,作出主要决定的机构是紧急事务管理部门。
(3)现场指挥部可在现场作出保护生命和财产以及控制事态所必需的各种决定。</td></tr>
<tr><td>二级紧急情况</td><td>(1)二级紧急情况是指需要两个或更多个部门响应的紧急情况。
(2)该事故的救援需要有关部门的协作,并且提供人员、设备或其他资源。
(3)该级响应需要成立现场指挥部来统一指挥现场的应急救援行动</td></tr>
<tr><td>三级紧急情况</td><td>(1)三级紧急情况是指能被一个部门正常可利用的资源处理的紧急情况。
(2)正常可利用的资源指在该部门权力范围内通常可以利用的应急资源,包括人力和物力等。
(3)必要时,该部门可以建立一个现场指挥部,所需的后勤支持、人员或其他资源增援由本部门负责解决</td></tr>
<tr><td>事故应急救援响应程序</td><td>(1)接警。
(2)警情判断及响应级别。
(3)应急启动。
(4)救援行动。
(5)事态控制。
(6)应急恢复。
(7)应急结束(关闭)</td></tr>
</table>

第二节 应急预案制定和演练

考点 1 事故应急预案的作用

项目	具体内容
事故应急预案的作用	(1)确定了应急救援的范围和体系,使应急管理不再无据可依、无章可循。 (2)有利于做出及时的应急响应,降低事故后果。 (3)是各类突发重大事故的应急基础。 (4)建立了与上级单位和部门应急救援体系的衔接。 (5)有利于提高风险防范意识

考点 2 事故应急预案的基本要求

项目	具体内容
事故应急预案的基本要求	(1)符合有关法律、法规、规章和标准的规定。 (2)结合本地区、本部门、本单位的安全生产实际情况。 (3)结合本地区、本部门、本单位的危险性分析情况。 (4)应急组织和人员的职责分工明确,并有具体的落实措施。 (5)有明确、具体的应急程序和处置措施,并与其应急能力相适应。 (6)有明确的应急保障措施,并能满足本地区、本部门、本单位的应急工作要求。 (7)预案基本要素齐全、完整,预案附件提供的信息准确。 (8)预案内容与相关应急预案相互衔接

考点 3 事故应急预案的主要内容

项目	具体内容	
概况	主要描述生产经营单位概况以及危险特性状况等,同时对紧急情况下应急事件、适用范围和方针原则等提供简述并作必要说明	
事故预防	预防程序是对潜在事故、可能的次生与衍生事故进行分析并说明所采取的预防和控制事故的措施	
	危险分析	(1)危险识别。 (2)脆弱性分析。 (3)风险分析
	资源分析	(1)针对危险分析所确定的主要危险,明确应急救援所需的资源,列出可用的应急力量和资源。 (2)包括:①各类应急力量的组成及分布情况。②各种重要应急设备、物资的准备情况。③上级救援机构或周边可用的应急资源

续表

项目	具体内容	
事故预防	法律法规要求	编制预案前，应调研国家和地方有关应急预案、事故预防、应急准备、应急响应和恢复相关的法律法规文件，以作为预案编制的依据和授权
准备程序	(1)机构与职责。 ①应急机构组织体系包括城市应急管理的领导机构、应急响应中心以及各有关机构部门等。 ②对应急救援中承担任务的所有应急组织，应明确相应的职责、负责人、候补人及联络方式。 (2)应急资源。 应急资源的准备包括合理组建专业和社会救援力量，配备应急救援中所需的各种救援机械和装备、监测仪器、堵漏和清消材料、交通工具、个体防护装备、医疗器械和药品、生活保障物资等，并定期检查、维护与更新，保证始终处于完好状态。 (3)教育、培训与演习。 提高公众意识和自我保护能力、应急演习等方面。 (4)互助协议	
应急程序	(1)在应急救援过程中，存在一些必需的核心功能和任务，如接警与通知、指挥与控制、警报和紧急公告、通信、事态监测与评估、警戒与治安、人群疏散与安置、医疗与卫生、公共关系、应急人员安全、消防和抢险、泄漏物控制等，无论何种应急过程都必须围绕上述功能和任务开展。 (2)应急程序主要指实施上述核心功能和任务的程序和步骤	
现场恢复	(1)也可称为紧急恢复，是指事故被控制住后所进行的短期恢复。 (2)该部分主要内容应包括：①宣布应急结束的程序。②撤离和交接程序。③恢复正常状态的程序。④现场清理和受影响区域的连续检测。⑤事故调查与后果评价等	
预案管理与评审改进	(1)应急预案是应急救援工作的指导文件。 (2)应当对预案的制定、修改、更新、批准和发布做出明确的管理规定，保证定期或在应急演习、应急救援后对应急预案进行评审和改进，针对各种实际情况的变化以及预案应用中所暴露出的缺陷，持续地改进，以不断地完善应急预案体系	

考点4　应急演练的定义、目的与原则

项目	具体内容
定义	各级政府部门、企事业单位、社会团体，组织相关应急人员与群众，针对待定的突发事件假想情景，按照应急预案所规定的职责和程序，在特定的时间和地域，执行应急响应任务的训练活动
目的	检验预案、完善准备、锻炼队伍、磨合机制、科普宣教
地位	是应急管理的重要环节，在应急管理工作中有着十分重要的作用

续表

项目	具体内容
原则	(1)结合实际、合理定位。 (2)着眼实战、讲求实效。 (3)精心组织、确保安全。 (4)统筹规划、厉行节约
作用	(1)实现评估应急准备状态,发现并及时修改应急预案、执行程序等相关工作的缺陷和不足。 (2)评估突发公共事件应急能力,识别资源需求,澄清相关机构、组织和人员的职责,改善不同机构、组织和人员之间的协调问题。 (3)通过演练手段,检验应急响应人员对应急预案、执行程序的具体了解程度和实际操作技能,评估人员的应急培训效果,分析培训需求。 (4)作为一种培训手段,通过调整演练难度,可以进一步提高应急响应人员的业务素质和能力。 (5)促进公众、媒体对应急预案的理解,争取他们对应急工作的支持

考点 5　应急演练的类型

项目		具体内容
按照组织方式及目标重点的不同分类	桌面演练	(1)桌面演练是一种圆桌讨论或演习活动。 (2)其目的是使各级应急部门、组织和个人在较轻松的环境下,明确和熟悉应急预案中所规定的职责和程序,提高协调配合及解决问题的能力。 (3)桌面演练的情景和问题通常以口头或书面叙述的方式呈现,也可以使用地图、沙盘、计算机模拟、视频会议等辅助手段,有时被分别称为图上演练、沙盘演练、计算机模拟演练、视频会议演练等
	现场演练	(1)现场演练是以现场实战操作的形式开展的演练活动。 (2)参演人员在贴近实际状况和高度紧张的环境下,根据演练情景的要求,通过实际操作完成应急响应任务,以检验和提高相关应急人员的组织指挥、应急处置以及后勤保障等综合应急能力
按演练内容分类	单项演练	(1)单项演练是指只涉及应急预案中特定应急响应功能或现场处置方案中一系列应急响应功能的演练活动。 (2)注重针对一个或少数几个参与单位(岗位)的特定环节和功能进行检验
	综合演练	(1)综合演练是指涉及应急预案中多项或全部应急响应功能的演练活动。 (2)注重对多个环节和功能进行检验,特别是对不同单位之间应急机制和联合应对能力的检验

续表

项目	具体内容	
按演练目的和作用分类	检验性演练	检验性演练是指为了检验应急预案的可行性及应急准备的充分性而组织的演练
	示范性演练	示范性演练是指为了向参观、学习人员提供示范，为普及宣传应急知识而组织的观摩性演练
	研究性演练	研究性演练是为了研究突发事件应急处置的有效方法，试验应急技术、设施和设备，探索存在问题的解决方案等而组织的演练

第三节　应急准备与响应

考点　应急准备与响应

项目	具体内容
演练前检查	(1)演练实施当天，演练组织机构的相关人员应在演练开始前提前到达现场，对演练所用的设备设施等的情况进行检查，确保其正常工作。 (2)按照演练安全保障工作安排，对进入演练场所的人员进行登记和身份核查，防止无关人员进入
演练前情况说明和动员	(1)导演组完成事故应急演练准备，以及对演练方案、演练场地、演练设施、演练保障措施的最后调整后，应在演练前夕分别召开控制人员、评估人员、演练人员的情况介绍会，确保所有演练参与人员了解演练现场规则以及演练情景和演练计划中与各自工作相关的内容。 (2)演练模拟人员和观摩人员一般参加控制人员情况介绍会。 (3)导演组可向演练人员分发演练人员手册，说明演练适用范围、演练大致日期(不说明具体时间)、参与演练的应急组织、演练目标的大致情况、演练现场规则、采取模拟方式进行演练的行动等信息。 (4)演练过程中，如果某些应急组织的应急行为由控制人员或模拟人员以模拟方式进行演示，则演练人员应了解这些情况，并掌握相关控制人员或模拟人员的通讯联系方式，以免演练时与实际应急组织发生联系
演练启动	(1)示范性演练一般由演练总指挥或演练组织机构相关成员宣布演练开始并启动演练活动。 (2)检验性和研究性演练，一般在到达演练时间节点，演练场景出现后，自行启动
演练执行	1. 现场演练 应急演练活动一般始于报警消息，在此过程中，参演应急组织和人员应尽可能按实际紧急事件发生时的响应要求进行演示，即“自由演示”，由参演应急组织和人员根据自己

续表

项目	具体内容
演练执行	关于最佳解决办法的理解，对情景事件做出响应行动。 2. 桌面演练 桌面演练的执行通常是五个环节的循环往复： (1)演练信息注入。 (2)问题提出。 (3)决策分析。 (4)决策结果表达。 (5)点评。 3. 演练解说 (1)在演练实施过程中，演练组织单位可以安排专人对演练过程进行解说。 (2)解说内容一般包括演练背景描述、进程讲解、案例介绍、环境渲染等。 (3)对于有演练脚本的大型综合性示范演练，可按照脚本中的解说词进行讲解。 4. 演练记录 演练实施过程中，一般要安排专门人员，采用文字、照片和音像等手段记录演练过程。 5. 演练宣传报道 (1)演练宣传组按照演练宣传方案做好演练宣传报道工作。 (2)认真做好信息采集、媒体组织、广播电视节目现场采编和播报等工作，扩大演练的宣传教育效果。 (3)对涉密应急演练要做好相关保密工作
演练结束与意外终止	(1)演练完毕，由总策划发出结束信号，演练总指挥或总策划宣布演练结束。 (2)演练结束后所有人员停止演练活动，按预定方案集合进行现场总结讲评或者组织疏散。 (3)保障部负责组织人员对演练场地进行清理和恢复。 (4)演练实施过程中出现下列情况，经演练领导小组决定，由演练总指挥或总策划按照事先规定的程序和指令终止演练：①出现真实突发事件，需要参演人员参与应急处置时，要终止演练，使参演人员迅速回归其工作岗位，履行应急处置职责。②出现特殊或意外情况，短时间内不能妥善处理或解决时，可提前终止演练
现场点评会	(1)演练组织单位演练活动结束后，应组织针对本次演练现场点评会。 (2)包括专家点评、领导点评、演练参与人员的现场信息反馈等
文件归档与备案	(1)演练组织单位在演练结束后应将演练计划、演练方案、各种演练记录(包括各种音像资料)、演练评估报告、演练总结报告等资料归档保存。 (2)对于由上级有关部门布置或参与组织的演练，或者法律、法规、规章要求备案的演练，演练组织单位应当将相关资料报有关部门备案

第六章　生产安全事故与安全生产统计分析

知识框架

生产安全事故与安全生产统计分析
- 生产安全事故报告、调查、处理
  - 生产安全事故报告
  - 生产安全事故调查
  - 生产安全事故处理
- 安全生产统计分析
  - 事故统计的范围和内容
  - 经济损失的统计与计算方法

考点精讲

第一节　生产安全事故报告、调查、处理

考点1　生产安全事故报告

项目	具体内容
事故上报的时限和部门	(1)生产安全事故发生后,事故现场有关人员应当立即向本单位负责人报告。 (2)单位负责人接到报告后,应当于1小时内向事故发生地县级以上人民政府安全生产监督管理部门和负有安全生产监督管理职责的有关部门报告。 (3)情况紧急时,事故现场有关人员可以直接向事故发生地县级以上人民政府安全生产监督管理部门和负有安全生产监督管理职责的有关部门报告。 (4)如果,现场条件特别复杂,难以准确判定事故等级,情况十分危急,上一级部门没有足够能力开展应急救援工作,或者事故性质特殊、社会影响特别重大时,就应当允许越级上报事故。 (5)安全生产监督管理部门和负有安全生产监督管理职责的有关部门逐级上报事故情况,每级上报的时间不得超过2小时。 (6)所谓“2小时”起点是指接到下级部门报告的时间,以特别重大事故的报告为例,按照报告时限要求的最大值计算,从单位负责人报告县级管理部门,再由县级管理部门报告市级管理部门、市级管理部门报告省级管理部门、省级管理部门报告国务院管理部门,直至最后报至国务院,总共所需时间为9小时

续表

项目	具体内容
事故的补报	事故报告后出现新情况的,应当及时补报: (1)自事故发生之日起30日内,事故造成的伤亡人数发生变化的,应当及时补报。 (2)道路交通事故、火灾事故自发生之日起7日内,事故造成的伤亡人数发生变化的,应当及时补报。 (3)上报事故的首要原则是及时
不同级别事故上报单位	安全生产监督管理部门和负有安全生产监督管理职责的有关部门接到事故报告后,应当依照下列规定上报事故情况,并通知公安机关、劳动保障行政部门、工会和人民检察院。 (1)特别重大事故、重大事故逐级报至国务院安监部门和有关部门。 (2)较大事故逐级报至省级安监部门和有关部门。 (3)一般事故报至设区的市级安监部门和有关部门
事故上报内容	(1)事故发生单位概况。 (2)事故发生的时间、地点以及事故现场情况。 (3)事故的简要经过。 (4)事故已经造成或者可能造成的伤亡人数(包括下落不明的人数)和初步估计的直接经济损失。 (5)已经采取的措施。 (6)其他应当报告的情况

考点2 生产安全事故调查

项目	具体内容
事故调查工作的要求	(1)事故调查处理应当坚持实事求是、尊重科学的原则,及时准确地查清事故经过、事故原因和事故损失,查明事故性质,认定事故责任,总结事故教训。提出整改措施并对事故责任者依法追究责任。 (2)县级以上人民政府应当依照《生产安全事故报告和调查处理条例》的规定,严格履行职责,及时、准确地完成事故调查处理工作。 (3)事故发生地有关地方人民政府应当支持、配合上级人民政府或者有关部门的事故调查处理工作,并提供必要的便利条件。 (4)参加事故调查处理的部门和单位应当互相配合,提高事故调查处理工作的效率。 (5)工会依法参加事故调查处理,有权向有关部门提出处理意见。 (6)任何单位和个人不得阻挠和干涉对事故的报告和依法调查处理
组织原则与影响	(1)事故调查工作实行"政府领导、分级负责"的原则。 (2)特别重大事故由国务院,或者国务院授权有关部门组织事故调查组进行调查。 (3)重大事故、较大事故、一般事故分别由事故发生地省级人民政府、设区的市级人民政府、县级人民政府负责调查

续表

项目	具体内容
组织原则与影响	(4)下列情况下,上级人民政府可以调查由下级人民政府负责调查的事故:①事故性质恶劣、社会影响较大的;②同一地区连续频繁发生同类事故的;③事故发生地不重视安全生产工作、不能真正吸取事故教训的;④社会和群众对下级政府调查的事故反响十分强烈的;⑤事故调查难以做到客观、公正的。 (5)自事故发生之日起30日内(道路交通事故、火灾事故自发生之日起7日内),因事故伤亡人数变化导致事故等级发生变化,应当由上级人民政府负责调查的,上级人民政府可以另行组织事故调查组进行调查。 (6)特别重大事故以下等级事故,事故发生地与事故发生单位不在同一个县级以上行政区域的,由事故发生地人民政府负责调查,事故发生单位所在地人民政府应当派人参加

考点3　生产安全事故处理

项目	具体内容
生产安全事故处理相关规定	(1)重大事故、较大事故、一般事故,负责事故调查的人民政府应当自收到事故调查报告之日起15日内做出批复;特别重大事故,30日内做出批复,特殊情况下,批复时间可以适当延长,但延长的时间最长不超过30日。 (2)有关机关应当按照人民政府的批复,依照法律、行政法规规定的权限和程序,对事故发生单位和有关人员进行行政处罚,对负有事故责任的国家工作人员进行处分。 (3)事故发生单位应当按照负责事故调查的人民政府的批复,对本单位负有事故责任的人员进行处理。 (4)负有事故责任的人员涉嫌犯罪的,依法追究刑事责任。 (5)事故发生单位应当认真吸取事故教训,落实防范和整改措施,防止事故再次发生。防范和整改措施的落实情况应当接受工会和职工的监督。 (6)安全生产监督管理部门和负有安全生产监督管理职责的有关部门应当对事故发生单位落实防范和整改措施的情况进行监督检查。 (7)事故处理的情况由负责事故调查的人民政府或者其授权的有关部门、机构向社会公布,依法应当保密的除外

第二节　安全生产统计分析

考点1　事故统计的范围和内容

项目	具体内容
事故统计的范围和内容	(1)伤亡事故统计的范围:中华人民共和国领域内从事生产经营活动的单位。 (2)统计内容:①企业的基本情况;②各类事故发生的起数;③伤亡人数;④伤亡程度;⑤事故类别;⑥事故原因;⑦直接经济损失

考点2 经济损失的统计与计算方法

项目		具体内容
直接经济损失的统计		(1)人身伤亡后所支出的费用:①医疗费用(含护理费用);②丧葬及抚恤费用;③补助及救济费用;④歇工工资。 (2)善后处理费用:①处理事故的事务性费用;②现场抢救费用;③清理现场费用;④事故罚款和赔偿费用。 (3)财产损失价值:固定资产损失价值和流动资产损失价值。 ①固定资产损失价值按下列情况计算:报废的固定资产,以固定资产净值减去残值计算;损坏的固定资产,以修复费用计算。 ②流动资产损失价值按下列情况计算:原材料、燃料、辅助材料等均按账面值减去残值计算;成品、半成品、在制品等均以企业实际成本减去残值计算
间接经济损失的统计		(1)停产、减产损失价值。 (2)工作损失价值。 (3)资源损失价值。 (4)处理环境污染的费用。 (5)补充新职工的培训费用。 (6)其他损失费用
计算方法	经济损失计算	$E = E_d + E_i$ 式中:E——经济损失,万元; E_d——直接经济损失,万元; E_i——间接经济损失,万元
	工作损失价值计算	$V_W = D_L M/(SD)$ 式中:V_W——工作损失价值,万元; D_L——一起事故的总损失工作日数,死亡一名职工按6 000个工作日计算,受伤职工视伤害情况按《企业职工伤亡事故分类标准》(GB 6441—86)的附表确定,日; M——企业上年税利(税金加利润),万元; S——企业上年平均职工人数,人; D——企业上年法定工作日数,日
	固定资产损失价值计算	(1)报废的固定资产,以固定资产净值减去残值计算。 (2)损坏的固定资产,以修复费用计算
	流动资产损失价值计算	(1)原材料、燃料、辅助材料等均按账面值减去残值计算。 (2)成品、半成品、在制品等均以企业实际成本减去残值计算

续表

<table>
<tr><th>项目</th><th colspan="2">具体内容</th></tr>
<tr><td rowspan="2">经济损失的评价指标</td><td>千人经济损失率</td><td>$R_S(‰) = E/S \times 1\,000$
式中：R_S——千人经济损失率；
E——全年内经济损失，万元；
S——企业平均职工人数，人</td></tr>
<tr><td>百万元产值经济损失率</td><td>$R_V(‰) = E/V \times 100$
式中：R_V——百万元产值经济损失率；
E——全年内经济损失，万元；
V——企业总产值，万元</td></tr>
</table>

第七章　经典案例

案例 1

A 焦化厂为民营企业，从业人员 1 000 人，2009 年发生生产安全事故 2 起，造成 2 人轻伤。该厂因精苯工业废水兑水稀释后外排，被环保部门责令整改。该厂采取的措施是将废水向煤堆喷洒，这样既抑制了扬尘，又避免了废水外排。为防止相关事故发生，该厂于 2009 年 5 月 20 日制定实施了《A 焦化厂精苯污水喷洒防尘管理办法》。

2011 年 5 月 11 日 15 时 20 分许，A 厂备煤工甲、乙在进行带式输送机巡检作业时闻到强烈异味，随后两人分别前往不同部位查找原因。15 时 38 分，乙听到从甲的方向传来一声闷响，气浪迎面扑来，发现通廊部分坍塌。乙立即呼救。厂领导接到报告后，迅速组织对带式输送机通廊坍塌现场进行搜救，在带式输送机通廊北端发现甲倒在废墟中。甲头部有明显外伤，身上大面积烧伤，经医务人员确认已经死亡。

事故调查确认，此次事故为 1 号煤仓内苯蒸气爆炸事故。在含苯废水向煤场内煤堆喷洒 1 年后，废水管道断裂，废水从管道断裂处流入煤堆底部，经带式输送机运输，大量含苯煤粉进入 1 号煤仓，从含苯煤粉中挥发出的低浓度苯蒸气积累、聚集达到爆炸极限，遇到点火源后引起爆炸。

根据以上场景，回答下列问题（1 ~ 3 题为单选题，4 ~ 7 题为多选题）：

1. 根据《安全生产法》关于安全生产管理机构设置及安全管理人员配备的规定，A 厂（　　）。

A. 可以只配备兼职安全生产管理人员

B. 可以委托注册安全工程师事务所代管企业安全生产

C. 可以委托具有安全评价资质的评价机构代管企业安全生产

D. 应当设置安全生产管理机构或配备专职安全生产管理人员

E. 可以委托具有注册安全工程师职业资格的个人代管企业安全生产

2. A 厂招收新从业人员，新上岗的从业人员安全培训时间不得少于（　　）学时。

A. 12　　B. 24

C. 36　　D. 48

E. 72

3. A 厂 2009 年百万工时伤害率为（　　）。

A. 1　　B. 2　　C. 3　　D. 4

E. 5

4. 根据《注册安全工程师管理规定》，作为 A 厂的注册安全工程师，可从事的安全生产工作包括(　　)。

A. 参与本厂组织的事故调查　　B. 参与本厂厂内隐患排查治理

C. 进行本厂员工职业病鉴定　　D. 参与本厂员工安全培训

E. 为本厂选用和发放劳动防护用品

5. 根据《生产安全事故报告和调查处理条例》，该起事故的调查，下列说法正确的是(　　)。

A. 由 A 厂所在地县级人民政府国资委组织调查

B. 由 A 厂所在地县级人民政府安全生产监督管理部门组织调查

C. 由 A 厂所在地县级人民政府环境部门组织调查

D. 可邀请相关专家作为调查组成员参与事故调查

E. A 厂上级主管部门、工会参与事故调查

6. A 厂工作场所存在的职业性有害因素包括(　　)。

A. 煤尘　　B. 苯

C. 氯　　D. 高温

E. 焦炉煤气

7. A 厂要恢复生产，在修复破坏的设备、设施后还需(　　)。

A. 重新办理安全生产许可证　　B. 完善安全生产制度和操作规程

C. 将事故责任人移送司法机关　　D. 全面落实事故调查报告整改要求

E. 进行一次全面的安全生产检查

参考答案及解析

1. D　【解析】矿山、金属冶炼、建筑施工、运输单位和危险物品的生产、经营、储存、装卸单位，应当设置安全生产管理机构或者配备专职安全生产管理人员。前款规定以外的其他生产经营单位，从业人员超过 100 人的，应当设置安全生产管理机构或者配备专职安全生产管理人员；从业人员在 100 人以下的，应当配备专职或者兼职的安全生产管理人员。

2. E　【解析】新从业人员安全生产教育培训时间不得少于 24 学时。煤矿、非煤矿山、危险化学品、烟花爆竹等生产经营单位新上岗的从业人员安全培训时间不得少于 72 学时，每年接受再培训的时间不得少于 20 学时。

3. A　【解析】百万工时伤害率是一定时期内，平均每百万工时，因事故造成伤害的人数。百万工时伤害率 =(伤害人数/实际总工时)×1 000 000，于是有百万工时伤害率 =[2÷(1 000×250×8)]×1 000 000 = 1。

4. ABDE　【解析】根据《注册安全工程师管理规定》的规定，注册安全工程师的执业范围包括：(1)安全生产管理；(2)安全生产检查；(3)安全评价或者安全评估；(4)安全检测检验；(5)安全生产技术咨询、服务；(6)安全生产教育和培训；(7)法律、法规规定的其他安全

生产技术服务。生产经营单位的下列安全生产工作,应有注册安全工程师参与并签署意见:(1)制定安全生产规章制度、安全技术操作规程和作业规程;(2)排查事故隐患,制定整改方案和安全措施;(3)制定从业人员安全培训计划;(4)选用和发放劳动防护用品;(5)生产安全事故调查;(6)制定重大危险源检测、评估、监控措施和应急救援预案;(7)其他安全生产工作事项。

5. BDE 【解析】一般事故是指造成3人以下死亡,或者10人以下重伤,或者1 000万元以下直接经济损失的事故。一般事故由事故发生地县级人民政府直接组织事故调查组进行调查。其中未造成人员伤亡的,县级人民政府也可委托事故发生单位组织事故调查组进行调查。根据事故的具体情况,事故调查组由有关人民政府、安全生产监督管理部门、负有安全生产监督管理职责的有关部门、监察机关、公安机关以及工会派人组成。并应当邀请人民检察院派人参加。事故调查组可以聘请有关专家参与调查。

6. ABDE 【解析】各种职业性有害因素按其来源可分为以下3类:

(1)生产过程中产生的有害因素:①化学因素。包括生产性粉尘和化学有毒物质。生产性粉尘,如硅尘、煤尘、石棉尘、电焊烟尘等。化学有毒物质,如铅、汞、锰、苯、一氧化碳、硫化氢、甲醛、甲醇等。②物理因素。如异常气象条件(高温、高湿、低温)、异常气压、噪声、振动、辐射等。③生物因素。如附着于皮毛上的炭疽杆菌、甘蔗渣上的真菌,医务工作者可能接触到的生物传染性病原物等。

(2)劳动过程中的有害因素:①劳动组织和制度不合理。劳动作息制度不合理等。②精神性职业紧张。③劳动强度过大或生产定额不当。④个别器官或系统过度紧张,如视力紧张等。⑤长时间不良体位或使用不合理的工具等。

(3)生产环境中的有害因素:①自然环境中的因素,如炎热季节的太阳辐射。②作业场所建筑卫生学设计缺陷因素。如照明不良、换气不足等。

A厂为焦化厂,存在高温,煤尘及焦炉煤气,同时产生精苯工业废水,存在苯。

7. BDE 【解析】根据《安全生产许可证条例》的规定,国家对矿山企业、建筑施工企业和危险化学品、烟花爆竹、民用爆炸物品生产企业实行安全生产许可制度。发生安全事故后,安全生产许可证要暂扣。具备生产条件后,要申请恢复安全生产许可证,而不是重新申办安全生产许可证。安全检查工作程序:安全检查准备—实施安全检查—通过分析做出判断,及时作出决定进行处理、整改。对安全检查中经常发现的问题或反复发现的问题,生产经营单位应从规章制度的健全和完善、从业人员的安全教育培训、设备系统的更新改造、加强现场检查和监督等环节入手,做到持续改进,不断提高安全生产管理水平,防范生产安全事故的发生。

案例2

某危险化学品生产企业,有北区、中区和南区3个生产厂区,北区有危险化学品库房,包括乙炔库房和氧气库房等,在南区存有氧化反应生产脂溶性剧毒危险化学品A,中区为办公区。企业为扩大生产,计划在北区新建工程项目。2010年10月2日,北区库房因储存的乙炔储罐在未进行遮挡的情况下,太阳暴晒而温度升高,温度升高后引发乙炔罐爆炸,从而发生了连锁爆炸事故,造成作业人员9人死亡,5人受伤。

事故损失包括:医药费12万元,丧葬费5万元,抚恤赔偿金180万元,罚款45万元,补充新员工培训费3万元,现场抢险费200万元,停工损失800万元。

根据以上场景,回答下列问题(1~3题为单选题,4~7题为多选题):

1. 该企业要取得安全生产许可证应进行的安全评价为(　　)。

A. 安全预评价　　B. 安全验收评价

C. 安全现状评价　　D. 安全技术评价

E. 安全管理评价

2. 按照上述事故损失明细,此次事故的直接经济损失为(　　)万元。

A. 197　　B. 397　　C. 442　　D. 119

E. 1 200

3. 建立、健全本企业的安全生产责任制是(　　)的责任。

A. 该单位主要负责人　　B. 该单位安全管理人员

C. 该单位安全技术人员　　D. 政府安全监管部门

E. 该单位主管部门

4. 按照《安全生产许可证条例》的规定,该企业要取得安全生产许可证,应该具备的安全生产条件包括(　　)。

A. 建立、健全安全生产责任制

B. 安全投入符合安全生产要求

C. 每半年进行一次安全评价

D. 设置安全生产管理机构,配备专职安全管理人员

E. 企业技术负责人取得注册安全工程师职业资格

5. 根据产品A的性质,下列关于产品A的危害和监管的说法,正确的有(　　)。

A. 产品A可以经皮肤吸收引起接触人员中毒

B. 因为产品A为脂溶性的,所以进入人体消化道不能被吸收

C. 生产产品A的过程失控,有发生爆炸的可能性

D. 产品A必须储存在经安监部门批准设置的专用危险化学品仓库中

E. 运输产品A时,应指派专人押运,押运员不得少于2人

6. 为了防止危险化学品爆炸事故再次发生,该企业可以采取的措施有(　　)。

A. 安装安全监控系统　　B. 进行危险源辨识

C. 开展风险评价　　D. 准备充足的医疗救护设备

E. 疏散企业周围的居民

7. 此次事故发生后,安全生产监督管理部门和负有安全生产监管职责的有关部门应逐级上报事故情况,报告事故应包括的内容有(　　)。

A. 事故发生单位概况　　B. 事故发生时间

C. 事故所有责任人　　D. 事故的直接经济损失

E. 事故的间接经济损失

参考答案及解析

1. C　【解析】安全现状评价是针对生产经营活动、工业园区的事故风险、安全管理等情况，辨识与分析其存在的危险、有害因素，审查确定其与安全生产法律法规、规章、标准、规范要求的符合性，预测发生事故或造成职业危害的可能性及其严重程度，提出科学、合理、可行的安全对策措施建议，做出安全现状评价结论的活动。安全现状评价既适用于对一个生产经营单位或一个工业园区的评价，也适用于某一特定的生产方式、生产工艺、生产装置或作业场所的评价。

2. C　【解析】直接经济损失，指因事故造成人身伤亡及善后处理支出的费用和毁坏财产的价值。直接经济损失的统计范围：

(1)人身伤亡后所支出的费用：①医疗费用(含护理费用)；②丧葬及抚恤费用；③补助及救济费用；④歇工工资。

(2)善后处理费用：①处理事故的事务性费用；②现场抢救费用；③清理现场费用；④事故罚款和赔偿费用。

(3)财产损失价值：①固定资产损失价值；②流动资产损失价值。依题意，直接经济损失计算为 $12+5+180+45+200=442$(万元)，C 选项正确。

3. A　【解析】《安全生产法》第二十一条以法律形式确定了生产经营单位的主要负责人对本单位安全生产负有的 7 项职责。

4. ABD　【解析】《安全生产许可证条例》第六条规定，企业取得安全生产许可证，应当具备下列安全生产条件：

(1)建立、健全安全生产责任制，制定完备的安全生产规章制度和操作规程。

(2)安全投入符合安全生产要求。

(3)设置安全生产管理机构，配备专职安全生产管理人员。

(4)主要负责人和安全生产管理人员经考核合格。

(5)特种作业人员经有关业务主管部门考核合格，取得特种作业操作资格证书。

(6)从业人员经安全生产教育和培训合格。

(7)依法参加工伤保险，为从业人员缴纳保险费。

(8)厂房、作业场所和安全设施、设备、工艺符合有关安全生产法律、法规、标准和规程的要求。

(9)有职业危害防治措施，并为从业人员配备符合国家标准或者行业标准的劳动保护用品。

(10)依法进行安全评价。

(11)有重大危险源监测、评估、监控措施和应急预案。

(12)有生产安全事故应急救援预案、应急救援组织或者应急救援人员,配备必要的应急救援器材、设备。

(13)法律、法规规定的其他条件。

5. AE 【解析】产品 A 是脂溶性剧毒危险化学品,可以通过人的皮肤吸收,A 选项正确。产品 A 同样可以通过人体消化道吸收,B 选项错误。题干中只是说北区库房发生爆炸事故,并没有说生产剧毒危险化学品 A 的南区有爆炸可能,C 选项错误。产品 A 是脂溶性剧毒危险化学品,危险化学品必须存储在经公安部门批准设置的专门的危险化学品仓库中,而不是"安监部门批准",D 选项错误。根据《化工企业安全管理制度》第一百五十三条,运输爆炸、剧毒和放射性物品,应指派专人押运,押运人员不得少于 2 人,E 选项正确。

6. ABC 【解析】防止危险化学品爆炸事故再次发生,可以采取风险评价、危险源辨识,以及安装安全监控系统等措施,DE 选项不能防止危险化学品爆炸事故发生,只是在爆炸事故发生后,可以减少伤亡。因此,这两项措施并不是防范措施,而是事故发生后减少事故伤亡的措施。

7. ABD 【解析】《生产安全事故报告和调查处理条例》第十二条规定,报告事故应当包括下列内容:(1)事故发生单位概况。(2)事故发生的时间、地点以及事故现场情况。(3)事故的简要经过。(4)事故已经造成或者可能造成的伤亡人数(包括下落不明的人数)和初步估计的直接经济损失。(5)已经采取的措施。(6)其他应当报告的情况。

案例 3

2012 年 6 月 6 日 B 炼油厂油罐区的 2 号汽油罐发生火灾爆炸事故,造成 1 人死亡、3 人轻伤,直接经济损失 420 万元。该油罐为拱顶罐,容量 $200m^3$。油罐进油管从罐顶接入罐内,但未伸到罐底。罐内原有液位计,因失灵已拆除。2012 年 5 月 20 日,油罐完成了清罐检修。

6 月 6 日 8 时,开始给油罐输油,汽油从罐顶输油时,进油管内流速为 2.3 ~ 2.5m/s,导致汽油在罐内发生了剧烈喷溅,随即着火爆炸。爆炸把整个罐顶抛离油罐。现场人员灭火时发现泡沫发生器不出泡沫,匆忙中用水枪灭火,导致火势扩大。消防队到达后,用泡沫扑灭了火灾。事故发生后,在事故调查分析时发现,泡沫灭火系统正常,泡沫发生器不出泡沫的原因是现场人员操作不当,开错了阀门。该厂针对此次事故暴露出的问题,加强了员工安全培训,在现场增设了自动监控系统,完善了现场设备、设施的标志和标识,制订了安全生产应急救援预案。

根据以上场景,回答下列问题(1 ~ 3 题为单选题,4 ~ 7 题为多选题):

1. 根据《生产安全事故报告和调查处理条例》,该起事故属于(　　)。

A. 一般事故　　B. 较大事故

C. 重大事故　　D. 特大事故

E. 特别重大事故

2. 该事故应逐级上报至(　　)。

A. 国务院安全生产监督管理部门和负有安全生产监督管理职责的有关部门

B. 省、自治区、直辖市人民政府安全生产监督管理部门和负有安全生产监督管理职责的有关部门

C. 市级人民政府安全生产监督管理部门和负有安全生产监督管理职责的部门

D. 县级人民政府安全生产监督管理部门和负有安全生产监督管理职责的部门

E. 本单位安全生产监督管理部门

3. 该起火灾爆炸事故的点火源是(　　)。

A. 明火　　B. 静电放电

C. 高温烘烤　　D. 油品含有的杂质

E. 接地不良的罐体

4. 预防此类火灾爆炸事故发生的安全技术措施包括(　　)。

A. 控制油品输入流速,防止喷溅　　B. 保证罐体可靠接地

C. 加强管理和培训　　D. 重新安装液位计

E. 增加消防水池

5. 油罐内发生火灾时,可以选用的灭火剂包括(　　)。

A. 直流水　　B. 泡沫　　C. 开花水　　D. 二氧化碳

E. 干粉

6. 该起事故调查组的组成人员应包括(　　)的人员。

A. 安全生产监督管理部门　　B. 监察机关

C. 劳动保障部门　　D. 新闻媒体

E. 公安机关

7. 事故发生后,该企业支出的下列费用中,属于安全投入的是(　　)。

A. 事故善后处理费用　　B. 事故技术培训费用

C. 自动监控系统建设费用　　D. 完善现场设备、设施的标志和标识费用

E. 安全生产应急预案编制费用

参考答案及解析

1. A　**【解析】**一般事故是指造成3人以下死亡,或者10人以下重伤,或者1 000万元以下直接经济损失的事故。造成1人死亡、3人轻伤,直接经济损失420万元属于一般事故。

2. C　**【解析】**该起事故属于一般事故,根据《生产安全事故报告和调查处理条例》的有关规定,一般事故上报至设区的市级人民政府安全生产监督管理部门和负有安全生产监督管理职责的有关部门。

3. B　**【解析】**该起事故中,油罐进油管从罐顶接入罐内,但未伸到罐底,由此造成液体飞溅,产生静电放电火花,引起着火爆炸,B选项正确。

4. AB 【解析】为防止静电放电火花引起的燃烧爆炸,可根据生产过程中的具体情况采取相应的防静电措施。如以下几种措施:(1)控制流速。(2)保持良好接地。(3)采用静电消散技术。(4)人体静电防护。(5)其他技术。

5. BDE 【解析】密度小于水和不溶于水的易燃液体的火灾,如汽油等大容量储罐,不能用水扑灭,AC选项错误。二氧化碳适用于可燃液体和固体火灾,D选项正确。泡沫灭火剂有两大类型,即化学泡沫灭火剂和空气泡沫灭火剂。化学泡沫式通过硫酸铝和碳酸氢钠的水溶液发生化学反应,产生二氧化碳,从而形成泡沫。空气泡沫灭火剂中,高倍数泡沫灭火剂多次在油罐区、液化烃罐区、地下油库、汽车库、油轮、冷库等场所扑救失控性大火,起到决定性作用,B选项正确。干粉灭火器主要是中断燃烧过程中的链式反应的化学活性,E选项正确。

6. ABE 【解析】根据事故的具体情况,事故调查组由有关人民政府、安全生产监督管理部门、负有安全生产监督管理职责的有关部门、监察机关、公安机关以及工会派人组成,并应当邀请人民检察院派人参加。事故调查组可以聘请有关专家参与调查,ABE选项正确。

7. BCDE 【解析】安全生产费用包括:

(1)完善、改造和维护安全防护设备、设施的支出。

(2)配备必要的应急救援器材、设备和现场作业人员安全防护物品支出。

(3)安全生产检查与评价支出。

(4)重大危险源、重大事故隐患的评估、整改、监控支出。

(5)安全技能培训及进行应急救援演练支出。

(6)其他与安全生产直接相关的支出。

案例4

某危险化学品生产企业从事危险化学品生产、制造和销售业务,该企业已向有关部门申领安全生产许可证,在等待证书下达期间,为保证工期提前生产。原料、产品是通过其所办的一家机电产品经营公司购买和销售的,这家经营公司从一家合法的危险化学品经营公司买进原料。

该企业有一原材料危险化学品库房,因所储存的危险化学品的量已经超过临界量,构成重大危险源,比较危险。为此,该企业选调了一个工作认真、踏实、责任心很强的员工管理该库。该员工确实没有辜负企业的期望,一个人负责原材料出入库房,没有出现任何差错。该库房危险化学品的数量、储存地点以及管理人员的情况,已经报当地安全生产监督管理部门备案。

为提高经济效益,该企业扩建一条危险化学品产品生产线,原料、产品均是危险化学品。前期工作准备好后,向县安全生产监督管理部门提出申请,提交了下列文件:(1)可行性研究报告。(2)原料、中间产品、最终产品或者储存的危险化学品的燃点、自燃点、闪点、爆炸极限、毒性等理化性能指标。(3)包装、储存、运输的技术要求。(4)安全评价报告。(5)事故应急救援措施。

县安全生产监督管理部门及时组织有关专家进行审查，经审查符合条件，县安全生产监督管理部门很快就颁发了批准书，项目顺利实施。

半年后生产线建成，按程序经过相关部门“三同时”验收后投产。为满足用户需要，产品采用简易包装袋，附印上质量指标。用户需要少量的产品时，该企业用小货车送货上门。产品供不应求，取得了很好的经济效益。

根据以上场景，回答下列问题：

1. 根据以上场景，指出该企业在安全生产许可证办理过程中存在的问题及危险化学品生产企业安全生产许可证办理的有关要求。

2. 根据以上场景及《危险化学品建设项目安全监督管理办法》，说明建设单位在申请建设项目安全条件审查时应提交的文件和资料。

3. 根据以上场景，指出该企业在重大危险源申报方面的问题，并说明危险化学品生产企业构成重大危险源需上报的单位。

4. 根据以上场景，指出该企业在危险化学品包装方面存在的问题，并说明危险化学品包装要求。

5. 根据以上场景，说明该企业在危险化学品储存方面及危险化学品运输方面存在的问题，并说明正确的做法。

6. 试写出该企业在扩建工程中，应提出的安全条件论证报告的主要内容。

参考答案及解析

1. 该企业在安全生产许可证申领过程中存在的问题：该企业已向有关部门申领安全生产许可证，等待证书下达期间，提前生产，即未取得安全生产许可证就开始生产。

危险化学品企业安全生产许可证办理要求：

(1)危险化学品生产企业进行生产前，应当依照《安全生产许可证条例》的规定，取得危险化学品安全生产许可证。

(2)生产列入国家实行生产许可证制度工业产品目录的危险化学品企业，应按照《工业产品生产许可证管理条例》规定，取得工业产品生产许可证。企业未取得安全生产许可证的，不得从事生产活动。

2. 建设单位应当在建设项目开始初步设计前，向相应的安全生产监督管理部门申请建设项目安全条件审查，提交下列文件、资料，并对其真实性负责：

(1)建设项目安全条件审查申请书及文件。

(2)建设项目安全评价报告。

(3)建设项目批准、核准或者备案文件和规划相关文件(复制件)。

(4)工商行政管理部门颁发的企业营业执照或者企业名称预先核准通知书(复制件)。

3. 企业在重大危险源申报方面存在的问题：未说明危险化学品生产企业构成重大危险

源需上报的单位，危险化学品的数量、储存地点以及管理人员的情况，仅报当地安全生产监督管理部门备案，不符合相关管理规定。

危险化学品生产企业构成重大危险源需上报的单位：储存危险化学品的单位应当建立危险化学品出入库核查、登记制度。对剧毒化学品以及储存数量构成重大危险源的其他危险化学品，储存单位应当将其储存数量、储存地点以及管理人员的情况，报所在地县级人民政府安全生产监督管理部门（在港区内储存的，报港口行政管理部门）和公安机关备案。

4. 该企业在危险化学品包装方面存在的问题：产品采用简易包装袋，附印上质量指标。

危险化学品包装要求：危险化学品的包装应当符合法律、行政法规、规章的规定以及国家标准、行业标准的要求。

（1）危险化学品包装物、容器的材质以及危险化学品包装的型式、规格、方法和单件质量（重量），应当与所包装的危险化学品的性质和用途相适应。

（2）危险化学品生产企业应当提供与其生产的危险化学品相符的化学品安全技术说明书，并在危险化学品包装（包括外包装件）上粘贴或者拴挂与包装内危险化学品相符的化学品安全标签。化学品安全技术说明书和化学品安全标签所载明的内容应当符合国家标准的要求。

5. 该企业在危险化学品储存方面及危险化学品运输方面存在的问题：①只选派 1 名员工看管危险化学品进出库房；②用户需要少量的产品时，该企业用小货车送货上门。

正确做法：

（1）危险化学品的装卸作业应当遵守安全作业标准、规程和制度，并在装卸管理人员的现场指挥或者监控下进行。

（2）运输危险化学品，应当根据危险化学品的危险特性采取相应的安全防护措施，并配备必要的防护用品和应急救援器材。

（3）危险化学品运输车辆应当符合国家标准要求的安全技术条件，并按照国家有关规定定期进行安全技术检验。

（4）危险化学品运输车辆应当悬挂或者喷涂符合国家标准要求的警示标志。

（5）通过道路运输危险化学品的，应当配备押运人员，并保证所运输的危险化学品处于押运人员的监控之下。

（6）通过道路运输剧毒化学品的，托运人应当向运输始发地或者目的地县级人民政府公安机关申请剧毒化学品道路运输通行证。

6. 安全条件论证报告的主要内容：

（1）建设项目内在的危险和有害因素及对安全生产的影响。

（2）建设项目与周边设施（单位）生产、经营活动和居民生活在安全方面的相互影响。

（3）当地自然条件对建设项目安全生产的影响。

（4）其他需要论证的内容。

参考文献

[1]孙玉叶,夏登友.危险化学品事故应急救援与处置[M].北京:化学工业出版社,2015.

[2]黄正华,李建华,黄汉京.化工生产防火防爆安全技术[M].北京:中国劳动社会保障出版社,2006.

[3]张荣,张晓东.危险化学品安全技术[M].北京:化学工业出版社,2009.

[4]苏华龙.危险化学品安全管理[M].北京:化学工业出版社,2006.

[5]刘景良.化工安全技术.北京:化学工业出版社,2017.

[6]刘景良.化工安全技术与环境保护[M].北京:化学工业出版社,2012.

[7]刘景良.安全管理.北京:化学工业出版社,2012.

[8]中国石油化工集团公司.中国石化重特大事件应急预案[M].北京:中国石化出版社,2005.

[9]张海峰.危险化学品安全技术全书[M].北京:化学工业出版社,2008.

[10]王利兵.危险化学品分类及包装技术[M].北京:化学工业出版社,2009.

[11]张少岩,车礼东,万敏.全球化学品统一分类和标签制度(GHS)实施指南[M].北京:化学工业出版社,2009.

[12]蒋军成,虞汉华.危险化学品安全技术与管理[M].北京:化学工业出版社,2005.

[13]魏振枢.化工安全技术概论[M].北京:化学工业出版社,2008.

[14]蒋军成.化工安全[M].北京:机械工业出版社,2008.

[15]朱建军,徐吉成.化工安全与环保[M].北京:北京大学出版社,2011.

[16]危险化学品企业安全生产丛书.危险化学品企业安全生产条件[M].北京:化学工业出版社,2008.